网络空间安全
技术丛书

API安全进阶

基于OAuth 2.0框架

（原书第2版）

[美] 普拉巴斯·西里瓦德纳 　著　李伟 译
（Prabath Siriwardena）

ADVANCED
API SECURITY
OAUTH 2.0 AND BEYOND
Second Edition

机械工业出版社
China Machine Press

图书在版编目（CIP）数据

API 安全进阶：基于 OAuth 2.0 框架：原书第 2 版 /（美）普拉巴斯·西里瓦德纳（Prabath Siriwardena）著；李伟译 . —北京：机械工业出版社，2022.11

（网络空间安全技术丛书）

书名原文：Advanced API Security: OAuth 2.0 and Beyond, Second Edition

ISBN 978-7-111-71821-5

I. ① A···　Ⅱ. ①普···②李···　Ⅲ. ①计算机网络 - 网络安全　Ⅳ. ① TP393.08

中国版本图书馆 CIP 数据核字（2022）第 192432 号

北京市版权局著作权合同登记　图字：01-2020-7227 号。

First published in English under the title

Advanced API Security: OAuth 2.0 and Beyond, Second Edition

by Prabath Siriwardena

Copyright ©Prabath Siriwardena, 2020

This edition has been translated and published under license from

Apress Media, LLC, part of Springer Nature.

Chinese simplified language edition published by China Machine Press, Copyright © 2022.

本书原版由 Apress 出版社出版。

本书简体字中文版由 Apress 出版社授权机械工业出版社独家出版。未经出版者预先书面许可，不得以任何方式复制或抄袭本书的任何部分。

API 安全进阶：基于 OAuth 2.0 框架（原书第 2 版）

出版发行：机械工业出版社（北京市西城区百万庄大街 22 号　邮政编码：100037）

责任编辑：赵亮宇　　　　　　　　　　　责任校对：张　征　张　薇

印　　刷：河北宝昌佳彩印刷有限公司　　版　　次：2023 年 1 月第 1 版第 1 次印刷

开　　本：186mm×240mm　1/16　　　　印　　张：20.75

书　　号：ISBN 978-7-111-71821-5　　　定　　价：129.00 元

客服电话：（010）88361066　68326294

企业 API 已经成为一种向外界开放业务功能的常见方式。开放功能确实很方便，但随之而来的是被攻击的风险。本书主要介绍的就是如何保护企业最重要的商业资产，或者说如何保护 API。与其他软件系统设计所面临的情况一样，人们在 API 的设计阶段往往也会忽视安全因素，直到部署或整合阶段，才开始考虑安全问题。安全绝不是一个可以延后的问题——它在任何软件系统设计阶段都是不可或缺的组成部分，并且应该在设计伊始就对其进行慎重考虑。本书的目标之一就是为读者介绍安全的必要性，以及可用于保护 API 的手段。

本书将进行全流程的讲解和指导，同时分享对 API 进行更安全设计的最佳实践。在过去几年中，API 安全已经有了长足的发展。API 安全标准的数量呈指数级增长。其中，OAuth 2.0 标准应用最为广泛，它不仅是一套标准，还是一个允许人们在其上构建解决方案的系统框架。本书内容涵盖从传统的 HTTP 基本认证到 OAuth 2.0 协议，据此深入讲解了用于保护 API 的多种技术，以及基于 OAuth 协议功能构建的上层协议，比如 OpenID Connect 协议、用户管理访问（User-Managed Access，UMA）协议等。

JSON 格式在 API 通信中发挥了重要作用。目前开发的大部分 API 仅支持 JSON 格式，而不支持 XML 格式。在本书中，我们将重点关注 JSON 安全。基于 JSON 格式的 Web 加密（JSON Web Encryption，JWE）和基于 JSON 格式的 Web 签名（JSON Web Signature，JWS）是两种日益流行的 JSON 格式消息保护标准，本书的后半部分将详细介绍 JWE 和 JWS 这两种技术。

本书的另一个主要目标是，在介绍概念和理论的基础上，进一步通过具体实例对其加以阐释。本书将提供一系列全面的示例来展示理论如何结合实际。在本书中，读者将学会利用 OAuth 2.0 协议和相关的上层协议，通过 Web 应用、单页面应用、本地移动应用和非浏览器应用来对 API 进行安全访问。

我衷心希望本书能够真正涵盖 API 开发人员急需的主题内容，祝你阅读愉快。

致 谢 *Thanks*

首先，我要感谢 Apress 出版社的 Jonathan Gennick，感谢他评估并接受了我对于本书的构想。其次，我必须感谢 Apress 出版社的协调编辑 Jill Balzano，他在整个出版过程中都非常耐心、宽容地与我进行沟通。感谢技术评审人员 Alp Tunc，他的评审意见发挥了很大作用。同时，我还要对所有帮助完善本书内容的其他审稿人表示感谢。

感谢 WSO2 公司的创始人和前任 CEO Sanjiva Weerawarana 博士，以及 WSO2 公司 CTO Paul Fremantle 先生，两位永远是我的良师。我要对 Sanjiva 博士和 Paul 先生为我所做的一切表示由衷感谢。

在整个过程中，我的妻子 Pavithra 和小女儿 Dinadi 一直支持着我。

我的父母和姐姐始终陪伴着我，十分感谢他们为我所做的一切。最后，同样要感谢的是我的岳父母，他们为我提供了非常大的帮助。

虽然编写一本书看似只需要一个人付出努力，但其实它需要的是背后整个团队的共同协作。感谢所有在各个方面为我提供支持和帮助的人。

Prabath Siriwardena 是一名身份认证领域的传播者、作家和博主，也是 WSO2 公司负责身份管理与安全方面工作的副总裁，在为一些知名跨国企业设计和构建关键的身份认证与访问管理（Identity and Access Management，IAM）基础架构方面拥有超过 12 年的从业经验。作为一名技术传播者，Prabath 先后出版了七本专业书籍，并针对从区块链、PSD2、GDPR、IAM 到微服务安全的多个主题发表博客文章，同时还负责一个 YouTube 频道的运维工作。Prabath 曾在很多会议上发表演讲，包括 RSA 会议、KNOW Identity 会议、Identiverse 会议、欧洲身份认证会议、美国世界用户身份认证会议、API World  大会、API 策略与实践会议、QCon 大会、OSCON 大会和 WSO2Con 大会等。作为硅谷 IAM 用户组（旧金山湾区最大的 IAM 社区）的创始人，他曾在世界各地举办宣传 IAM 社区的研讨会。

目 录 *Contents*

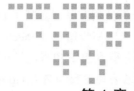

第 1 章 *Chapter 1*

API 就是一切

　　企业 API 正在以超出预期的速度投入实际应用中。我们可以在几乎所有行业中，看到 API 数量与日俱增。可以毫不夸张地说，没有开放任何 API 的业务，就像是一台没有联网的计算机。同时在物联网（Internet of Things，IoT）领域中，API 也正在成为构建通信信道的基础：从汽车到厨房电器，无数的设备都开始通过 API 相互通信。

　　整个世界的联系比以往任何时候都要紧密：你可以在 Facebook[⊖]上分享来自 Instagram 的照片，可以在推特上分享从 Foursquare 或 Yelp 上获取的位置，可以在 Facebook 涂鸦墙上发表推文，等等。连接的可能性是无限的。所有这些，都是因为近些年急剧增多的公共 API 才得以实现的。Expedia、Salesforce、eBay 和许多其他公司的年收入中，有很大一部分都是通过 API 获取的。API 已经成为一种向外界开放业务功能的最酷的方式。

1.1　API 经济

　　ACI 信息分析团队所发布的一份信息图表[⊜]显示，以当前的增长速度来评估全球互联网的经济规模，结果约为 10 万亿美元。在 1984 年互联网刚问世时，它仅仅将若干大学和公司的 1000 台主机连接了起来；而在 1998 年，时隔 15 年之后，全球互联网用户数量达到了 5000 万；到 2009 年，互联网用户数量在这 11 年间达到了惊人的 10 亿；从那之后，这个数字仅用了三年就翻了一番，在 2012 年达到 21 亿；2019 年，全世界超过一半的人口（大

　　⊖　Facebook 于 2021 年更名为 Meta，本书中保留 Facebook。——编辑注

　　⊜　The History of the Internet，http://aci.info/2014/07/12/the-data-explosion-in-2014-minute-by-minute-infographic/。

约 43 亿人）在使用互联网。基于 Facebook 和谷歌公司等互联网巨头所采取的新策略，这一数字还有可能进一步增长。Facebook 公司于 2013 年发布的 Internet.org 计划旨在将技术领先的公司、非营利组织和当地社区汇聚到一起，来与世界上其他没有接入互联网的地区建立联系。谷歌公司发起的名为 Google Loon⊖的项目，旨在与农村偏远地区的人们建立连接，该项目以近地飞行的气球网络为基础架构，意图改善东南亚 2.5 亿人的联通状态。

不仅仅是人类自身，思科公司一份物联网方面的报告显示，截至 2008 年，连接到互联网上的设备数量已经超过了全球人口数量。联网设备并不是什么新鲜事物，从最初的计算机网络和消费型电子产品问世以来，联网设备就一直存在。然而，如果没有互联网的迅速普及，那么构建一个全球互联世界的想法可能永远都不会实现。在 20 世纪 90 年代初，计算机科学家就曾设想，人与机器的有机结合，会以何种方式催生出一种通过机器进行交流互动的全新形式。现在，这种想象正在我们面前慢慢变成现实。

在物联网成功的背后，有两大关键推动力：一个是 API，另一个是大数据。Wipro 行业研究委员会的一份报告显示，假设一架波音 737 从纽约飞到洛杉矶，在 6 个小时的航行过程中，飞机所生成的收集存储数据量将高达 120TB。随着遍布世界的传感器和设备暴增，我们需要一种合适的方法来对数据进行存储、管理和分析。到 2014 年，全球保有的信息量估计会达到 4ZB，2020 年，这个数字攀升至 35ZB。最有趣的是，我们目前所拥有的数据中 90% 是在过去两年内生成的。就物联网而言，API 所发挥的作用与大数据一样重要；API 是将设备连接到其他设备和云上的黏合剂。

API 经济所探讨的是，一个组织如何通过 API 在其相应的业务领域中获得更多盈利或者取得成功。在 IBM 公司红皮书" API 经济的力量"⊜中，API 经济被定义为"利用网络 API，以服务的形式，对业务功能、实力或能力进行的商业交换"。更进一步，IBM 公司还提出了企业应该使用网络 API 以及积极参与 API 经济的 5 个主要原因：

- ❑ 通过将用户吸引到基于 API 生态构建的产品和服务中，来扩大你的客户群体。
- ❑ 通过结合自己与第三方 API 实现盈利的方式，来推动创新。
- ❑ 缩短新产品上市盈利的周期。
- ❑ 改进网络 API 的集成性能。
- ❑ 为新的计算时代创造更多的可能性，为不断变化的未来做好准备。

1.1.1 实例

1. 亚马逊

亚马逊（Amazon）、Salesforce、Facebook 和推特等公司，都是早期通过针对各自的业务能力构建平台的方式，参与到 API 经济中的典型示例。目前，它们都从围绕这些平台所

⊖ Google Loon，http://fortune.com/2015/10/29/google-indonesia-internet-helium-balloons/
⊜ *The Power of the API Economy*，www.redbooks.ibm.com/redpapers/pdfs/redp5096.pdf

创建的泛生态系统中获利颇丰。亚马逊公司是最早使用 API 向公众开放其业务功能的企业之一。2006 年，它就开始以网络 API 或网络服务的形式向商业伙伴提供 IT 基础架构服务。最初仅包含弹性计算云（Elastic Compute Cloud，EC2）和简单存储服务（Simple Storage Service，S3）功能的亚马逊网络服务（Amazon Web Service，AWS）就是萌发于 2002 年的，这是以面向服务的方式引领亚马逊公司内部基础架构发展思路的产物。

前亚马逊公司员工 Steve Yegge 曾偶然间通过 Google+ 博客文章分享过一次亚马逊公司内部讨论会的内容，这篇帖子后来广为流传。根据 Yegge 的描述，这次会议起始于 Jeff Bezos 写给亚马逊工程组的一封信，在信中他着重强调了对亚马逊公司基础架构向高效且面向服务的方向进行改造的五个关键点：

❑ 今后，所有团队都要通过服务接口发布其数据和功能。

❑ 各团队必须通过这些接口进行交流。

❑ 不允许通过其他方式进行项目间交流：不允许直连，不允许直接读取其他组的数据存储，不允许使用共享内存模式，也不允许任何形式的后门。唯一允许的交流方式就是调用网络上的服务接口。

❑ 使用什么技术并不重要：HTTP、Corba、Pubsub 或者定制协议——都可以。

❑ 所有服务接口都必须设计为完全可以外部访问的形式，无一例外。也就是说，团队必须对接口进行规划和设计，使其能够开放以供外界开发人员使用，绝无例外。

这种基于服务的方式引领着亚马逊公司发展，使之能够轻易地将其商业角色从书商扩展到销售 IT 服务或云服务的全球零售商。亚马逊公司开始同时通过 SOAP 协议和 REST 协议（HTTP 协议中的 JSON 格式数据）将 EC2 和 S3 功能以 API 的形式对外开放。

2. Salesforce

成立于 1999 年 2 月的 Salesforce 公司是一家在软件即服务领域处于领先地位的企业。围绕 Salesforce 公司业务功能构建网络 API，并向公众开放使用，这就是这家公司能够获得如今成就的关键因素。Salesforce 公司坚持利用平台和 API 来推动创新，以及由此构建一个更大的生态系统。

3. 优步

谷歌公司通过 API 向公众开放大部分服务。于 2005 年作为免费服务开放的谷歌地图 API 使得很多开发人员能够利用谷歌地图，通过与其他数据流集成的方式来创建非常有用的混搭软件，其中最具代表性的例子就是优步（Uber）。Uber 是一家总部位于美国旧金山的交通网络公司，同时它为其他很多国家提供服务。通过 iOS 系统或安卓系统上的 Uber 移动应用程序（如图 1-1 所示）设置上车地点并请求乘车的软件用户，可以在谷歌地图上看到相应出租车的具体位置。同时，在 Uber 司机的应用程序中，司机可以精准定位到乘客的位置。这是 Uber 一个极佳的卖点，而作为一家企业，Uber 公司从谷歌地图的公共 API 中获得了巨大的利益。与此同时，谷歌公司也能够追踪获取所有的 Uber 行程数据。它们可以准确地了解 Uber 用户所走的路线和所感兴趣的地点，而这些信息都可以输入到谷歌的广告引擎中。谷歌公司的一份报告显示，除了 Uber 以外，到 2013 年有超过 100 万个活跃网站和应用程序都在使用谷歌地图 API。

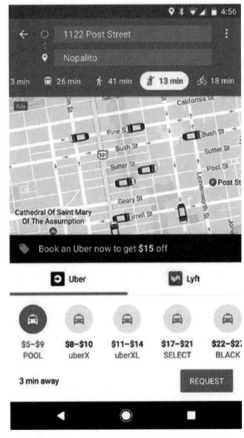

图 1-1　使用谷歌地图的 Uber 移动应用

4. Facebook

Facebook 在 2007 年推出了 Facebook 平台，该平台将 Facebook 的大部分核心功能开放，以供应用程序开发人员使用。builtwith.com 网站统计⊖显示，截止到 2019 年 10 月，互联网上有 100 万个网站使用了 Facebook 图形 API。图 1-2 展示了一段时间内 Facebook 图形 API 的使用情况。大部分流行应用，如 Foursquare、Yelp、Instagram 等，都会使用 Facebook API 来将数据发布到用户的 Facebook 涂鸦墙上，通过增强适应性以及构建一个强大的生态系统，双方都能从中受益。

　⊖　Facebook Graph API Usage Statistics，http://trends.builtwith.com/javascript/Facebook-Graph-API

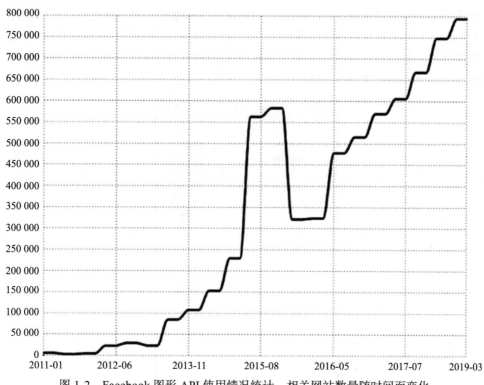

图 1-2 Facebook 图形 API 使用情况统计，相关网站数量随时间而变化

5. Netflix

作为一家在美国很受欢迎的拥有超过 1.5 亿订阅用户的流媒体服务公司，Netflix 在 2008 年发布了第一个公共 API[一]。在发布过程中，Netflix 公司负责边际工程的副总裁 Daniel Jacobson 认为这个公共 API 的定位是，一个负责在内部服务和公共开发人员之间传递数据的媒介。自发布首个公共 API 以来，Netflix 公司在这方面已经有了长足的发展，如今它已经拥有超过 1000 种支持其流媒体 API 的设备。到 2014 年年中，每天都会有 50 亿次公司内部生成的 API 访问请求（主要由流式内容传输设备产生），以及 200 万次公共 API 访问请求。

6. Walgreens

美国最大的药品零售连锁店 Walgreens 公司于 2012/2013 年通过 API 向公众开放了照片打印和医药柜台服务[二]。起初该服务有两个 API，分别是 QuickPrints API 函数和 Prescription API 函数。这一举措吸引了大量开发人员，他们利用 Walgreens 公司的 API 开发了几十个应用程序。MEA 实验室所开发的 Printicular 就是这样一款应用程序，用户可以

[一] Netflix added record number of subscribers，www.cnn.com/2019/04/16/media/netflix-earnings-2019-first-quarter/index.html

[二] Walgreens API，https://developer.walgreens.com/apis

利用该程序打印来自 Facebook、推特、Instagram、Google+、Picasa 和 Flickr 的照片（如图 1-3 所示）。在从这些连接站点中选定要打印的照片之后，你可以选择从最近的 Walgreens 药店取走打印出来的照片，或者是请求店家寄送。利用大量基于其 API 构建的应用程序，Walgreens 公司可以通过增强用户参与度的方式来实现其预期目标。

图 1-3　基于 Walgreens API 编写的 Printicular 应用

7. 政府部门

除了私营企业，政府部门也开始通过 API 来开放其职能。2013 年 5 月 23 日，Data.gov 网站（由美国总务管理局倡导建立和管理，旨在为公众提供访问由联邦政府行政部门所生成的高价值机器可读数据集的渠道）发起了两项活动，以纪念数字政府战略实施一周年，以及 Data.gov 网站创立四周年。其中第一项就是一份全面的 API 目录，这些由联邦政府各部门发布的接口属于数字政府战略组成部分，涉及健康、公共安全、教育、消费者保护以及其他很多美国民生主题的新应用程序，可以利用这些 API 来加快开发速度。同时，这一举措也将为开发人员提供帮助，他们可以在一个目录中（http://api.data.gov）找到政府开放的所有 API，以及 API 文档和其他资源的相关链接。

8. IBM Watson

API 已经成为创建一家成功企业的关键要素，它们能够为企业开辟通往新业务生态系统的道路。一个公共 API 可能创造出前所未有的机会。2013 年 11 月，IBM Watson 技术首次以云端开发平台的形式对外开放，这就使得全球软件开发者社区的成员都能够构建具备 Watson 认知计算智能的下一代应用程序⊖。同时，IBM 还希望能够利用 API 创建多个生态系统，而这将开拓新的市场领域。API 能够将 Elsevier 公司（世界领先的科研、技术和医疗信息相关产品与服务提供商）及其庞大的肿瘤护理相关研究档案，与 Sloan Kettering 组织（一家成立于 1884 年的癌症治疗与研究机构）的医学专业知识以及 Watson 平台卓越的认知计算能力联结到一起，通过这些联系，目前 IBM 公司已经能够为医生和护士提供症状、诊断和治疗方法等方面的信息。

9. 开放银行

API 应用已经在众多领域实现了病毒式的传播增长，包括零售业、医疗保健、金融业、政府、教育以及很多其他行业。在金融领域中，开放银行项目⊜为银行提供了一个开源的 API 和应用商店，这就赋予了金融机构利用第三方应用与服务所构建的生态系统安全而快速地改善其数字服务的能力。Gartner 公司的数据⊜显示，到 2016 年，全球五十强银行中有 75% 已经创建了 API 接口，有 25% 已经建立了面向用户的应用商店。开放银行项目的目标是提供一个统一的接口，来对每个银行 API 的所有差异进行抽象表示，这就能够帮助应用程序开发人员在开放银行 API 的基础之上构建应用程序，同时实现与参与开放银行计划的银行保持兼容。目前只有德国的四家银行加入该项目，预计未来还会增加。该项目的商业模式是，每年向参与项目的银行收取许可费用。

10. 医疗保健

医疗保健行业同样能够从 API 中受益。截止到 2015 年 11 月，在 Programmable 平台上注册的医疗相关 API 有 200 多个⊗。其中一个有趣的项目 Human API⊗为用户提供了一个平台，来让用户与健康应用程序和系统的开发人员安全地分享自己的健康数据。这个数据网络中包含了计步器记录的活动数据、数字手环采集的血压测量值、医院的医疗记录等。GlobalData 公司的一份报告⊗显示，2011 年的移动健康市场价值为 12 亿美元，这个数值以 39% 的复合年增长率（Compound Annual Growth Rate，CAGR）增加，在 2018 年跃升至 118 亿美元。显而易见的是，对医疗相关 API 的需求还在不断增长。

11. 可穿戴设备

可穿戴设备是另一个得益于 API 的大规模应用。大多数可穿戴设备都只具备较低的处理

⊖　IBM Watson's Next Venture，www-03.ibm.com/press/us/en/pressrelease/42451.wss

⊜　Open Bank Project，www.openbankproject.com/

⊜　Gartner：Hype Cycle for Open Banking，www.gartner.com/doc/2556416/hype-cycle-open-banking

⊗　Medical APIs，www.programmableweb.com/category/medical/apis?&category=19994

⊗　Human API，http://hub.humanapi.co/docs/overview

⊗　Healthcare Goes Mobile，http://healthcare.globaldata.com/media-center/press-releases/medical-devices/mhealth-healthcare-goes-mobile

能力和较小的存储空间，需要通过与位于云端的 API 交互来进行处理和存储。例如，微软腕带（Microsoft Band），这是一款可以记录用户心率、步数、消耗卡路里数以及睡眠质量的臂式可穿戴设备，需要与微软健康移动应用程序配套使用。可穿戴设备本身可以在其有限的存储空间内暂时记录步数、距离、消耗的卡路里数以及心率，一旦它通过蓝牙与移动应用程序建立连接，那么所有数据都会通过应用程序上传到云端。你可以通过微软健康云端 API，利用实时的用户数据来改善应用和服务的体验，这些 RESTful API 以一种简便易用的 JSON 格式，提供了全面的用户健康数据；这将增强围绕微软腕带所构建的生态系统——由于现在越来越多的开发人员可以基于微软健康 API 来开发有用的应用程序，因此微软腕带的用户数量将大大增加。同时，这也将帮助第三方应用程序开发人员通过将自己的数据流和来自微软健康 API 的数据相结合，来开发更有用的应用程序。RunKeeper、MyFitnessPal、MyRoundPro 以及许多其他健身应用程序都选择与微软腕带合作，以实现互利共赢。

1.1.2　商业模式

拥有一个合适的商业模式，是在 API 经济中取得成功的关键。IBM 公司红皮书 API 经济的力量[⊖]中介绍了四种 API 商业模式，介绍如下：

❑ 免费模式：这种模式着重关注业务应用范围和品牌忠诚度。Facebook、推特和谷歌地图的 API 就属于该模式的典型实例。

❑ 开发者付费模式：在这种模式下，API 用户或开发人员需要付费才能使用 API。例如，PayPal 公司会收取交易费用，而亚马逊公司则允许开发人员只为所用到的接口付费。该模式类似于英特尔公司的 Wendy Bohner 提出的"直接盈利"模式[⊖]。

❑ 开发者直接收费模式：这是一种收益共享模式。最好的例子就是 Google AdSense。该服务会将投放广告所获收益的 20% 付给开发人员。Shopping.com 网站是收益共享商业模式的另一个例子——利用 Shopping.com 网站 API，开发人员可以将最详尽的在线产品目录与相关产品内容相互整合，并在自己的网站中添加数百万种独有的商品和商家优惠信息，它是按照点击量付费的。

❑ 间接模式：企业（比如 Salesforce、推特、Facebook 等）可以利用这种模式构建一个更大的生态系统。例如，推特公司允许开发人员在其 API 的基础上构建应用程序，通过在这些应用的最终用户的推特时间轴上显示赞助广告，推特公司可以从中获利。Salesforce 公司同样采用这一模式：Salesforce 公司鼓励第三方开发人员通过在其 API 的基础上开发应用，从而实现平台拓展。

⊖ *The Power of the API Economy*，www.redbooks.ibm.com/redpapers/pdfs/redp5096.pdf

⊖ Wendy Bohner's blog on API Economy：https://blogs.intel.com/api-management/2013/09/20/the-api-economy/

1.2　API 发展历程

API 的概念源于计算的兴起。一个组件的 API 定义了其他部分与其进行交互的方式。API 表示应用程序编程接口，对开发人员和架构师而言是一种技术规范。如果熟悉 UNIX/Linux 操作系统，那么对于 man 命令应该不会感到陌生；它能够为每条系统命令生成相应的技术规范，其中定义了用户与这条系统命令的交互方式。man 命令的输出结果就可以视为相应命令的 API 定义，它定义了用户执行命令需要了解的一切信息，包括语法、所有有效输入参数的描述、示例等。在 UNIX/Linux 系统乃至 Mac OS X 环境中执行以下命令，将会生成 ls 命令的技术定义。

```
$ man ls
NAME
     ls -- list directory contents
SYNOPSIS
     ls [-ABCFGHLOPRSTUW@abcdefghiklmnopqrstuwx1] [file ...]
```

再讲得深入一点，如果你是一名计算机科学相关专业的毕业生或者学过操作系统相关知识，那么你肯定听说过系统调用。系统调用为我们提供了一个操作系统内核的访问接口，或者说系统调用就是应用程序从底层操作系统请求服务的方式。内核，即操作系统的核心，通过对硬件层进行封装，使其与上层应用程序相隔离（如图 1-4 所示）。如果你想要从浏览器中打印一些东西，那么浏览器发起的打印指令首先必须经由内核传递到本地主机直连 / 网络远程连接的物理打印机中。内核执行操作和提供服务的位置被称为内核空间，与此同时，上层应用是在用户空间中执行操作和提供服务的。运行于用户空间的应用程序，只有通过系统调用才能访问内核空间，换言之，系统调用就是用户空间所使用的内核 API。

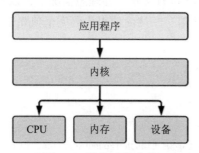

图 1-4　操作系统内核

Linux 系统内核拥有两种类型的 API：一种供运行于用户空间的应用程序使用，另一种供内部使用。内核空间和用户空间的 API 也可以称为内核的公共 API，另一种则可以视为其私有 API。

即使是在上层应用中，如果用的是 Java、.NET 或者其他编程语言，那么你可能也编写过使用 API 的代码。为了实现与不同种类的数据库管理系统（Database Management System，DBMS）进行交互，Java 语言将 Java 数据库连接器（Java Database Connectivity，JDBC）作为一个 API 开放提供，如图 1-5 所示。JDBC API 将应用程序连接数据库的逻辑过程封装起来，这样一来，无论何时要与哪种数据库建立连接，应用程序逻辑都不需要进行修改。Java 语言将数据库连接逻辑封装在 JDBC 驱动中，并以一个 API 的形式发布。要更改数据库，你只需要选择相应的 JDBC 驱动即可。

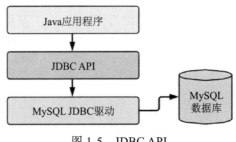

图 1-5　JDBC API

一个 API 本身就是一个接口，用于用户与系统或特定组件进行交互。用户应该只知道这个接口的存在，而对其实现一无所知。一个给定的接口可能有多种实现，而基于这个接口编写的客户端应用应该能够在不同实现之间进行无缝而轻松的切换。客户端应用程序和 API 实现既可以在同一进程中，也可以在不同进程中：如果它们在同一进程中运行，那么客户端应用和 API 之间的调用就是本地调用，否则就是远程调用。以 JDBC API 为例，它就是一个本地调用：Java 客户端直接引用 JDBC API，该接口是由一个在同一进程中运行的 JDBC 驱动所实现的。以下 Java 代码片段展示了 JDBC API 的用法：该代码并不依赖于底层数据库——它只与 JDBC API 进行交互。在理想情况下，该程序从配置文件中读取 Oracle 驱动名称和 Oracle 数据库连接信息，从而使得代码完全独立于数据库实现。

```java
import java.sql.Connection;
import java.sql.DriverManager;
import java.sql.PreparedStatement;
import java.sql.SQLException;

public class JDBCSample {

public void updataEmpoyee() throws ClassNotFoundException, SQLException {
 Connection con = null;
 PreparedStatement prSt = null;
    try {
    Class.forName("oracle.jdbc.driver.OracleDriver");
    con = DriverManager.getConnection("jdbc:oracle:thin:@<hostname>:<port
    num>:<DB name>", "user", "password");
    String query = "insert into emp(name,salary) values(?,?)";
    prSt = con.prepareStatement(query);
```

```
        prSt.setString(1, "John Doe");
        prSt.setInt(2, 1000);
        prSt.executeUpdate();
    } finally {
        try {
            if (prSt != null) prSt.close();
            if (con != null)  con.close();
        } catch (Exception ex) {
            // 日志记录
        }
    }
}
}
```

　　我们也可以对 API 进行远程访问。要远程引用一个 API，你需要为进程间的通信过程定义一款协议。Java RMI 协议、CORBA 协议、.NET 远程协议、SOAP 协议以及（HTTP协议之上的）REST 协议，都是一些实现进程间通信的协议。Java RMI 协议为一台非本地的Java 虚拟机（在与 Java API 进程不同的进程中运行）远程调用一个 Java API 的过程提供了基础设施级别的支持。客户端的 RMI 基础架构将来自客户端的所有请求序列化处理为线性结构（也称为编组），而服务端利用 RMI 基础架构将其反序列处理为 Java 对象结构（也称为解组），如图 1-6 所示。这种编组 / 解组技术是 Java 语言所特有的：必须是一个 Java 客户端，在调用一个基于 Java RMI 协议的 API 时，才能进行这样的操作，因此它是依赖于具体语言的。

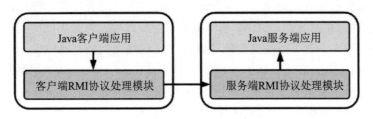

图 1-6　Java RMI 协议流程

　　以下代码片段展示了一个 Java 客户端如何通过 RMI 协议与一个远程运行的 Java 服务进行交互。以下代码中的 Hello 例程就代表服务。Java 语言 SDK 自带的 rmic 工具能够利用 Java 服务接口来生成该例程。我们利用 RMI 服务的 API 来编写 RMI 客户端程序。

```
import java.rmi.registry.LocateRegistry;
import java.rmi.registry.Registry;

public class RMIClient {
```

```
public static void main(String[] args) {
  String host = (args.length < 1) ? null : args[0];
  try {
    Registry registry = LocateRegistry.getRegistry(host);
    Hello stub = (Hello) registry.lookup("Hello");
    String response = stub.sayHello();
    System.out.println("response: " + response);
  } catch (Exception e) {
    e.printStackTrace();
  }
}
}
```

基于 SOAP 的网络服务提供了一种与编程语言和平台无关的，构建和调用托管 API 的方法。它将一条消息以一种 XML 格式负载的形式从一端传递到另一端。大量的规范标准对 SOAP 栈的结构进行了定义：SOAP 标准定义了客户端和服务端之间的请求/响应协议；网络服务描述语言（Web Services Description Language，WSDL）标准定义了一个 SOAP 服务的描述方式；WS-Security、WS-Trust 和 WS-Federation 标准描述了如何保护一个基于 SOAP 的服务；WS-Policy 标准为围绕 SOAP 服务构建服务质量描述提供了一个框架；WS-SecurityPolicy 以一种标准的方式，在 WS-Policy 标准框架的上层构建定义了一个 SOAP 服务的安全需求，等等。基于 SOAP 的服务利用基于策略的治理方式，提供了一个高度解耦的标准化体系结构。这些服务确实具备了构建面向服务体系架构（Service-Oriented Architecture，SOA）所需的所有要素。

然而，这至少是十年前的事了。基于 SOAP 的 API 流行程度日趋降低，这主要是由于 WS-* 系列标准的内在复杂性。SOAP 基本保证了互操作性，但是不同的实现栈之间仍存在许多模棱两可的地方。为了解决这个问题并改善实现栈之间的互操作性，网络服务互用性（Web Services Interoperability，WS-I）组织（网址为 www.ws-i.org）为网络服务起草了一份概要文件。该文件主要是为了帮助人们消除网络服务标准之间的歧义；在 SOAP 上层构建设计的 API，应该遵循基本概要文件所定义的指导原则。

🎧 **注**   SOAP，最初是简单对象访问协议（Simple Object Access Protocol）的缩写，而从 1.2 版本的 SOAP 开始，它不再是一个首字母缩略词。

与 SOAP 不同，REST 协议是一种设计范式，而不是一个规则集。尽管 Roy Fielding 在他的博士论文⊖中首次描述 REST 协议时，并没有将 REST 协议和 HTTP 绑定到一起，但目前 99% 的 RESTful 服务或 API 都是基于 HTTP 实现的。基于同样的原因，我们可以简单理

⊖   Architectural Styles and the Design of Network-based Software Architectures，www.ics.uci.edu/ ～ fielding/pubs/dissertation/top.htm

解为，REST 协议是在 HTTP 规范所定义规则集的基础上设计的。

2006 ～ 2007 年兴起的 Web 2.0 将发展路线逐渐转变为一种更为简单明了的 API 架构风格。当时，Web 2.0 是一系列经济、社会和技术领域的发展趋势，这些趋势共同形成了下一代互联网计算的基础。它是由数以千万计的参与者共同创建的。围绕 Web 2.0 所构建的平台是以简单轻量而又功能强大的、基于 AJAX 的编程语言和 REST 协议为基础的——基于 SOAP 的服务在开始阶段就被排除在外。

现代 API 起初既会用到 SOAP，也会用到 REST 协议。Salesforce 公司在 2000 年发布其公共 API，而目前它仍然同时支持 SOAP 和 REST 协议。亚马逊公司在 2002 年所发布的网络服务 API 同时提供对 REST 协议和 SOAP 的支持，但 SOAP 的早期使用率非常低，到 2003 年，据知情人士透露，亚马逊公司的 API 调用记录中有 85% 属于 REST 协议⊖。作为一家网络 API 的注册网站，ProgrammableWeb 从 2005 年以来一直关注着 API 的使用情况：在 2005 年，ProgrammableWeb 网站观察到了 105 个 API，这些接口由谷歌、Salesforce、eBay 和亚马逊等公司发布。随着社交和传统媒体公司向外界商业伙伴共享数据所带来的收益不断增长，到 2008 年，这一数字增加到了 1000 个。到 2010 年底，一共有 2500 个 API。作为一家在线服装和鞋品销售店，Zappos 发布了一个 REST API，同时很多政府机构和传统实体零售商也都加入了这场狂欢。英国跨国杂货商品零售商 Tesco 公司允许顾客通过 API 下单，照片分享应用程序 Instagram 成了图片版的推特，Face 应用将面部识别作为一项服务引入，Twilio 程序允许任何人随时随地创建通话应用。到 2011 年，公共 API 的数量攀升至 5000 个，而在 2014 年，ProgrammableWeb 网站上列出了超过 14 000 个 API；在 2019 年 6 月，ProgrammableWeb 网站宣称，它们检索到的 API 数量已经达到了 22 000 个（如图 1-7 所示）。与此同时，SOAP 的应用趋势已经近乎停滞：到 2011 年，ProgrammableWeb 网站上 73% 的 API 用的都是 REST 协议，而 SOAP 的应用比例远远落后，只有 27%。

API 这个名词已经存在了几十年，但直到最近才被大肆宣传，成为一个流行语。API 的现代定义，主要指的是一项用于向外界开放有用的业务功能的、以网络为中心（在 HTTP 协议之上）的、托管的、面向公共的服务。根据 *Forbes* 杂志的定义，一个 API 是指技术驱动的产品和服务所具备的基本用户接口，以及推动盈利增长和品牌参与的关键渠道。Salesforce、亚马逊、eBay、Dropbox、Facebook、推特、领英、谷歌、Flickr、雅虎以及大多数在线开展业务的主要参与者都拥有一个用于开放业务功能的 API 平台。

⊖　REST vs. SOAP In Amazon Web Services，https://developers.slashdot.org/story/03/04/03/1942235/rest-vs-soap-in-amazon-web-services

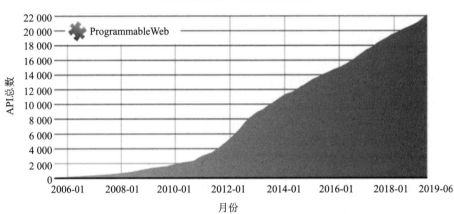

图 1-7   ProgrammableWeb 网站列出的 API 自 2005 年以来的增长情况

1.3   API 管理

任何 HTTP 端点，只要拥有一个能够基于特定的业务逻辑来接受请求并生成响应的、定义良好的接口，都可以被视为一个裸 API。换言之，裸 API 指的是非托管 API。非托管 API 自身存在缺陷，如下所示：

- ❑ 无法真正追踪到 API 的业务所有者，或者是所有权随时间变化的情况。
- ❑ 无法有效管理 API 版本。新 API 的上线，可能会对所有旧 API 现有用户的正常业务行为造成破坏。
- ❑ 无法对用户进行限制，任何人都可以匿名访问 API。
- ❑ 无法对一段时间内的 API 调用次数进行限制，任何人都可以对 API 进行任意多次的调用，这可能会导致承载 API 的服务器耗尽其所有资源。
- ❑ 无法获得任何观测信息。我们无法对裸 API 进行监控，因此也无法收集任何统计信息。
- ❑ 无法进行有效扩展。由于无法根据 API 的使用情况来收集统计信息，因此我们也很难基于使用模式来对 API 进行扩展。
- ❑ 很难被用户发现。API 大部分都是由应用程序来调用的，要编写应用程序，应用开发人员需要找到能够满足需求的 API。
- ❑ 没有合适的文档说明。裸 API 可能会有合适的接口，但是没有针对性的合适文档。
- ❑ 没有简洁的商业模式。基于以上所列举的 8 个原因，我们很难为裸 API 构建一个全面、综合的商业模式。

托管 API 应该能够解决以上所有或大部分问题。举个例子，对于推特 API 而言，我们可以利用这些接口来发表推特状态，获取时间线更新，列出关注者，更新个人资料，或者做很多其他事情，但这些操作都无法匿名完成——你必须首先通过身份验证。让我们举一个具体的例子（你需要先安装 curl 工具才能尝试本例，或者你可以使用 Chrome 浏览器的 REST 协议高级客户浏览器插件）：以下 API 能够列出登录用户及其关注者所发布的所有推特状态。如果直接调用，它将返回一个错误代码，说明该请求未经验证：

```
\> curl https://api.twitter.com/1.1/statuses/home_timeline.json
{"errors":[{"message":"Bad Authentication data","code":215}]}
```

推特利用 OAuth 1.0 协议（我们将在附录 B 中对其进行详细讨论）对所有的推特 API 进行保护，确保用户只能对其进行合法访问。即使拥有正确的访问凭据，用户也不能对 API 进行随意调用。推特对每个 API 调用行为强制执行速率限制：在一个给定的时间段内，用户只能对推特 API 进行有限次的调用。所有面向公众的 API 都需要采用这种预防措施，以尽量减少任何可能的拒绝服务（Denial of Service，DoS）攻击。除了对其 API 进行访问保护和调用频率限制，推特公司还会对其进行密切监控。推特 API 安全中心会显示每个 API 的当前状态。推特公司通过 URL 自身嵌入的版本号（例如 1.1）来对版本进行管理。推特 API 的任何新版本都会带有一个新的版本号，因此它不会对任何当前 API 用户造成干扰。安全性、速率限制（限流）、版本控制和监控，这些都是托管业务 API 所涉及的关键问题，同时，它还必须能够根据流量变化进行弹性调整，从而实现高可用性。

生命周期管理是裸 API 和托管 API 之间另一个关键差异。托管 API 拥有一个从创建到失效的完整生命周期。一个典型的 API 生命周期可能会包含创建、发布、弃用和失效这四个阶段，如图 1-8 所示。要完成每个生命周期阶段，都需要对照一份清单进行验证。例如，要将一个 API 从创建阶段提升至发布阶段，你需要确保已对 API 进行有效保护，相关文档已准备就绪，限流规则已强制执行，等等。对于一个只关注业务功能的裸业务 API，你可以通过围绕该接口创建这些服务质量方面的内容来将其转化为一个托管 API。

图 1-8　API 生命周期

API 的描述信息和可发现性是托管 API 的两个关键问题。对于一个 API 来说，描述信息必然是极其有用且有意义的，同时，API 需要在某些用户容易找到的位置发布。一个全面的 API 管理平台至少需要三个主要组件：发布方、商店和网关（如图 1-9 所示）。API 商店也称为开发者门户站点。

API 发布方为创建和发布 API 提供工具支持。一个 API 在创建时，需要和 API 文档以及其他相关的服务质量控制内容关联起来。之后，它会在 API 商店中发布，并部署到 API 网关中。应用程序开发人员可以从商店中找到 API。ProgrammableWeb 网站（网址 www.

programmableweb.com）是一个有名的 API 商店，截止到本书编写时，该网站已经包含了 22 000 多个 API。你也可以认为 ProgrammableWeb 网站只是一个索引字典，而不是一个商店。商店应该不仅仅是罗列 API（而这正是 ProgrammableWeb 网站所做的工作）：它应该允许 API 用户或应用程序开发人员订购 API，并负责管理 API 订单。此外，一个 API 商店还应该支持一些社交功能，比如对 API 进行标记、评论和评级等。API 网关负责承载所有运行时流量，并充当策略执行节点。网关要根据身份验证、授权和限流策略对所有流经网关的请求进行检查，同时，监控所需的统计信息也需要在 API 网关层进行收集。很多开源的 API 管理专用产品都可以为综合的 API 商店、发布方和网关组件提供支持。

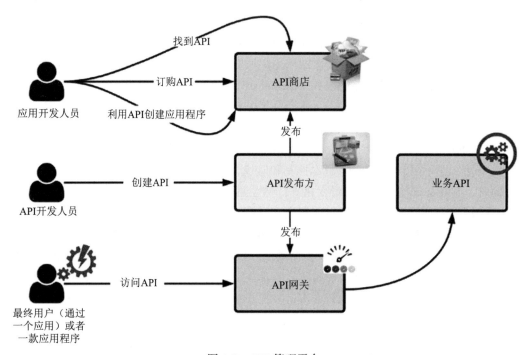

图 1-9　API 管理平台

在 SOAP 栈中，有两个重要的标准是用来解决服务发现问题的。通用描述、发现和集成（Universal Description，Discovery and Integration，UDDI）标准应用十分广泛，但其规模过于庞大，并且表现没有达到预期水平。UDDI 标准目前基本已经不再使用。第二个是 WS-Discovery 标准，它提供了一种更轻量级的方法。大部分现代 API 都是 REST 协议友好型的。截止到本书编写时，针对 RESTful 服务或 API 还没有得到广泛认可的标准发现方法。大部分 API 商店都是通过搜索和标记来实现服务发现功能。

对基于 SOAP 的网络服务进行描述的过程是由网络服务定义语言（Web Service Definition Language，WSDL）规范实现标准化的。WSDL 描述了网络服务允许进行哪些操作，以及如何对其进行访问。对于 RESTful 服务和 API 来说，有两种广泛使用的描述标准：网络应用描述语言（Web Application Description Language，WADL）和 Swagger 规范。WADL 规范是一套基于 XML 格式对 RESTful 或基于 HTTP 服务进行描述的标准。和 WSDL 标准一样，WADL 规范对 API 及其预期的请求 / 响应消息进行了描述。作为一个描述、生成、使用和可视化 RESTful 网络服务方面的规范和完整实现框架，Swagger 框架及其相关工具每月的下载量超过 350 000，可以说它有望成为在描述 API 方面使用最为广泛的格式。$^{\ominus}$ 图 1-10 展示了 Swagger Petstore API 的 Swagger 标准定义。$^{\ominus}$

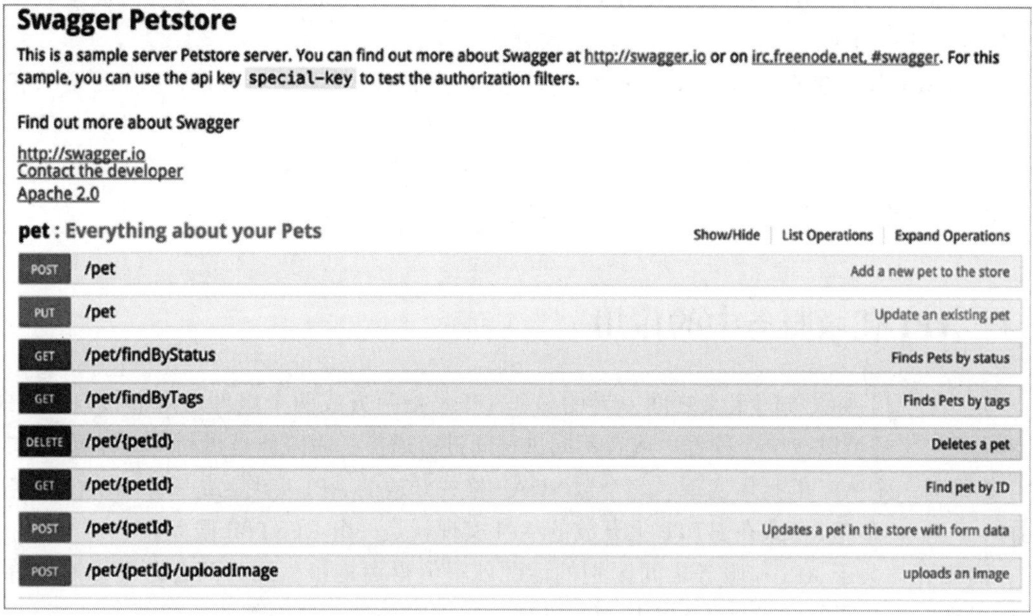

图 1-10　Swagger Petstore API 的 Swagger 标准定义

　　基于 Swagger 2.0 规范，开放 API 计划（Open API Initiative，OAI）起草了一份涉及 API 用户、开发者、提供商和供应商的 OAI 规范，来为 REST API 定义一个与具体编程语言无关的标准接口。在 Linux 基金会的框架下，谷歌、IBM、PayPal、Intuit、SmartBear、Capital One、Restlet、3scale 以及 Apigee 等公司都参与开放 API 计划的发起活动。

NetFlix 公司的托管 API

　　Netflix 公司从 DVD 租赁服务起步，之后发展成为一个视频流服务平台，并且在 2008 年发布了其第一个 API。2010 年 1 月，记录显示 Netflix API 接收到了 6 亿次请求（每月）；2011 年 1 月，这个数字上升到了 207 亿次；而时隔一年，到 2012 年 1 月，

　　$\ominus$　Open API Initiative Specification，https://openapis.org/specification

　　$\ominus$　Swagger Petstore API，http://petstore.swagger.io/

Netflix API 收到的请求数量达到 417 亿次。[一]截止到本书编写时，Netflix 公司目前需要处理北美地区超过三分之一的互联网流量。这是一项全球广泛应用的服务，其范围涵盖五大洲 190 个国家，拥有超过 1.39 亿名会员。每天都有数千台接受支持的设备对 Netflix API 进行访问，从而生成数十亿条 API 访问请求。

尽管 Netflix API 最初的开发目的是作为外界应用开发人员访问 Netflix 目录的一种方式，但它很快成了向 Netflix 所支持的居家设备开放内部功能方面的关键部分。前者是 Netflix 公司的公共 API，而后者则是其私有 API。与私有 API 相比，公共 API 只吸引了很少的流量。到 2011 年 11 月 Netflix 公司决定关闭公共 API 时，它所吸引的流量只占 API 总流量的 0.3%。

Netflix 公司使用私有 API 网关 Zuul 来对所有的 API 流量进行管理。[二]Zuul 是所有请求从设备和网站进入后端 Netflix 流媒体应用程序的入口。作为一项边际服务应用程序，Zuul 网关能够提供动态路由、监控、弹性拓展和安全保护等功能，它还可以根据需要，将请求转发到多个亚马逊自动拓展群组中。[三]

1.4 API 在微服务中的作用

过去，API 和服务的定义之间差异明显：API 是指两方或两个组件之间的接口，这两个参与方 / 组件可以在单个进程内或者不同进程间进行通信；而服务是指利用一种可用的技术 / 标准对一个 API 的具体实现。一个以 SOAP 格式开放的 API 实现就是一个 SOAP 服务，同样，一个以 JSON 格式在 HTTP 上开放的 API 实现就是一个 RESTful 服务。

而现在，关于 API 和服务之间区别的话题就很值得商榷了，因为两者范畴多有重叠。一个得到广泛认同的定义是，API 是面向外部的，而服务是面向内部的（如图 1-11 所示）。企业会在想要穿越防火墙向外界开放有用的业务功能时使用 API。然而，这就带来了另一个问题：一家公司为什么要通过 API 向外界开放宝贵的业务资产？对此，推特公司又是一个绝佳的例子。用户可以从推特公司的网站上登录以及发表推特状态，同时，通过该网站能够进行的任何操作也都可以通过推特公司的 API 来完成。因此，第三方可以利用推特 API 来开发应用程序，其中包括移动应用、浏览器插件和桌面应用等。这就大大减少了推特网站的流量。即使是到今天，这个网站上也没有一个广告（不过广告会以付费推送的形式出现在日常推特数据流中）。如果没有公共 API，那么推特公司可以像 Facebook 公司所做的那样，简单地围绕网站构建一个广告平台。然而，拥有公共 API，可以帮助推特公司围绕推特构建一个强大的生态系统。

   ⊖ Growth of Netflix API requests，https://gigaom.com/2012/05/15/netflix-42-billion-api-requests/
   ⊜ How we use Zuul at Netflix，https://github.com/Netflix/zuul/wiki/How-We-Use-Zuul-At-Netflix
   ⊜ Zuul，https://github.com/Netflix/zuul/wiki

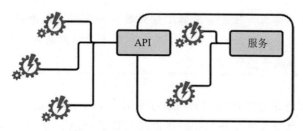

图 1-11　API 和服务之间的区别

通过 API 开放公司数据，能够提升价值：这一过程不仅为企业利益相关方，同时也为更多的受众提供了数据访问的渠道；充满无限创意的想法可能会突然迸发，并最终为数据带来价值。假设一家比萨经销商发布了一个 API，其功能是针对给定的比萨类型和大小，计算得到卡路里数。你可以据此开发一款应用程序来计算一个人每天需要吃多少比萨，其体重指数（Body Mass Index，BMI）才会进入肥胖范围内。

尽管业界的共识是 API 应该公开，但这并不是必须的。大部分 API 起初都是公共 API，并逐渐成为企业公共形象的代表，但同时出于不同组件功能共享的目的，私有 API（不向公众开放）的数量在企业内部也在激增。在这种情况下，API 和服务之间的区别就不仅仅是其受众了。实际上，大部分服务实现都是以 API 的形式发布的，在这种情况下，API 定义了服务与外界（不一定是公共的）之间的交互协议。

在编写本书时，微服务是最为热门的名词，每个人都在讨论微服务，同时每个人都想要实现微服务。2011 年 5 月，在威尼斯举行的软件架构师研讨会上，"微服务"一词首次出现，它被用来阐释在一段时间内所见到的通用架构风格。时隔一年后，在 2012 年 5 月，同一批与会专家一致认为"微服务"是对之前所讨论的架构风格描述最为恰当的术语。与此同时，James Lewis 于 2012 年 3 月在波兰克拉科夫所举行的 33rd Degree 技术大会上对威尼斯初步讨论的内容做了进一步的研究，并就此发表了一些观点。⊖

 注　2012 年 3 月，James Lewis 在主题为"微服务——利用 Java 语言以类 UNIX 系统思维方式实现"的演讲摘要中，首次对微服务进行了公开讨论：

"编写一次只做一件事，并且能把这件事做好的程序，编写互相协作（调用）的程序"，这一观点在 40 年前就得到了普遍认同，然而在过去十年间，我们仍然一直在浪费时间编写那些通过臃肿的中间件进行通信的庞大、僵化的应用程序，并祈祷摩尔定律能够一直保佑我们。现在有一个更好的办法——微服务。

在本次演讲中，我们将找到一系列遵循类 UNIX 程序"小而简单"理念的，具备一致性和增强特性的工具与实践。我们要实现的是这样的微型应用程序，它只承担单一任务，通过网络统一接口进行通信，同时作为一个性能良好的操作系统服

⊖　Microservices – Java, the Unix Way, http://2012.33degree.org/talk/show/67

务进行安装。那么，你是否厌倦了翻阅数万行代码，或者所有 XML 文件，只为
了对其中一行进行简单的修改的情况？快来看看前卫的年轻人（当然还有更前卫
的老年人）都在干些什么吧。

显而易见，微服务是思路正确的面向服务架构（Service-Oriented Architecture，SOA）。
我们今天所讨论的大部分与微服务相关的概念都来源于 SOA，而 SOA 关注的是一种基于服
务的架构风格。根据 Open Group 的定义，一个服务是一项可重复业务活动的逻辑表示，这
一业务活动是自包含的，具有特定的输出，并且可能是由其他服务组成的；对于服务用户
来说，其实现是以黑盒形式提供的。SOA 为业务拓展和互操作带来了亟须的敏捷特性。然
而在过去，SOA 成了一个被肆意解读的名词：有些人在基于 SOAP 网络服务的背景下对
SOA 进行定义，而另一些人则认为 SOA 完全是关于企业服务总线（Enterprise Service Bus，
ESB）的内容。这就使得在最初阶段，Netflix 公司将微服务称为细粒度的 SOA。

说实话，我并不在乎服务是公开的还是私有的。我们曾经将在云端构建的项
目称为"云原生服务"或"细粒度 SOA"，之后 ThoughtWorks 公司的人就提出了
"微服务"这一名词。不管怎样，它只是我们所做工作的另一个叫法，因此我们也
就开始将其称为微服务。

——Netflix 公司前云端架构师，Adrian Cockcroft

微服务的九大特点

Martin Fowler 和 James Lewis 在介绍微服务[⊖]时，指出了经过精心设计的微服务所
具备的九个特征，简单介绍如下：

- ❏ 通过服务实现组件化：在微服务中，组件化的主要实现方式就是通过服务完成。
  这与传统的通过库来实现组件化的做法有所不同。在 Java 领域中，一个库是一
  个 jar 文件，而在 .NET 领域，它是一个 DLL 文件。一个库可以定义为一个能够
  通过内存函数调用来独立完成某些特定任务并嵌入主程序中的组件。而在微服
  务领域，这些库的主要作用是充当代理，通过这些代理我们可以访问运行于进
  程之外的远程服务。

- ❏ 围绕业务功能进行组织：在如今我们所见到的大部分庞大僵化的应用中，分层
  都是基于技术而不是围绕业务能力来进行的。用户接口（User Interface，UI）设
  计团队负责为应用程序创建用户界面，团队成员都是 HTML、JavaScript、Ajax、
  人机交互（Human-Computer Interaction，HCI）等技术领域的专家；然后，我们
  还有数据库专家负责数据库模式设计和各种应用程序的集成技术，比如 JDBC、

⊖ Microservices，http://martinfowler.com/articles/microservices.html

ADO.NET 和 Hibernate；最后，我们拥有服务端逻辑团队，他们负责编写实际的业务逻辑，同时也是 Java、.NET 以及很多其他服务端技术方面的专家。利用微服务的方式，你可以围绕业务能力构建跨职能、多学科的团队。

❑ 是产品而不是项目：项目团队的目标是根据项目计划开展工作，在规定的期限内完成工作，以及在项目结束时交付产品。一旦项目完成，维护团队就接手，继续负责管理项目。据估计，IT 预算中只有 29% 用于新系统的开发，而其中 71% 都耗费在了现有系统维护和相应系统扩容方面。⊖为了避免这样的浪费现象，以及在整个产品生命周期中提高效率，亚马逊公司引入了这样的概念——"谁构建，谁拥有"。创建产品的团队将永久掌握其所有权。这就为我们带来了产品思维，同时迫使产品团队为特定的业务功能负责。作为微服务的早期发起者之一，Netflix 公司将每个 API 都视为一个产品。

❑ 智能端点和非智能管道：每一个微服务都是针对一个明确定义的范围进行开发的。对此，Netflix 公司又是一个绝佳的例子。2008 年，Netflix 公司起初只创建了一个单一庞大的网络应用程序，名为 netflix.war；随后在 2012 年，作为解决垂直扩展问题的方案，该公司转而采用基于微服务的方法，如今它们已经拥有数百个细粒度的微服务。此处所面临的挑战是，微服务应该如何进行相互通信。由于每个微服务的范围非常小（或者说是微型的），那么为了完成一个特定的业务需求，微服务就必须进行互相通信。每个微服务都应该是一个智能端点，它应该明确知道如何处理一个传入的请求并生成响应。微服务之间的通信通道则应该以非智能管道的形式来实现，这种形式类似于 UNIX 系统的管道和过滤架构。例如，UNIX 系统中的 ps-ax 命令会列出当前运行进程的状态。UNIX 系统命令 grep 会在任何给定的输入文件中进行搜索，从中选择满足一个或多个模式的行。每个命令都拥有足够完成工作的智能。我们可以利用一个管道将两个命令结合使用。例如，ps-ax | grep 'apache'，将仅列出包含搜索关键字 "apache" 的进程。在这里，管道（|）就是以一种非智能的方式来实现的——它只是简单地从第一条命令获取输出，然后将其传递给下一条命令。这是微服务设计的主要特性之一。

❑ 去中心化治理：大部分 SOA 部署方案都遵循中心化治理的理念。设计时治理和运行时治理都是集中管理和实施的。在从开发者阶段提升至质量保证（Quality Assurance，QA）阶段之前，设计时治理将对服务是否通过了所有的单元测试和集成测试，是否遵守了编码约定，是否使用了常规的安全策略进行保护等方面进行检查。同样地，在服务从 QA 阶段提升到准备阶段，以及从准备阶段提升到产品阶段之前，我们都可以根据更合适的检查清单来进行评估。运行时治理

⊖　You build it，You run it，www.agilejourneyman.com/2012/05/you-build-it-you-run-it.html

则会考虑在运行时实施身份认证策略、访问控制策略和限制策略。在基于微服务的架构中，每个服务都拥有其自治域，并且彼此之间高度解耦，每个微服务背后的团队都可以使用自己的标准、工具和协议。这就使得去中心化治理模型对于微服务架构更具有意义。

❑ 去中心化数据管理：在单一庞大的应用程序中，所有组件都与一个数据库进行交互通信。在微服务的设计中，每一个独特的功能组件都会根据其业务能力被开发成一个微服务，这样每个微服务都会拥有自己的数据库——因此每个这样的服务都可以在不依赖于其他微服务的情况下进行端到端的扩展。由于数据驻留在多种数据库管理系统中，因此这种方法很容易增加分布式事务管理的开销。

❑ 基础设施自动化：持续部署和持续交付，是基础设施自动化的两个基本要素。持续部署扩展了持续交付的范畴，使得每个通过了自动化测试关卡的组件都能够部署到产品中，而通过持续交付可以保证产品创建过程中部署交付结果的决策都是基于业务需要做出的。作为 API 和微服务领域的先驱者之一，Netflix 公司采用了前一种方法，即持续部署。通过持续部署，新的特性不会被忽略；只要它们通过了所有的测试，就说明可以将它们部署到产品中了。同时，这也避免了一次性部署大量的新特性，因此可以实现仅对当前产品和用户体验进行细微的改变。单一庞大的应用程序和微服务在基础设施自动化方面并没有显著的区别。在基础设施准备就绪之后，就可以用在所有微服务上。

❑ 故障设计：基于微服务的设计方法是高度分布式的，而在一个分布式的设置过程中，发生故障是不可避免的。没有任何一个组件可以保证始终正常运行。任何服务调用都可能由于各种因素而失败：服务之间的传输通道可能会关闭，承载服务的服务器实例可能会关闭，服务本身也可能会关闭。与单一庞大的应用程序相比，这属于微服务的额外开销。每个微服务都应该以能够处理和承受这些故障的方式进行设计。在整个微服务架构中，理想情况下一个服务的宕机对其他正在运行的服务应该毫无影响或是影响最小。Netflix 公司根据其混沌实验工具集"混沌猴子（Chaos Monkey）"所取得的成功，开发了一套名为"猴子军团（Simian Army）"的工具集来模拟受控环境下的故障情况，以确保系统能够平稳恢复。

❑ 迭代设计：微服务体系结构本身就支持迭代设计。与单一庞大的应用程序情况不同，对于微服务来说，升级或更换单个组件的成本极低，因为它们都被设计为以独立或低耦合的方式来发挥功能。

Netflix 公司是微服务应用方面的先驱者之一。不仅是 Netflix 公司，通用电气（General Electric，GE）公司、惠普（Hewlett-Packard，HP）公司、Equinox 软件公司、PayPal、Capital One 金融投资国际集团、高盛集团、爱彼迎公司、Medallia 公司、Square 公司、

Xoom 公司以及其他很多公司都是微服务的早期使用者。尽管最近微服务才成为一个热门名词，但其实微服务架构所提出的一些设计原则已经存在了一段时间。人们普遍认为，谷歌、Facebook 和亚马逊在几年前已经开始在内部使用微服务了——当你进行谷歌搜索时，搜索引擎会调用大约 70 个微服务，然后向你返回结果。

　　就像 API 和服务相互比较的情况一样，API 和微服务之间的区别也取决于受众。业界普遍认为 API 是面向公众的，而微服务则主要是内部使用。例如，Netflix 公司拥有上百个微服务，但其中任何一个都没有对外发布。Netflix API 仍然充当面向公众的接口，而在 Netflix API 与其微服务之间存在着一对多的关系。换言之，一个 API 可以与多个微服务进行通信，以响应 Netflix 公司所支持的某个设备所生成的请求。微服务并没有取代 API，而是协同工作。

1.5　总结

- ❑ 在过去几年里，API 应用迅速增长，目前几乎所有云服务提供商都发布了公共托管 API。
- ❑ 相比于裸 API，托管 API 更便于保护、限流，进行版本控制和监控。
- ❑ API 商店（或开发者门户）、API 发布方和 API 网关是构建 API 管理解决方案的三个关键要素。
- ❑ 生命周期管理是裸 API 和托管 API 之间的一个关键区别。托管 API 拥有一个从创建到失效的完整生命周期；典型的 API 生命周期可能会经历创建、发布、弃用和失效四个阶段。
- ❑ 微服务并没有取代 API，而是协同工作。

API 设计安全

2013 年，就在所有人庆祝感恩节的几天后，有人绕过 Target 公司的防御系统，在该公司的安全保护和支付系统中安装了一个恶意软件。此时正是美国所有零售商的业务高峰期，当消费者忙着筹备圣诞节时，Target 公司支付系统中潜藏的恶意软件悄悄地从收银台终端截获了所有信用卡信息，并将其存储到攻击者所控制的服务器中。攻击者以这样的方式，从全国 1797 家 Target 商店中窃取了 4000 万个信用卡号码。[○]这对于零售商的信誉来说是一次巨大的破坏。2015 年 3 月，明尼苏达州圣保罗市的联邦法庭裁定，Target 公司需要为数据破坏诉讼案件支付 1000 万美元的罚款。[○]

网络犯罪并不仅仅针对 Target 公司或者零售业，而是整体上在过去几年都有很大的增长势头。图 2-1 展示了美国在 2005 年至 2018 年间，每年数据破坏与泄露事件发生的数量。作为史上规模最大的分布式拒绝服务（Distributed Denial of Service，DDoS）攻击之一，2016 年对 Dyn DNS 网站的攻击导致许多大型互联网服务中断数小时。之后在 2018 年 2 月，针对 GitHub 网站再次发生有史以来最大规模的 DDoS 攻击，每秒超过 1.35TB 的流量突然之间对开发者平台 GitHub 网站发起了冲击。[○]

身份窃取资源中心[○]将数据破坏定义为计算机或存储介质中的信息丢失，这一过程可能会导致用户身份信息（包括社会保险号码、银行账户详细信息、驾驶证号码和医疗信息等）被窃取盗用。最令人担忧的事实是，根据《经济学人》杂志中一篇文章的统计，从攻击者突破网络到网络所有者发现入侵行为之间的平均间隔时间为 205 天。

㊀ Target Credit Card Hack，http://money.cnn.com/2013/12/22/news/companies/target-credit-card-hack/
㊁ Target Data Hack Settlement，http://money.cnn.com/2015/03/19/technology/security/target-data-hack-settlement/
㊂ GitHub Survived the Biggest DDoS Attack Ever Recorded，www.wired.com/story/github-ddos-memcached/
㊃ Identity Theft Resource Center，www.idtheftcenter.org/

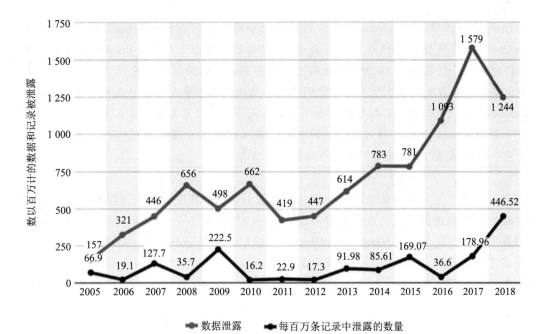

图 2-1　美国在 2005 年至 2018 年间每年数据破坏与泄露事件发生数量（以百万计），统计于 2019 年

2.1　三重困境

互联性、扩展性和复杂性，是过去几年全球范围内数据破坏事件愈演愈烈背后的三大趋势。Gary McGraw 在《软件安全》[⊖]一书中认为，这三种趋势就是三重困境。

API 在互联性方面发挥了重要的作用。正如我们在第 1 章中深入探讨的那样，当前我们生活在一个近乎万物互联的世界中。互联性向攻击者暴露了许多以前从未有过的攻击途径。通过 Facebook 账户能够登录 Yelp、Foursquare、Instagram 以及很多其他应用这一事实，意味着攻击者只需要考虑如何攻击某人的 Facebook 账户，即可访问其他连接账户。

2018 年 9 月 Facebook 公司数据破坏事件

2018 年 9 月，在 Facebook 公司团队披露的一次攻击中，超过 5000 万 Facebook 用户的个人信息处于风险之中。攻击者利用 Facebook 中"View As"特性相关代码的多个问题，窃取了属于 5000 多名用户的 OAuth 2.0 访问令牌。访问令牌是一种临时凭据或密钥，一个用户可以利用它来以其他用户的身份访问资源。比方说，如果想要在我的 Facebook 涂鸦墙上分享一些上传到 Instagram 上的照片，那么我会将从 Facebook 获取的与 Facebook 涂鸦墙对应的访问令牌传递给 Instagram；现在，每当我将照片上传

　⊖　Gary McGraw，*Software Security*：*Building Security In*，Addison-Wesley Publisher

到 Instagram 上时，Instagram 都可以利用访问令牌来访问我的 Facebook 账户，并利用 Facebook API 将相同的照片发布到我的 Facebook 涂鸦墙上。尽管 Instagram 可以利用提供的访问令牌在我的 Facebook 涂鸦墙上发布照片，但除此之外它什么也做不了。例如，它不能查看我的好友列表，不能删除我涂鸦墙上的文章或者读取我的消息。在通过 Facebook 登录第三方应用程序时，情况通常也是如此，你只需要与第三方网络应用程序分享自己 Facebook 账户所对应的访问令牌，第三方网络应用程序即可利用访问令牌来访问 Facebook API，进而了解更多与你相关的信息。

在一个处于互联状态的企业中，相互连接的不仅仅是使用现代尖端技术开发的应用程序，还包括那些遗留系统。这些遗留系统可能不支持最新的安全协议，甚至连用于保护传输数据的传输层安全（Transport Layer Security，TLS）协议都不支持。同时，这些系统中所使用的库可能存在许多人所共知的安全漏洞，但由于将其升级到最新版本过于复杂，这些漏洞都没有得到修复。总而言之，如果规划/设计不当的话，一个互联系统很容易成为安全重灾区。

目前，大多数企业软件都具有很强的可扩展性。扩展胜过修改，是软件行业中一个著名的设计理念。它指的是，通过将新的软件组件嵌入当前系统中来构建随着新的需求不断进化的软件，而不是对当前源代码进行修改。谷歌 Chrome 浏览器扩展组件和火狐浏览器插件都遵循这个理念。你可以利用火狐浏览器插件 Modify Headers 来对发往网络服务器的 HTTP 请求头部进行添加、修改和过滤；利用另一个火狐浏览器插件 SSO Tracer，你可以通过浏览器对身份提供方和服务提供方（网络应用程序）之间的所有消息流进行追踪。这些插件都不会造成危害——但是，如果一个攻击者能够诱骗你将一个恶意软件当作浏览器插件进行安装，那么它就可以轻松绕过所有浏览器级别的安全保护（哪怕是 TLS 协议）措施，从而获取你的 Facebook、谷歌、亚马逊或者其他网站的凭据。这不仅仅是关于攻击者在用户浏览器中安装插件的问题，而是当你的浏览器安装了很多扩展组件时，它们每一个都会扩大攻击面。攻击者不需要编写新的插件，相反，他们可以利用一个已安装插件中的安全漏洞。

Mat Honan 的故事

那是 2012 年 8 月的某一天，旧金山 *Wired* 杂志的记者 Mat Honan 回到家里，陪他的小女儿一起玩耍，他对于接下来会发生的事情一无所知。突然之间，他的 iPhone 手机关机了。他正在等一通电话，因此他将手机插到墙壁电源插座上，并重新启动。接下来所看到的场景让他大吃一惊：手机提示他需要对一部带有硕大苹果图标和欢迎界面的新手机进行设置，而不是进入显示所有应用的 iPhone 主界面。Honan 觉得他的 iPhone 手机出问题了——但是因为每天都会将手机内容备份到 iCloud 云端上，所以他并不怎么担心。他觉得，从 iCloud 云端恢复一切就可以轻松解决这个问题。Honan 开始尝试登录

iCloud 云端：尝试一次，失败；再试一次，失败；再来，还是失败。他开始有些焦躁不安。最后尝试一次，结果还是失败了。现在，他感到有点不对劲了。他最后的希望就是 MacBook 了。他觉得，至少可以通过本地备份来恢复所有内容。启动 MacBook，结果什么也没找到——系统提示他需要输入一个之前从未设置过的四位数密码。

Honan 给苹果技术支持部门打电话，要求找回他的 iCloud 账户。之后，他被告知他曾在 30 分钟前给苹果公司打过电话，对其 iCloud 账户口令进行了重置。当时重置 iCloud 账户所需的唯一信息，就是账单地址和信用卡的最后四位数字。在 Honan 个人网站的 whois 互联网域名记录中可以轻易找到账单地址。攻击者十分聪明，他通过与亚马逊公司服务台交谈，成功获取了 Honan 所持信用卡的最后四位数字——他之前已经拥有 Honan 的电子邮箱地址和完整的邮寄地址，这些信息足以开展一次社会工程学攻击。

Honan 几乎丢失了所有信息。攻击者仍不满足——接下来他入侵了 Honan 的 Gmail 账户，然后转而进入了他的推特账户。就这样，Honan 的关联身份一个接一个落入攻击者的手中。

源代码或系统设计的复杂性，是另一个众所周知的安全漏洞源头。一项研究显示，在突破某个拐点之后，应用程序中缺陷的数量与代码行数的平方成正比。[一]在本书编写之时，用于运行谷歌所有互联网服务的整个代码库大约有 20 亿行代码，而微软 Windows 操作系统拥有大约 5000 万行代码。[二]随着代码行数的增加，围绕代码的测试数量也应增加，这样才能确保现有功能不会遭到破坏，同时新的代码以预期方式工作。在耐克公司，对 40 万行代码进行测试需要用到 150 万行代码。

2.2　设计挑战

安全不是一件可以事后考虑的事情——它必须成为任何开发项目的一个组成部分，对于 API 同样如此，它应该从需求收集开始，贯穿于设计、开发、测试、部署和监控阶段。安全给系统设计带来了诸多挑战——很难创建一个 100% 安全的系统，你唯一能做的，就是让攻击者的工作更加艰难。实际上，这就是设计密码算法时所遵循的哲学。接下来，我们将讨论安全设计所面临的一些重要挑战。

MD5

1992 年设计的 MD5[三]算法（一种用于消息散列的算法），被公认是一种强哈希算法。

○ Encapsulation and Optimal Module Size，www.catb.org/esr/writings/taoup/html/ch04s01.html

◎ Google Is 2 Billion Lines of Code，www.catb.org/esr/writings/taoup/html/ch04s01.html

⊜ RFC 6156：The MD5 Message-Digest Algorithm，https://tools.ietf.org/html/rfc1321

哈希算法的一个关键特性是，给定文本可以生成与之对应的哈希值，而给定哈希值无法得到所对应的文本。换句话说，哈希值是不可逆的。如果从一个给定的哈希值中可以推导得到文本内容，那么就可以说这种哈希算法被攻破了。

哈希算法的另一个关键特性是，它应该是无碰撞的。换言之，任何两条不同的文本消息都不能生成相同的哈希值。MD5 算法在设计时就需要同时保证这两个特性。在 20 世纪 90 年代早期，以当时可用的计算能力很难攻破 MD5 算法。随着计算能力的提高，以及许多人可以从基于云端的基础设施即服务（Infrastructure as a Service，IaaS）提供商（如亚马逊公司）处获取这种能力，MD5 算法被证明不再安全。2005 年 3 月 1 日，Arjen Lenstra、王小云和 Benne de Weger 一起证明了 MD5 算法会受到散列碰撞的影响。⊖

1. 用户体验

在任何安全设计中，最具挑战性的事情都是在安全性和用户舒适性之间找到并保持适当的平衡。假设你拥有史上最复杂的密码策略，它永远不会被任何暴力破解攻击所攻破：密码必须有超过 20 个字符，并且强制包含大小写字母、数字和特殊字符——那么到底谁能够记住自己的密码呢？你要么得把它写在一张纸条上放进钱包里，要么就得将它作为备忘录加到自己的移动设备里。无论选择哪种方式，你都未能实现强密码策略的最终目标。当密码被写下来放在钱包里时，攻击者为什么还要实施暴力破解攻击呢？本章后续所讨论的心理承载力原则强调，相比于无安全机制的情况，使用安全机制不应该增加资源的访问难度。近几年来，我们找不到几个在保证安全性的情况下，大幅改善用户体验的良好示例。目前，你可以使用最新型的 Apple Watch 来解锁自己的 MacBook，而不需要重复输入密码。此外，最新款的 iPhone 手机所引入的人脸识别技术，让你只需要看一眼即可解锁手机——甚至你根本就不会注意到手机锁屏了。

> 重要的一点是，人机界面的设计原则应该是易于使用，这样一来用户就可以经常主动地采用一些合适的保护机制。同时，如果用户关于受保护目标的想法和我们要求用户必须采用的机制之间能够实现某种程度的匹配，那么就可以将犯错误的概率降到最低。如果用户必须通过一种完全不同的规范语言来对自己关于安全需求的想法进行翻译，那么他就会犯错误。
>
> ——Jerome Saltzer 和 Michael Schroeder

2. 性能

性能是另一个关键准则。为了保护业务操作免受入侵者的影响，你向其中增加的间接

⊖ Colliding X.509 Certificates，http://eprint.iacr.org/2005/067.pdf

成本开销有多少？假设你有一个密钥保护的 API，每次 API 调用都必须经过数字签名，如果密钥被窃取，那么攻击者就可以利用它来访问 API。那么，应该如何将影响最小化呢？你可以将密钥设置为仅在短期内有效，这样一来，攻击者利用失窃密钥所进行的任何攻击都会被限制在其生存期内。这将对合法的日常业务操作产生什么影响呢？每个客户端应用程序都应该（在调用 API 之前）首先对密钥有效期进行检查。如果密钥已过期，那么就需要请求授权服务器（密钥发布方）生成新密钥。如果生存期太短，那么几乎每次进行 API 调用都需要请求授权服务器生成新密钥。这将会对性能造成损害，但能够大大降低入侵者访问获取 API 密钥的影响。

使用 TLS 协议来实现传输层安全是另一个很好的例子。我们将在附录 C 中对 TLS 协议进行深入探讨。TLS 协议为传输过程中的数据提供保护：当你将登录凭据传递给亚马逊或 eBay 网站时，这些凭据将通过安全的通信信道，或者说是 TLS 协议上实现的 HTTP（实际上就是 HTTPS 协议）进行传递，没有任何中间人能够看到从浏览器传递到网络服务器上的数据（假设没有实施中间人攻击的条件）。但这种安全是需要付出代价的：TLS 协议在明文 HTTP 通信信道上增加了额外的间接成本，这样做直接会对通信速率造成影响。基于完全相同的原因，一些企业选择采用所有对外开放的通信信道使用 HTTPS，而内部服务器之间的通信使用明文 HTTP 的策略。通过执行强网络层安全措施，它们确信没有人能够拦截任何内部信道的数据。另一种选择是，利用经过优化的硬件来实现 TLS 协议通信中的加密 / 解密过程。就性能而言，在专用硬件层完成加密 / 解密过程，要比在应用层执行同样的操作更加节约成本。

哪怕使用了 TLS 协议，消息也只是在传输过程中得到了保护，一旦消息离开了传输信道，它就会以明文的形式出现。换言之，TLS 协议只能提供点到点的保护。当你从浏览器登录银行网站时，你的凭据仅在从浏览器到对应银行的网络服务器之间得到了保护。如果网络服务器需要与轻量级目录访问协议（Lightweight Directory Access Protocol，LDAP）服务器通信来对凭据进行验证，而又假如这个信道没有得到妥善的保护，那么凭据将会以明文形式传递。如果有人记录了银行网络服务器上所有的进出信息，那么你的凭据也将以明文形式记录下来。在一个高度安全的环境中，这可能是不可接受的。这个问题的解决方案是，在传输层安全之上使用消息层安全。顾名思义，消息本身可以通过消息层安全得到保护，而不再依赖底层传输来实现安全性。由于这种方案对于传输信道没有依赖性，因此即使在结束传输过程之后，消息仍能得到保护。这种安全同样需要付出高昂的性能代价：使用消息层保护的开销，要比直接使用 TLS 协议大得多。在安全和性能之间做出抉择，并没有明确的定论，总有一方需要妥协，我们必须根据具体情况来决定。

3. 最弱环节

一个合适的安全设计，应该考虑到系统中所有的通信环节。任何系统的强度都是由其最薄弱的环节所决定的。2010 年，人们发现自 2006 年以来，一伙盗贼利用强力吸尘器从法国 Monoprix 连锁超市陆续偷走了 60 多万欧元。[⊖]最有趣的是他们的作案方式——他们找到了系统的最弱环节，并对其展开攻击。为了将钱直接放入商店的保险箱中，收银员通过气动吸管将装满钱的管子滑进去。盗贼们意识到，只需要在保险箱附近的管道上钻一个洞，然后接上吸尘器，就可以把钱吸出来了，他们并不需要打开保险箱。

系统中最薄弱的环节可能是某条通信信道，或者是某个应用程序，当然并不总是如此。很多例子都证明了人才是最薄弱的环节。在安全设计中，人是最容易被低估或忽视的个体。大部分社会工程学攻击都是以人为目标的。在著名的 Mat Honan 黑客攻击事件中，通过与亚马逊公司服务台接线员的交流，攻击者才得以重置 Mat Honan 的亚马逊账户凭据。2015年 10 月，美国中情局（CIA）局长 John Brennan 的私人电子邮箱账户遭到黑客攻击，这是社会工程学的另一个典型案例。实施黑客攻击的少年说，他能够通过欺骗 Verizon 公司的工作人员来获取 Brennan 的个人信息，并哄骗 AOL 公司将其密码重置。这个故事里最严重的问题的是，Brennan 是用自己的私人电子邮箱账户来保存政府敏感信息的——这就再一次证明了人是中情局防御系统中最薄弱的环节。威胁建模是用来找出安全设计中最薄弱环节的技术之一。

4. 纵深防御

任何想要加强安全性的系统，都最好采用分层的方法来构建，这种方法也被称为纵深防御。大部分面临恐怖袭击的高风险的国际机场在安全设计中都采用了分层的做法。2013年 11 月 1 日，一名黑衣男子走进洛杉矶国际机场，从包里掏出一支半自动步枪，进入一个安检口开始沿途射击，造成一名运输安全管理局（TSA）的安检人员死亡，至少两名警察受伤。这就是第一层防御措施，一旦有人通过了这层防御，必须有另一层来阻止持枪歹徒进入机场劫持航班。如果在安检之前还有一个安全层，哪怕只是对所有进入机场的人进行扫描，也能够探测出武器的存在，并有可能拯救那位运输安全管理局员工的生命。

在当前高度网络化的环境中，美国国家安全局（National Security Agency of the United States，NSA）将纵深防御视为一种实现信息保障的可行策略。它进一步阐述了针对五类攻击的分层防御策略，具体是通信信道被动监听、主动网络攻击、内部人员攻击、近距离攻击和多分发渠道攻击。链路层和网络层加密以及通信流量安全被看作抵御被动攻击的第一道防线，而第二道防线则是启用了安全策略的应用程序。针对主动攻击，第一道防线是隔离区域边界，而第二道防线是计算环境。我们可以将物理和人员安全作为第一道防线，将认证、授权和审计作为第二道防线来抵御内部攻击。将物理和人员安全作为第一道防线，将技术监控对抗手段作为第二道防线，我们可以杜绝近距离攻击。通过遵循可信的软件开发和分发实践，以及运行时完整性控制，我们可以防御通过多分发渠道实施的攻击。

⊖ " Vacuum Gang " Sucks Up $800,000 From Safeboxes，https://gizmodo.com/vacuum-gang-sucks-up-800-000-from-safeboxes-5647047

层次数量以及每层的强度取决于你想要保护的资产及其相关的威胁层次。难道有人会为了一个空车库雇佣一名保安，并用上防盗报警系统吗？

5. 内部攻击

内部攻击并不复杂，但很有效。从维基解密泄露美国机密的外交电报，到 Edward Snowden 披露美国国家安全局的秘密行动，这些都属于内部攻击。Snowden 和 Bradley Manning 都是能够合法访问所披露信息的内部人员。大多数组织都会将大半的安全经费投入保护系统免受外部入侵方面，但是根据旧金山计算机安全研究所（Computer Security Institute，CSI）的数据，网络误操作事件中大概有 60% ～ 80% 来自网络内部。

计算机安全文献中罗列了很多重大的内部攻击事件，其中之一，就是 2002 年 3 月报道的，针对美国 UBS 理财公司的网络攻击。作为一家全球理财领域的领先企业，UBS 公司在 50 多个国家设有分支机构。UBS 公司的一名系统管理员 Roger Duronio，经查犯有蓄意破坏计算机和证券诈骗罪，罪行包括编写、植入和传播恶意代码，致使多达 2000 台服务器陷入瘫痪。根据美国新泽西州纽瓦克地区法院的判决，他将被监禁 97 个月。[⊖]我们在本章开头所讨论的 Target 公司数据破坏事件，是内部攻击的另一个重大案例。在本例中，尽管攻击者不是内部人员，但他们利用一名内部人员（该人员的身份是公司的一名制冷设备供应商）的权限对 Target 公司内部系统进行了访问。

《哈佛商业评论》（*Harvard Business Review*，HBR）的一篇文章统计显示，美国每年至少会发生 8000 万起内部攻击事件，该杂志进一步指出了内部攻击事件数量逐年增长的三个主要原因：

- ❑ IT 行业规模和复杂性的急剧增长。随着公司规模和业务的增长，许多互相隔离的区域正在其内部形成，一个部门甚至不知道其他部门所做的工作。2005 年，总部位于印度普纳的呼叫中心有几名工作人员，从纽约花旗银行的四名账户所有人手中骗取了近 35 万美元，后来经过调查发现，这些呼叫中心的这些工作人员是花旗银行的外包员工，他们可以合法访问获取的客户的 PIN 码和账号。
- ❑ 员工在工作中使用个人设备，是造成内部威胁增多的另一个原因。根据 Alcatel-Lucent 公司 2014 年发布的一份报告，全球有 1160 万台移动设备随时面临着被感染的风险。攻击者可以轻易利用内部人员的受感染设备来对公司展开攻击。
- ❑ 根据 HBR 杂志的分析，引起内部威胁增长的第三个原因是社交媒体的泛滥。往往在公司不知情的情况下，各类信息已经通过社交媒体从公司内部泄露出去，并在全球范围内传播开来。

毫无疑问，内部攻击是安全设计中最难解决的问题之一。通过采取强健的内部措施，提高认知，在雇佣员工时进行背景调查，对分包商执行严格的流程和策略，以及对员工进

⊖　UBS insider attack, www.informationweek.com/ex-ubs-systems-admin-sentenced-to-97-months-in-jail/d/d-id/1049873

行持续监控，可以在一定程度上防止这类攻击发生。除此之外，SANS 研究所还在 2009 年发布了一系列用于保护组织免受内部攻击的指导方针。⊖

注　在军队中，内部攻击也被看作一项日趋严重的威胁。为了解决这个问题，美国国防高级研究规划局（Defense Advanced Research Projects Agency，DARPA）在 2010 年启动了一个名为"网络内部威胁"（Cyber Insider Threat，CINDER）的项目。该项目的目标是找到能够尽快识别和缓解内部威胁的新方法。

---

6. 隐匿安全

Kerckhoffs 原则⊖强调，一个系统应该通过设计来进行保护，而不是依赖对手对设计不了解。一个常见的隐匿安全示例是，当只有一把钥匙时，我们应该如何与家人共用钥匙。在锁上门之后，每个人都会将钥匙藏在其他所有家人都知道的地方。藏钥匙的位置是个秘密，我们假设只有家人知道。一旦有其他人找到藏钥匙的位置，房屋就不再安全了。

另一个隐匿安全的例子是微软的 NTLM（一款认证协议）算法。该算法在某段时间内都是保密的，但这时（为了支持 UNIX 和 Windows 系统之间交互）Samba 工程师对其进行逆向工程分析，发现了协议设计本身所引起的安全漏洞。在计算机安全行业中，隐匿安全被普遍看作一种糟糕的做法，然而在真正的安全层被触及之前，它可以被视为另一个安全层。我们可以通过扩展第一个例子，来对这一点做进一步的解释。比如，我们将钥匙放在一个保险箱里并把箱子藏起来，而不仅仅是将钥匙藏在某处，只有家人知道藏保险箱的位置，以及打开保险箱的按键组合。第一层防御措施是藏匿箱子的位置，第二层则是开箱所需的按键组合。实际上在本例中，我们并不在乎找到保险箱的人，因为找到保险箱并不足以打开房门。但是，找到保险箱的人可以选择打破箱子取出钥匙，而不一定非要尝试按键组合。在这种情况下，隐匿安全能够作为一层保护措施贡献部分价值，但就其本身而言，并不推荐使用。

2.3　设计原则

Jerome Saltzer 和 Michael Schroeder 一起发表了信息安全领域引用最为广泛的研

⊖　Protecting Against Insider Attacks, www.sans.org/reading-room/whitepapers/incident/protecting-insider-attacks-33168

⊖　1883 年，Auguste Kerckhoffs 在《军事加密》（*La Cryptographie Militaire*）期刊上发表了两篇文章，其中着重提出了军事密码的六大设计原则，这就是大名鼎鼎的 Kerckhoffs 原则：一个密码系统应该在公开系统一切细节（除了密钥）的情况下，仍保证安全性。

究论文之一。[⊖]根据该文献，在不考虑系统所提供的功能层次的情况下，一套保护机制的有效性取决于系统防止安全违规行为发生的能力。大部分情况下，在任何功能层次上创建一个能够阻止所有非授权行为发生的系统已经被证明是非常困难的。一名高级用户可以轻易找到至少一种方法来让系统崩溃，进而阻止其他授权用户访问系统。针对大量不同的通用系统所进行的渗透测试表明，用户可以通过创建程序来对系统中所存储的信息进行未授权访问。即使是在设计和实现过程中优先考虑安全问题的系统中，设计和实现方面的缺陷也可能会提供绕过预期访问限制的途径。Jerome 和 Michael 认为，尽管很多研究活动都在关注能够系统性排除有缺陷的设计和构造技术，但在 20 世纪 70 年代早期还没有任何适用于大型通用系统构建的完整方法。在该文献中，Jerome Saltzer 和 Michael Schroeder 进一步强调了计算机系统信息保护的八个设计原则，以下内容将对其一一进行描述。

1. 最小权限

最小权限原则指的是，一个实体应该只拥有执行授权操作所需的权限集合，而不是更多；权限可以根据需要进行添加，而当不再使用时就应当被撤销——这样能够有效降低事故或错误所造成的危害。由最小权限思想衍生出来的"需者可知"原则，在军事安全方面应用十分广泛。该原则指的是，即使某人确实拥有访问信息所需的所有安全许可级别，系统也不应该为其赋予访问权限，除非确有必要。

遗憾的是，这一原则并不适用于 Edward Snowden，或者是他足够狡猾从而绕过了这一限制。作为一名在夏威夷为美国国家安全局（National Security Agency，NSA）提供服务的承包商，Edward Snowden 利用简单的技术访问并复制了大约 170 万份 NSA 机密文件。作为一名 NSA 员工，他对所下载的所有信息都拥有合法访问权限。Snowden 利用一个类似于谷歌 Googlebot 工具（该工具能够从网上收集文档，来为谷歌搜索引擎建立一个可搜索的索引）的简单网络爬虫，从 NSA 内部维基页面中爬取了所有数据。作为一名系统管理员，Snowden 的职责是备份计算机系统，并将信息迁移到本地服务器中，他并没有知晓数据内容的必要。

ISO 27002（之前被称为 ISO 17799）同样强调最小权限原则。ISO 27002 标准（信息技术 – 信息安全管理实施规程）是一个在信息安全领域中应用广泛的著名标准，它最初由英国标准协会起草并命名为 BS7799，后来该标准被国际标准化组织（International Organization for Standardization，ISO）所接受，并于 2000 年 12 月以该组织的名义正式发布。根据 ISO 27002 标准的规定，权限应该按照"按需使用"和"逐个事件分配"的原则分配给个人，也就是说，只有在必要时才为个人分配其功能角色所需的最小要求权限。它进一步强调以"零访问"的概念作为起始状态，这就意味着在默认状态下没有或几乎没

⊖ The Protection of Information in Computer Systems，http://web.mit.edu/Saltzer/www/publications/
protection/，October 11，1974.

有访问系统的行为发生，从而实现所有后续访问行为和最终累计记录都可以通过审批流程来进行追溯。[⊖]

2. 故障安全默认值

故障安全默认值原则，强调了在默认状态下保证系统安全的重要性。用户对系统中任何资源的默认访问级别都应该是"拒绝访问"，除非系统明确赋予用户"允许访问"的权限。故障安全设计不会在系统发生故障时将其置于危险的境地。Java 安全管理实现方案遵循这一原则———一旦处于使用状态，系统中的任何组件都无法执行任何需要权限的操作，除非获得明确许可。另一个例子是防火墙规则：数据包只有在获得明确许可时才允许通过防火墙，否则在默认情况下，一切报文都禁止通行。

任何复杂的系统都应该有故障模式。故障是不可避免的，我们应该认真对其进行规划，从而确保系统故障不会带来任何安全风险。发生故障的可能性是在"纵深防御"安全设计理念下所做的一个假设。如果预期不会发生故障，那么我们就没有必要进行多层防御。让我们看一个可能人人都熟悉的例子：信用卡验证。当你在零售店刷信用卡时，店里的 POS 机需要与相应的信用卡服务建立连接，来验证信用卡的详细信息。信用卡验证服务将在综合考虑信用卡可用额度、信用卡是否已挂失或已禁用，以及其他上下文相关的信息（比如交易的发起位置、一天中的事件以及其他很多因素）之后，对交易进行确认。如果 POS 机无法与验证服务建立连接，会发生什么呢？在这种情况下，商家可以通过机器对你的信用卡进行手动扫描。但仅仅对信用卡进行扫描还不够，因为在这一过程中并没有进行任何验证操作。商家还需要通过电话与银行进行沟通，提供商户编号来进行身份认证，然后才能最终确认交易过程。这就是信用卡验证服务的故障安全保护流程，因而信用卡交易设备的故障并不会带来任何安全风险。在商家的电话线路同时彻底瘫痪的情况下，根据故障安全默认值的原则，商家应该拒绝任何信用卡支付行为。

违反故障安全默认值准则，引发了许多 TLS（传输层安全）/SSL（安全套接字层）协议漏洞。大部分 TLS/SSL 协议漏洞都是由 TLS/SSL 协议降级攻击引发的，攻击者可以利用这种攻击方式来迫使服务器使用密码强度较弱的密码套件（我们将在附录 C 中深入探讨 TLS 协议）。2015 年 5 月，一个由 INRIA 研究所、微软研究院、约翰·霍普金斯大学、密歇根大学和宾夕法尼亚大学组建的团队，对 TLS 及其他协议中所使用的 Diffie-Hellman 算法进行了深入分析。[⊖]本次分析针对 TLS 协议本身，提出了一种名为 Logjam 的新型降级攻击，这种攻击方式能够利用出口密码算法展开攻击。作为密码强度更弱的密码算法，出口密码故意采用更弱的算法来进行设计，以满足美国政府在 20 世纪 90 年代强制要求的法律规定：

⊖ Implementing Least Privilege at Your Enterprise，www.sans.org/reading-room/whitepapers/bestprac/implementing-privilege-enterprise-1188

⊖ Imperfect Forward Secrecy：How Diffie-Hellman Fails in Practice，https://weakdh.org/imperfect-forward-secrecy-ccs15.pdf

只有密码强度更弱的密码算法，才能合法地向美国之外的其他国家出口。尽管后来这项法律规定被撤销了，但大部分流行的应用服务器仍然支持出口密码算法。Logjam 攻击方法通过修改 TLS 协议握手报文，进而迫使服务器使用密码强度更弱的密码套件（这些套件随后可被攻破）来对支持出口密码算法的服务器展开攻击。根据故障安全默认值原则，在这种情况下，当看到客户端建议使用一种密码强度更弱的算法时，服务器应该中止 TLS 协议握手过程，而不是接受并继续使用指定的算法。

3. 结构精简

结构精简原则强调的是简易性的价值：设计应该尽可能简单，所有组件接口及其交互过程都应该简单易懂。如果设计及其实现都很简单，那么出现错误的可能性就会很低，同时测试开销也会更少。而且，一个简单易懂的设计及其实现也会使修改和维护变得容易，而不会让错误急剧增加。正如本章之前所讨论的那样，Gary McGraw 在《软件安全》（*Software Security*）一书中强调，代码和系统设计中的复杂性，正是导致数据破坏事件频发的罪魁祸首之一。

美国海军在 1960 年所提出的"保持简单直白"（Keep It Simple，Stupid，KISS）原则，与 Jerome Saltzer 以及 Michael Schroeder 对结构精简原则所做的解释十分相近。这项原则认为，大部分系统在保持简单（而不是复杂）的情况下，工作状态最好。实际上，尽管从操作系统到应用程序代码，我们都想要遵循 KISS 原则，但这一切都在变得越来越复杂。微软公司的 Windows 3.1 系统在 1990 年刚刚问世时，只有一个仅仅包含 300 万行代码的代码库。随着需求日趋复杂，2001 年 Windows XP 系统的代码库规模达到了 4000 万行。正如我们在本章之前所讨论的那样，截止到本书编写时，谷歌用于运行因特网服务的整个代码库大概有 20 亿行代码。尽管有人会反驳说，代码行数的增长数量并不能直接反映代码的复杂度，但遗憾的是，大部分情况下正是如此。

4. 完全控制

完全控制原则指的是，一个系统应该对其所有资源的访问权限进行验证，来判断它们是否允许访问。大部分系统只在入口点处进行一次访问验证，并据此构建一个授权矩阵缓存。大部分系统采用这种模式，是为了通过减少策略评估所耗费的时间来解决性能问题，但攻击者能够将其轻松绕过进而对系统展开攻击。实际上，大部分系统都会将用户的权限和角色存储下来，但同时会在一个权限或角色更新事件发生时启动清理缓存的机制。

让我们来看一个例子。当一个 UNIX 操作系统中运行的进程尝试读取一个文件时，操作系统本身会对该进程是否拥有读取文件的适当权限进行判断。如果拥有相应权限，该进程会接收一个通过许可的访问级别进行编码的文件描述符。每次要读取文件时，进程需要向内核呈递文件描述符。内核会对文件描述符进行检查，随后通过访问请求。假如文件所有者在文件描述符生成之后取消了进程的访问权限，而内核却依然通过了访问请求，这就违背了完全控制原则。根据完全控制原则，任何权限更新事件都应该马上在应用程序运行时中（如果是存储的情况，那么就应该在缓存中）进行响应。

5. 开放设计

开放设计原则强调了以一种开放的方式构建系统的重要性，这里开放的方式指的是没有保密的机密算法。这种方式与之前在"设计挑战"一节中所讨论的隐匿安全相反。目前所使用的大部分高强度密码算法都是公开设计实现的。一个很好的例子就是高级加密标准（Advanced Encryption Standard，AES）对称密钥算法。为了替代数据加密标准（Data Encryption Standard，DES）算法（研究表明该算法易受暴力穷举攻击），美国国家标准技术协会（National Institute of Standards and Technology，NIST）从 1997 年到 2000 年，按照一个开放的流程选择最好的高强度密码算法来作为 AES 算法。1997 年 1 月 2 日，NIST 发布公告，宣布发起评选竞赛来创建一款用于替代 DES 的算法。在评选活动开始之后最初的 9 个月里，来自几个国家的人员提交了 15 个不同的方案。所有的设计方案都是公开的，并且每一个方案都要求通过密码分析测试。同时，NIST 还在 1998 年 8 月和 1999 年 3 月分别召开了两次公开会议对这些方案进行讨论，然后从这 15 个方案中筛选出 5 个。在经过 2000 年 4 月 AES 会议期间另一轮激烈紧张的分析之后，NIST 在 2000 年 10 月宣布获胜方案，它们最终选择 Rijndael 作为 AES 算法。除了最终获得的成果之外，所有人（哪怕是评选竞赛的失败者）都为 AES 筛选期间的开放流程而对 NIST 表示感谢。

更进一步，开放设计原则强调，某款特定应用程序的架构人员或开发人员不应该依赖于应用设计或编码保密来实现应用安全。如果你依赖于开源软件，那么这种保密的做法甚至是根本不可能的——在开源开发过程中不存在任何秘密。在从设计决策到功能开发的开源理念中，一切都是公开的。有人可能会单纯地反驳说，正是基于同一原因，开源软件在安全方面的表现很糟糕。关于开源软件，这是一种非常流行的争议，但事实证明恰恰相反。Netcraft 公司在 2015 年 1 月发布的一份报告显示[○]，互联网上所有活跃的站点中，大概有 51% 在由开源 Apache 网络服务器提供支撑的网络服务器上运行。截至 2015 年 11 月，互联网上有超过 550 万个网络站点使用 OpenSSL 库，该库是另一个实现安全套接字层（Secure Sockets Layer，SSL）/ 传输层安全（Transport Layer Security，TLS）协议的开源项目。[○○] 如果还有人严重怀疑开源的安全问题，那么强烈建议他读一下 SANS 发布的题为"利用开源软件满足企业需求相关的安全考虑"的白皮书。[○○○]

[○] Netcraft January 2015 Web Server Survey, http://news.netcraft.com/archives/2015/01/15/january-2015-web-server-survey.html

[○○] OpenSSL Usage Statistics, http://trends.builtwith.com/Server/OpenSSL

[○○○] Security Concerns in Using Open Source Software for Enterprise Requirements, www.sans.org/reading-room/whitepapers/awareness/security-concerns-open-source-software-enterprise-requirements-1305

注　Gartner 公司预测，到 2020 年，98% 的 IT 企业都将在自己的关键 IT 组合产品中用到开源软件技术。[一]

6. 权限隔离

权限隔离原则规定，系统不应该根据单独一个条件进行权限授予。相同的原则也被称为职能分离，我们可以从多个角度对其进行观察。例如，假设每个员工都可以提交报销申请，但只有经理能够进行审核。那么如果经理想要提请报销，该怎么处理？根据权限隔离的原则，经理不应该被授予审核他自己所提交的报销申请的权利。

让我们看一下亚马逊公司在保护亚马逊网络服务（Amazon Web Services，AWS）基础架构的过程中是如何遵循权限隔离原则的。它们的做法非常有趣，根据亚马逊公司发布的安全白皮书[二]，AWS 生产网络通过一系列复杂的网络安全 / 隔离设备实现与亚马逊企业网络的相互隔离。企业网络中的 AWS 开发和管理人员如果需要访问 AWS 云端组件来对其进行维护，则必须通过 AWS 票据系统显式地提出访问请求。应用服务所有者会对所有请求进行检查审核。然后，获得许可的 AWS 相关人员可以通过一台堡垒主机连接 AWS 网络，该主机会对访问网络设备以及其他云端组件的行为进行限制，并记录所有活动以便开展安全检查。对于主机上的所有用户来说，需要通过 SSH 公钥认证才能对堡垒主机进行访问。

NSA 也遵循类似的策略。在 NSA 所发布的一份情况简报中，强调了在网络层实现权限隔离原则的重要性。网络是由拥有不同功能、目标和敏感级别的互联设备组合而成的。网络可能包含多个组成部分，其中可能包括网络服务器、数据库服务器、开发环境以及将它们连接起来的基础设施。因为这些部分都拥有不同的目标，并且关注不同的安全问题，所以将其合理分隔对于保护网络免受恶意攻击来说就显得尤为重要。

7. 最少共有原则

最少共有原则关注的是不同组件之间分享状态信息所带来的风险。换言之，它指的是用于访问资源的机制不应该共享。我们可以对这一原则进行多个角度的解读。一个很好的例子是，亚马逊网络服务（Amazon Web Services，AWS）以基础设施即服务（Infrastructure as a Service，IaaS）提供方的身份运行。弹性计算云，或者说 EC2，是 AWS 所提供的一项关键服务。Netflix、Reddit、Newsweek 以及很多其他公司都选择在 EC2 上运行自己的服务。EC2 提供一个能够根据用户负载，对用户所选择的服务器实例进行启动和停止操作的云环境。通过这种方式，用户不再需要针对预计的最高负载进行提前规划，并让资源在大部分低负载时间内处于空闲状态。尽管在这种情况下，每个 EC2 用户是在自己单独的服务器实

[一]　Middleware Technologies—Enabling Digital Business，www.gartner.com/doc/3163926/hightech-tuesday-webinar-middleware-technologies

[二]　AWS security white paper，https://d0.awsstatic.com/whitepapers/aws-security-whitepaper.pdf

例中运行自己的客户操作系统（Linux、Windows 等），最终所有的服务器都在一个由 AWS 维护的共享平台上层运行。这个共享平台包含了一个网络基础架构、一个硬件基础设施和存储设备。在基础架构之上，运行着一个被称为管理程序（hypervisor）的特殊软件。所有的客户操作系统都在管理程序上层运行。管理程序在硬件基础设施上提供了一个虚拟环境。Xen 和 KVM 是两种常用的管理程序，而 AWS 内部使用的是 Xen。尽管一个客户运行的某个虚拟服务器实例无法访问另一个客户运行的另一个虚拟服务器实例，但如果有人能够在管理程序中找到一个安全漏洞，就可以控制 EC2 上运行的所有虚拟服务器实例。尽管这听起来几乎不可能实现，但是过去 Xen 管理程序确实曾爆出很多安全漏洞。[⊖]

最少共有原则建议将资源的共有共享使用情况最少化。尽管使用公共基础设施的情况不可能完全杜绝，但是应该根据业务需求尽可能地减少使用。AWS 虚拟化私有云（Virtual Private Cloud，VPC）为每个用户提供了一个逻辑上相互分离的基础设施。用户也可以选择启动专有实例，这些实例运行在每个客户专有的硬件上，这样可以实现进一步的隔离。

遵循最少共有原则的机制，还适用于在一个共享多用户环境中进行数据存储管理的场景。如果按照一切共享的策略，那么来自不同用户的数据可以存储在同一个数据库的同一个表中，仅仅通过用户 id 来区分每一个用户。对数据库进行访问的应用程序，必须确保某个用户只能访问他自己的数据。通过这种方式，如果有人在应用程序逻辑中找到一个安全漏洞，那么他就可以访问所有的用户数据。另一种方法是为每个用户创建一个单独的数据库。这种做法会带来更多的开销，但却更为安全。利用这种方法，我们可以尽可能减少用户之间的共享信息。

8. 心理承载力

心理承载力原则要求，相比于不采用安全机制的情况，使用安全机制不应该增加资源访问的难度。安全机制不应该给资源的易用性造成困难。如果安全机制降低了资源的可用性或易用性，那么用户可能就会想方设法关闭这些机制。只要有可能，安全机制对于系统用户都应该是透明的，或者至多造成少许干扰。安全机制对用户应该是友好的，这样才能鼓励用户更加频繁地使用这些机制。

为了防御钓鱼攻击，微软公司在 2005 年将信息卡作为一种新的认证规范推出。但是由于其高昂的启动开销，对于习惯基于用户名/口令认证的人来说，这种规范的用户体验非常糟糕。作为微软公司发起的另一个失败方案，它已经消失在历史中了。

大部分网站将验证码（CAPTCHA）作为一种区分人类和自动化脚本的方式来使用。CAPTCHA 其实是一个首字母缩略词，代表用于人机区分的完全自动化公开图灵测试（Completely Automated Public Turing test to tell Computers and Humans Apart）。验证码基于挑战应答模型，主要在用户注册和口令恢复功能中使用，目的是防止自动化暴力穷举攻

⊖ Xen Security Advisories，http://xenbits.xen.org/xsa/

击发生。尽管这种技术确实加强了安全性，但是这也有可能直接降低用户体验。某些验证码实现方案所提供的一些挑战，对于人类来说甚至是无法辨认的。谷歌公司尝试利用谷歌 reCAPTCHA 技术来解决这个问题。用户可以利用 reCAPTCHA 来证明自己是人类，而无须和一个验证码较劲。相对应地，只需要一次点击，用户就可以证明自己不是机器人。这种做法也被称为无验证码的 reCAPTCHA 体验。

2.4　安全三要素

被普遍称为信息安全三要素的机密性、完整性和可用性（Confidentiality，Integrity and Availability，CIA），是用于基准测试信息系统安全性的三个关键因素。这三者也被称为 CIA 三要素或 AIC 三要素。CIA 三要素不仅能够在安全模型设计过程中提供帮助，还有助于对现有安全模型的强度进行评估。在以下章节中，我们将对 CIA 三要素的关键性质进行详细讨论。

1. 机密性

CIA 三要素中的机密性关注的是如何保护数据不被非目标用户获取，不管是在存储状态还是在传输状态。用户可以通过加密保护传输信道和存储设备来实现机密性。对于以 HTTP 协议（大部分情况如此）作为传输信道的 API 来说，用户可以使用传输层安全（Transport Layer Security，TLS）协议进行加密保护，事实上它被称为 HTTPS 协议。对于存储设备来说，用户可以使用磁盘层加密或者应用层加密。信道加密或传输层加密只能保护处于传输状态的消息。一旦消息离开了传输信道，它就不再安全了。换句话说，传输层加密只能提供点到点保护，而无法顾及连接端点的内部安全。与此相反，消息层加密可以在应用层发挥作用，而不必依赖于传输信道。换言之，在消息层加密场景中，应用程序在通过线路发送消息之前，需要自己考虑如何进行消息加密，因此它也被称为端到端加密。如果利用消息层加密来保护数据，那么用户甚至可以使用一条不可靠的信道（比如 HTTP）来进行消息传输。

在经由代理转发的情况下，一条从客户端到服务器的 TLS 连接可以以两种方式建立：TLS 桥接模式，以及 TLS 隧道模式。几乎所有代理服务器对这两种模式都提供支持。对于一个对安全级别要求较高的部署方案来说，推荐使用 TLS 隧道模式。在 TLS 桥接模式中，初始连接在代理服务器处中断，并且从此处建立了一条到网关（或服务器）的新连接。这就意味着，数据在代理服务器内部会以明文方式存在。任何有能力在代理服务器中植入恶意软件的入侵者都能够截获途经的流量。而在 TLS 隧道模式中，代理服务器会帮助用户在客户端主机和网关（或服务器）之间创建一条直连信道。流经这条信道的数据对于代理服务器来说是不可见的。

另一方面，消息层加密能够独立于下层传输。消息加解密由应用程序开发人员负责。

由于这个过程是每个应用程序所特有的，因此它会降低互操作性，并在发送方和接收方之间建立紧密的联系。每一方实现都必须了解如何进行数据加 / 解密——这种做法在大型分布式系统中无法进行快速扩展。为了攻克这个难关，业界已经在围绕消息层安全创建标准方面进行了一些集中攻关。XML 加密标准就是这样一份由 W3C 组织主导的攻关成果。它对 XML 负载的加密方式进行了标准化。类似地，IETF JavaScript 对象签名与加密（JavaScript Object Signing and Encryption，JOSE）工作组已经针对 JSON 负载创建了一系列标准。在第 7 章和第 8 章中，我们会分别对 JSON Web 签名和 JSON Web 加密进行讨论——这是两个用来保护 JSON 格式消息的重要标准。

> 注　安全套接字层（Secure Sockets Layer，SSL）协议和传输层安全（Transport Layer Security，TLS）协议常常混用，但是从纯技术角度来说，它们并不完全相同。作为 SSL 协议 3.0 版本的后续衍生协议，TLS 协议是由 Netscape 公司基于 SSL 3.0 协议规范发布，在 IETF RFC 2246 文档中定义的。TLS 1.0 协议和 SSL 3.0 协议之间的差别并不显著，但重要的一点是，TLS 1.0 协议和 SSL 3.0 协议之间无法进行互操作。

除了上述所讨论的内容之外，传输层安全和消息层安全之间还有几点重要的区别：

❑ 传输层安全提供点到点的保护，它会在传输过程中对整个消息进行加密。

❑ 由于传输层依赖于底层信道来提供保护，因此应用程序开发人员无权选择对哪一部分数据进行加密，以及哪一部分不需要加密。

❑ 传输层安全不支持部分加密，而消息层安全则对此提供支持。

❑ 性能是一个区分消息层安全和传输层安全的重要因素。从资源消耗的角度来说，消息层加密的开销要远远高于传输层加密。

❑ 消息层加密在应用层发挥作用，为了执行加密流程，它必须对消息的类型和结构有所了解。如果是一条 XML 格式的消息，那么就必须按照 XML 格式加密标准中所定义的流程来进行处理。

2. 完整性

完整性保证了数据的正确性和可信性，以及对所有未授权修改的检测能力。它能够保护数据免受未授权或非预期的变更、篡改或删除。要实现完整性，需要双管齐下：预防措施和检测措施。这两种措施都必须同时关注传输数据和存储数据。

为了防止数据在传输过程中被篡改，用户应该使用一条只有目标方可以读取或进行消息层加密的安全信道。传输层安全（Transport Layer Security，TLS）协议是一种进行传输层加密时的推荐方式。TLS 协议本身就有能力对数据篡改进行检测。从第一次握手开始，它会在每条消息中附加一个消息认证码，接收方可以通过对该认证码进行验证，以确保数据在传输过程中没有被篡改。如果用户选择利用消息层加密来防御消息修改，那么为了保证接收方能够检测出消息篡改行为，发送方必须对消息进行签名，进而接收方就可以利用发送方的公钥来验证签名。与我们在之前章节中所讨论的内容类似，存在一些基于消息类型与结构制定的标准，这些标准对签名流程进行了定义。如果是一条 XML 格式的消息，那么 W3C 组织制定的 XML 签名标准对其流程进行了定义。

对于存储数据而言，用户可以定期计算得到消息摘要，并将其保存在一个安全的位置。一个入侵者可能会通过修改审计日志来隐藏可疑的活动，因此用户就需要保护审计日志的完整性。同时，伴随着网络存储和可能带来新存储故障模型的新技术趋势的出现，保障数据完整性也面临着一些令人关注的挑战。斯托尼布鲁克大学的 Gopalan Sivathanu、Charles P. Wright 和 Erez Zadok 共同发表的一篇文章[⊖]中，强调了存储设备中发生完整性破坏的原因，并对现有的完整性保障技术进行了调查。除了安全之外，它还描述了几种令人关注的存储设备完整性检查应用，并对这些技术相关的实现问题进行了讨论。

 注　保护水平（quality of protection，qop）值设为 auth-int 的 HTTP 摘要认证可以用于保证消息的完整性。附录 F 对 HTTP 摘要认证进行了深入探讨。

---

3. 可用性

确保合法用户随时可以对系统进行访问，这是所有系统设计的终极目标。安全并不是唯一需要考虑的因素，但是它在保证系统正常运行方面发挥了重要的作用。安全设计的目标应该是，通过阻止非法访问意图来保证系统的高可用性。实现这个目标非常具有挑战性。攻击行为（特别是针对一个公共 API）可能多种多样，从一个攻击者在系统中植入恶意软件，到一次经过严密组织的分布式拒绝服务（Distributed Denial of Service，DDoS）攻击，都有可能发生。

DDoS 攻击很难完全杜绝，但是通过仔细的设计，可以尽可能减少攻击所造成的影响。在大部分情况下，我们必须在网络边缘层面对 DDoS 攻击进行检测，因此，应用程序代码不用对其过多关注。但是攻击者可能会利用应用程序代码中的漏洞来让整个系统宕机。在 Christian Mainka、Juraj Somorovsky、Jorg Schwenk 和 Andreas Falkenberg 共同发表的一篇文章[⊖]中，讨论了 8 种可能通过 XML 负载针对基于 SOAP 的 API 实施的 DoS 攻击类型：

❑ 强制解析攻击：攻击者会发送一个包含深度嵌套 XML 结构的 XML 文档。当一个

⊖　Ensuring Data Integrity in Storage: Techniques and Applications，www.fsl.cs.sunysb.edu/docs/integrity-storagess05/integrity.html

⊖　A New Approach towards DoS Penetration Testing on Web Services，www.nds.rub.de/media/nds/veroeffentlichungen/2013/07/19/ICWS_DoS.pdf

基于 DOM 实现的解析器处理 XML 文档时，就会造成内存越界异常或 CPU 高负载运行。

❑ SOAP 数组攻击：攻击者会迫使被攻击网络服务声明一个非常庞大的 SOAP 数组，这种攻击方式会快速耗尽网络服务的内存。

❑ XML 元素计数攻击：攻击者通过发送带有大量非嵌套元素的 SOAP 消息，对服务器进行攻击。

❑ XML 属性计数攻击：攻击者通过发送属性数量极高的 SOAP 消息，对服务器进行攻击。

❑ XML 实体扩展攻击：攻击者通过迫使服务器对文档类型定义（Document Type Definition，DTD）中所定义的实体进行递归解析来诱发系统故障。这种攻击方式也称为 XML 炸弹或亿笑攻击。

❑ XML 外部实体 DoS 攻击：攻击者通过迫使服务器对 DTD 中定义的一个庞大的外部实体进行解析，来诱发系统故障。如果攻击者能够执行外部实体攻击，那么系统可能会存在另外一个攻击面。

❑ XML 超长名称攻击：攻击者会在 XML 文档中注入超长的 XML 节点。超长节点可能是超长的元素名称、属性名称、属性值或者命名空间定义。

❑ 散列碰撞攻击（HashDoS）：不同的索引指向相同的存储器分配位置，这种现象将导致碰撞发生。碰撞将在存储器中触发资源密集型的计算操作。如果系统使用的是一个强度较弱的散列函数，那么攻击者可以通过故意制造散列碰撞来诱发系统故障。

在应用层中，就可以对这些攻击中的大部分进行防御。针对 CPU 或内存密集型的操作，用户可以设置阈值。例如，为了防御强制解析攻击，XML 解析器可以对元素数量进行限制。类似地，如果应用程序中的某个线程执行时间过长，那么用户可以设置一个阈值并杀死线程。一旦发现某条消息不合法，就放弃对其进行进一步的处理，这是对抗 DoS 攻击最好的做法。同时，这也强调了在最接近数据流入口点的位置进行认证 / 授权检查的重要性。

🔍 注　根据 eSecurity Planet 网站的报道，2013 年 3 月互联网上发生了一次史上最大规模的 DDoS 攻击，攻击者利用高达 120Gbps 的流量针对 Cloudflare 网络展开攻击。在攻击的高峰时段，高达 300Gbps 的 DDoS 流量对上游提供商造成了冲击。

目前还存在针对 JSON 漏洞实施的 DoS 攻击。CVE-2013-0269 漏洞⊖阐释了这样一个场景，即攻击者可以利用一份经过精心构造的 JSON 格式消息来触发任意 Ruby 符号或某些内部对象的创建操作，从而开展 DoS 攻击。

⊖ CVE-2013-0269 漏洞，网址为 https://nvd.nist.gov/vuln/detail/CVE-2013-0269。

2.5　安全控制

我们在前文中详细讨论的 CIA 三要素（机密性、完整性和可用性）是信息安全的核心原则之一。在实现 CIA 的过程中，认证、授权、不可否认和审计是四种重要的控制手段，发挥着关键的作用。在以下内容中，我们将对这四种安全控制手段进行深入探讨。

1. 认证

认证，是指通过某种独特的方式来证明某人 / 某物是其所声明的个体，进而对用户、系统或某个实体进行确认的过程。根据用户发起认证请求的方式，认证过程可以直接进行，也可以通过代理来完成。如果用户通过简单提供自己的用户名和口令来直接登录一个系统，那么这个过程就属于直接认证。换句话说，在直接认证的场景中，想要进行认证的实体会将认证请求直接传递给它想要访问的服务。在代理认证的场景中，有第三方参与其中。这个第三方通常被称为一个认证提供方。当用户想要通过 Facebook 登录 Yelp 账户时，这个过程就属于代理认证，而 Facebook 就是认证提供方。在使用代理认证的情况下，服务提供方（或者说是用户想要登录的网站，或用户想要访问的 API）不会直接信任用户，它只会信任一个认证提供方。只有在可信（对服务提供方而言）的认证提供方将一个确定声明发送给服务提供方的情况下，用户才能对服务进行访问。

认证可以选择以单因素的方式进行，或者以多因素的方式来完成（也被称为多因素认证）。所知、所是和所有是著名的认证三因素。对于多因素认证来说，系统应该组合使用至少两个因素。将两个属于同一范畴的技术结合使用，并不被视为多因素认证。例如，输入用户名和口令，然后再输入一个 PIN 码，这不属于多因素认证，因为两者都属于所知的范畴。

> **注**　谷歌的两步验证属于多因素认证。用户首先需要提供用户名和口令（所知），之后一个 PIN 码将会发送到用户的手机上。知道 PIN 码证明注册手机归用户所有：它是用户拥有的物品。然而有人可能会反驳说这不是多因素认证，因为用户只需要知道 PIN 码，而获取 PIN 码并不一定需要拥有手机。这听起来有点不可思议，但 Grant Blakeman 的遭遇已经证实了这一点。[⊖]攻击者可以在 Grant 的手机中设置一个呼叫转移号码，这样就可以利用新号码（通过呼叫转移）来接收谷歌的密码重置信息。

（1）所知

口令、口令短语和 PIN 码都属于所知的范畴。不光在近几十年间，在几个世纪里这都是应用最为广泛的认证方式之一。时间退回到 18 世纪，在出自阿拉伯故事集《一千零一

⊖　The value of a name, https://ello.co/gb/post/knOWk-qeTqfSpJ6f8-arCQ

夜》的民间故事《阿里巴巴和四十大盗》中，阿里巴巴利用口令短语"芝麻开门"打开了藏宝山洞的大门。从那时起，这就已经成为最为流行的认证方式。遗憾的是，它同时也是强度最弱的认证方式。攻击者可以通过若干种方式对由口令提供保护的系统展开攻击。回到阿里巴巴的故事中，他的哥哥在不知道口令的情况下困在了同一个山洞里，于是他尝试喊出自己知道的所有词语。如今，这种方法被称为暴力穷举攻击。目前已知的最早的暴力穷举攻击发生在 18 世纪。从那时起，它就成了一种对口令保护系统进行攻击的常用手段。

🔍**注**   2013 年 4 月，WordPress 系统遭到大规模的暴力穷举攻击。[⊖]四月份的日均扫描量超过 10 万次。暴力穷举攻击有几种不同的实现方式。字典攻击是其中之一，在这种攻击场景中，攻击者利用一个根据常用词字典构建的有限输入集来实施暴力穷举攻击。这就是用户应该通过一个整体的口令策略来强制使用高强度口令的原因，这些口令要求由字典中没有的字母数字混合字符组成。在几次失败的登录尝试之后，大部分公共网站会强制执行一次 CAPTCHA 测试。这就使得基于自动化 / 工具实现的暴力穷举攻击更难以实现。

（2）所有

基于证书和智能卡的认证属于所有的范畴。这是一种比所知强度更高的认证方式。TLS 相互认证是最常见的利用客户证书保护 API 的方式，这部分内容将在第 3 章中详细介绍。

快速在线认证（Fast IDentity Online，FIDO）同样属于所有的范畴。FIDO 联盟[⊖]发布了三个公开规范来解决强认证过程中的某些问题：FIDO 通用第二因素（FIDO Universal Second Factor，FIDO U2F）协议、FIDO 通用认证框架（FIDO Universal Authentication Framework，FIDO UAF）以及客户方到认证方通信协议（Client to Authenticator Protocol，CTAP）。在线服务可以利用 FIDO U2F 协议，通过在用户登录过程中加入一个高强度第二因素来提高现有口令基础架构的安全性。基于 FIDO U2F 协议的认证过程中最大规模的部署是在谷歌公司内部。谷歌公司在内部利用 FIDO U2F 协议保护其内部服务的做法已经持续了一段时间，而在 2014 年 10 月，谷歌公司对所有的外部用户也启用了 FIDO U2F 协议。

（3）所是

指纹、视网膜、面部识别以及所有其他基于生理特征的认证技术，都属于所是的范畴。这是强度最高的认证方式。在大部分情况下，生理认证不会单独使用，而是和其他因素结合使用，从而进一步提高安全性。

随着移动设备的广泛应用，大部分零售商、金融机构以及很多其他企业在自己的移动应用上都会选择使用指纹认证。在 iOS 系统平台上，所有应用程序都将基于用户名和口令

⊖   The WordPress Brute Force Attack Timeline，http://blog.sucuri.net/2013/04/the-wordpress-brute-force-attack-timeline.html

⊖   FIDO Alliance，https://fidoalliance.org/specifications/overview/

的认证过程与苹果指纹 ID（Apple Touch ID）（或面部识别）信息联系在了一起。在建立了初始联系之后，一个用户只需要扫描自己的指纹就可以登录所有关联应用程序中。下一步，iPhone 手机还会降指纹 ID（Touch ID）信息与应用商店登录过程联系起来，并将其应用到苹果支付（Apple Pay）交易过程的授权方面。

2. 授权

授权，指的是在一个明确的系统边界范围内，对一个经过认证的用户、系统或实体能够执行的操作进行验证的过程。进行授权的前提是，假设用户已经通过了认证。任意访问控制（Discretionary Access Control，DAC）和强制访问控制（Mandatory Access Control，MAC）是两种重要的系统访问控制模型。

在任意访问控制（Discretionary Access Control，DAC）模型中，拥有数据的用户，可以任意将自己的权限转让给另一个用户。包括 UNIX、Linux 和 Windows 系统在内的大部分操作系统都支持 DAC 模型。当用户在 Linux 系统中创建一个文件时，可以决定谁应该能够对该文件进行读取、写入和执行；没有什么能够阻止用户将拥有的文件分享给另外一个或一组用户。此处没有能够轻易将安全流引入系统的集中控制机制。

在强制访问控制（Mandatory Access Control，MAC）模型中，只有指定的用户允许赋予权限。被赋予权限之后，用户无法将其转让。SELinux、可信 Solaris 和 TrustedBSD 系统是一些支持 MAC 模型的操作系统。

📷 **注**　作为 NSA 名下的一个研究项目，SELinux 系统将强制访问控制（Mandatory Access Control，MAC）架构添加到了 Linux 系统内核中，后来该系统在 2003 年 8 月合并到了 Linux 系统主流版本之中。它使用了一个被称为 Linux 系统安全模块（Linux Security Modules，LSM）接口的 Linux 系统 2.6 版本内核功能。

DAC 模型和 MAC 模型的不同之处在于谁拥有授权的权力。在任何一种情况下，用户都需要一种代表访问控制规则或访问矩阵的方式。授权表格、访问控制列表（如图 2-2 所示）和能力列表是三种代表访问控制规则的方式。授权表格，是一个包含主体、行为和资源三列内容的表格；主体可以是单个用户或一个用户组。在访问控制列表方式中，每个资源都与一个列表联系在一起，这个列表为每个主体指明了该主体可以针对资源实施的操作。在能力列表方式中，每个主体都拥有一个被称为能力列表的关联列表，这个列表为每个资源指明了用户允许针对资源实施的操作。银行保险柜的钥匙可以看作一种能力：保险柜是资源，而用户可以手持钥匙对资源进行操作。当用户尝试利用钥匙来打开保险柜时，你只需要考虑钥匙的能力，而不是其所有者的能力。访问控制列表是资源驱动的，而能力列表则是主体驱动的。

授权表格、访问控制列表和能力列表都是非常粗粒度的权限管理方式。一种可供替代的选项是，使用基于策略的访问控制。在基于策略的访问控制机制中，用户可以拥有合适粒度的授权策略。另外，策略可以动态生成能力列表和访问控制列表。扩展访问控制标记语言（eXtensible Access Control Markup Language，XACML）是针对基于策略访问控制的OASIS 标准中的一种。

	File-1	File-2	File-3
Tom	Read	Write	Read
Peter	Write	Write	Read
Jene	Read	Read	Write

图 2-2　访问控制列表

> **注** XACML 是 OASIS 组织 XACML 技术委员会针对基于策略的访问控制而起草的一份基于 XML 格式的开放标准。⊖最新的 XACML 规范，即 XACML 标准 3.0 版本，于 2013 年 1 月完成发布。然而在不考虑其如何有效的情况下，XACML 标准在访问控制策略的定义方面有些过于复杂了。你也可以关注一下开放策略代理（Open Policy Agent，OPA）项目，该项目最近在创建合适粒度的访问控制策略方面应用日趋广泛。

3. 不可否认

无论用户在何时以自己的身份通过一个 API 完成了一次业务交易，之后用户应该无法对其进行拒绝或否认。这种确保无法否认的属性称为不可否认性。一旦完成，终生拥有。不可否认性应该为数据的来源和完整性提供证明信息，同时这种信息应该是不可伪造的，第三方可以随时对其进行验证。在发起一次交易之后，其任何内容——包括用户身份、日期时间和交易细节内容——都因要保证交易完整性而无法再被修改，并且交易内容应该允许后续验证。交易方必须确保交易在提交和确认之后未被修改，并且已被记录。记录文件必须存档，并且经过妥善保护以防止未授权修改。无论何时，如果产生否认纠纷，那么可以找回交易记录以及其他相关记录或数据来验证交易发起方、日期时间、交易历史等。

> **注** TLS 协议通过查验证书来保证认证过程，通过利用一个密钥进行数据加密来保证机密性，同时通过数据摘要来保证完整性，但是并不保证不可否认性。在 TLS

⊖　XACML 3.0 规范，网址为 http://docs.oasis-open.org/xacml/3.0/xacml-3.0-core-spec-os-en.pdf。

协议中，传输数据的消息认证码（Message Authentication Code，MAC）是利用一个客户端和服务器都知道的共享密钥来计算得到的。共享密钥并不能用于保证不可否认性。

数字签名能够在（发起交易的）用户及其所实施的交易过程之间建立一个很强的绑定关系。用户应该使用一个只有自己知道的密钥来对整个交易过程进行签名，而服务器（或服务）应该能够通过一个可以为用户密钥合法性做出担保的可信代理来对签名进行验证。这个可信代理可以是一个证书授权机构（Certificate Authority，CA）。在对证书进行验证之后，服务器知道了用户的身份，并且可以保证数据的完整性。出于实现不可否认性的目的，对数据必须进行安全存储，以备后续验证。

 注　　花旗银行员工 Chii-Ren Tsai 在所发表的一篇文章[⊖] "实践中的不可否认性"中，针对金融交易过程提出了两种可能的不可否认架构，这两种架构是利用挑战 – 应答模式、一次性口令令牌和数字签名来实现的。

---

4. 审计

审计过程主要针对两个方面：记录所有合法的访问企图从而增强不可否认性，以及记录所有非法的访问企图从而识别潜在的风险。在某些情况下，系统可能允许用户对资源进行访问，但是访问行为应该具备一个正当的理由。例如，一位移动运营商有权访问一个用户的呼叫历史，但是在相应用户没有提出请求的情况下，他不应该这样做。如果有人频繁访问一个用户的呼叫历史，那么你可以通过特有的审计痕迹来发现这种行为。同时，审计痕迹也在检测欺诈行为的过程中起到至关重要的作用。管理员可以定义欺诈检测模式，同时也可以准实时评估审计记录，从而发现所有匹配的信息。

2.6　总结

□ 安全并不是一件可以延后考虑的事情。它必须成为所有开发项目的有机组成部分，对于 API 同样如此。它应该从需求收集开始，贯穿于设计、开发、测试、部署和监控等各个阶段。

□ 互联性、扩展性和复杂性，是近几年在全球引起数据破坏事件不断增多的三种趋势。

□ 所有安全设计中最具挑战性的是，在安全和用户舒适度之间找到并维持适当的平衡。

⊖　*Non-Repudiation in Practice*，www.researchgate.net/publication/240926842_Non-Repudiation_In_Practice

❑ 一个合理的安全设计方案应该考虑到系统中所有的通信链路。所有系统的强度都取决于其最薄弱的环节。

❑ 所有密切关注安全性的系统都应该选择使用分层的方式，这种方式也称为纵深防御。

❑ 内部攻击复杂性更低，但却十分有效。

❑ Kerchhoff 原则强调，一个系统应该是通过其设计来进行保护，而不是因为一个对手不了解设计。

❑ 最小权限原则规定，一个实体应该只拥有执行授权行为所需的权限集合，而不应超出这个范围。

❑ 故障安全默认值原则强调了默认情况下保障系统安全的重要性。

❑ 结构精简原则强调了简单的价值，设计应该尽可能简单。

❑ 根据完全控制原则的要求，一个系统应该对所有资源的访问权限进行验证，从而确认其是否允许访问。

❑ 开放设计原则强调了以一种开放的方式构建系统的重要性——没有保密的机密算法。

❑ 权限隔离原则规定，一个系统不应该根据单一条件分配权限。

❑ 最少共有原则重点关注不同组件之间分享状态信息所带来的风险。

❑ 心理承载力原则规定，相比于不采用安全机制的情况，安全机制不应该增加资源访问的难度。

❑ 机密性、完整性和可用性，即众所周知的信息安全三要素，是用于基准测试信息系统安全性的三个关键因素。

第 3 章 | *Chapter 3*

利用 TLS 协议保护 API

利用 TLS 协议对 API 进行保护,是各种 API 部署方案中最常见的保护形式。如果你刚刚接触 TLS 协议,那么请先学习一下附录 C,其中对 TLS 协议的细节内容和工作原理进行了介绍。在保护 API 的过程中,我们利用 TLS 协议来对通信过程进行保护或加密,或者说保护传输数据。同时,我们还将利用相互 TLS 协议机制确保只有合法客户能够访问 API。

在本章中,我们将讨论如何部署一个在 Java Spring Boot 框架中实现的 API,如何启用 TLS 协议,以及如何利用相互 TLS 协议来保护一个 API。

3.1 搭建环境

在本节中,我们将学习如何利用 Spring Boot 框架从头开始开发一个 API。对于 Java 开发人员来说,Spring Boot(网址为 https://projects.spring.io/spring-boot/)是最流行的微服务开发框架。准确来说,Spring Boot 框架提供了一个"固执"的运行时配置环境⊖,这就大大降低了复杂性。尽管本身是"固执"的,但 Spring Boot 框架同样赋予了开发人员对其很多默认选项进行覆盖的权力。由于很多 Java 开发人员很熟悉 Spring 框架,并且在微服务领域中开发简便性是一个关键的成功要素,因此很多人都会选择使用 Spring Boot 框架。哪怕是对那些不使用 Spring 框架的 Java 开发人员来说,它也是一个家喻户晓的名词。如果之前用过 Spring 框架,那么你肯定知道处理庞大烦琐的 XML 配置文件会有多痛苦。与 Spring 框

⊖ 一个"固执"的框架,会限制或指导开发人员按照该框架自有的方式来完成工作。

架不同，Spring Boot 框架奉行"约定优于配置"的原则——再也没有堆积如山的 XML 文件了！在本书中，我们将利用 Spring Boot 框架来实现 API。即使你不熟悉 Java 语言，也可以毫不费力从头开始学起，因为我们会提供所有的代码示例。

要运行样例，你需要的是 Java 8 或以上的版本，Maven 3.2 或更高版本，以及一个 git 客户端。在成功完成安装过程之后，你可以在命令行中运行以下两条命令，来确保一切正常。如果你在 Java 或 Maven 的安装过程中需要帮助，有大量的在线资源可以参考。

```
\>java -version
java version "1.8.0_121" Java(TM) SE Runtime Environment
(build 1.8.0_121-b13)
Java HotSpot(TM) 64-Bit Server VM (build 25.121-b13, mixed mode)
\>mvn -version
Apache Maven 3.5.0 (ff8f5e7444045639af65f6095c62210b5713f426; 2017-04-
03T12:39:06-07:00)
Maven home: /usr/local/Cellar/maven/3.5.0/libexec
Java version: 1.8.0_121, vendor: Oracle Corporation
Java home: /Library/Java/JavaVirtualMachines/jdk1.8.0_121.jdk/Contents/
Home/jre Default locale: en_US, platform encoding: UTF-8 OS name: "mac os
x", version: "10.12.6", arch: "x86_64", family: "mac
```

git 代码仓库 https://github.com/apisecurity/samples.git 中提供了本书用到的所有样例，利用下述 git 命令可以将其复制并下载下来。本章相关的所有样例都在目录 ch03 中。

```
\> git clone https://github.com/apisecurity/samples.git
\> cd samples/ch03
```

对喜欢 Maven 系统的人来说，刚开始创建 Spring Boot 项目时最好选择使用一种 Maven 模板原型（archetype）。遗憾的是，这种做法不再被支持。一种选择是通过 https://start.spring.io/ 站点创建一个模板项目，该站点被称为 Spring 项目初始化器。在这里你可以选择想要创建的项目类型、项目依赖、项目命名，也可以将一个 Maven 项目打包成 zip 文件下载下来。另一种选择是使用 Spring 项目工具套件⊖（Spring Tool Suite，STS）。该套件是一款在 Eclipse 平台的基础上构建的集成开发环境（Integrated Development Environment，IDE），其中安装了很多对于创建 Spring 项目非常有用的插件。然而在本书中，在之前提到的 git 代码仓库中提供了所有完整编码样例。

 注 如果你在创建或运行本书样例的过程中遇到任何问题，请参考 git 代码仓库 https://github.com/apisecurity/samples.git 中对应章节下的 README 文件。为了应对本书所用库、工具和框架相关的任何改变，我们将不断更新 git 代码仓库中的样例及其对应的 README 文件。

⊖ 网址为 https://spring.io/tools。

3.2 部署订单 API

这是有史以来最简单的 API。你可以在目录 ch03/sample01 中找到代码。可以使用以下命令通过 Maven 系统创建项目：

```
\> cd sample01
\> mvn clean install
```

在深入研究代码之前，让我们先看看 ch03/sample01/pom.xml 中添加的一些重要的 Maven 依赖和插件。

为了集成不同的 Spring 模块，Spring Boot 框架会使用不同的 starter 依赖项。spring-boot-starter-web 依赖项会使用 Tomcat 和 Spring MVC，并且完成组件之间的所有连接工作，从而尽可能地减少开发人员的工作量。spring-boot-starter-actuator 依赖项能够帮助你对应用程序进行监控和管理。

```
<dependency>
    <groupId>org.springframework.boot</groupId>
    <artifactId>spring-boot-starter-web</artifactId>
</dependency>
<dependency>
    <groupId>org.springframework.boot</groupId>
    <artifactId>spring-boot-starter-actuator</artifactId>
</dependency>
```

在 pom.xml 文件中，我们还可以看到 spring-boot-maven-plugin 插件，你可以利用该插件从 Maven 系统内部启动 Spring Boot API。

```
<plugin>
    <groupId>org.springframework.boot</groupId>
    <artifactId>spring-boot-maven-plugin</artifactId>
</plugin>
```

现在，让我们看一看类文件 src/main/java/com/apress/ch03/sample01/service/OrderProcessing.java 中的 checkOrderStatus 方法。这个方法能够接收一个订单号，并返回相应订单的状态。在下述代码中用到了三个重要的注解。@RestController 是类层面的注解，将相应的类标记为一个可以接收并生成 JSON 格式负载的 REST 端点。@RequestMapping 注解既可以在类层面定义，也可以在方法层面定义。该注解在类层面定义的情况下，所包含的 value 属性定义了对应端点的注册路径位置，而在方法层面定义的情况下，该属性需要附加到类层面路径的后面。大括号中定义的任何内容都代表一个可以替换为路径中任何变量值的占位符。例如，一个针对 /order/101 和 /order/102 （这里，101 和 102 都是订单号）的 GET 请求都会进入方法 checkOrderStatus 中进行处理。

事实上，value 属性的值是一个 URI 模式。[⊖]从 @RequestMapping 注解的 value 属性下定义的 URI 模式中，注解 @PathVariable 提取了所提供的变量，并将其与方法签名中所定义的变量进行绑定。

```
@RestController
@RequestMapping(value = "/order")
public class OrderProcessing {
  @RequestMapping(value = "/{id}", method = RequestMethod.GET)
  public String checkOrderStatus(@PathVariable("id") String orderId)
  {
    return ResponseEntity.ok("{'status' : 'shipped'}");
  }
}
```

在目录 src/main/java/com/apress/ch03/sample01/OrderProcessingApp.java 中有另一个重要的类文件值得我们分析。这个类的作用是，在其自有的应用服务器（在本例中，指的是嵌入式 Tomcat 服务器）上启动我们的 API。API 默认在 8080 端口启动，但是如果想要将端口修改为 9000，那么你可以通过将 server.port=9000 添加到 sample01/src/main/resources/application.properties 文件中来实现。以下展示了 OrderProcessingApp 类中用于启动 API 的代码段。类层面所定义的 @SpringBootApplication 注解被用作 Spring 框架所定义的其他四个注解的简写，即 @Configuration、@EnableAutoConfiguration、@EnableWebMvc 和 @ComponentScan。

```
@SpringBootApplication
public class OrderProcessingApp {
    public static void main(String[] args) {
        SpringApplication.run(OrderProcessingApp.class, args);
    }
}
```

现在，让我们看看如何运行我们的 API，并且利用 cURL 客户端工具与其进行交互。从 ch03/sample01 目录中执行的下述命令展示了如何利用 Maven 系统启动我们的 Spring Boot 应用程序。

```
\> mvn spring-boot:run
```

要利用 cURL 客户端工具对 API 进行测试，可以在另一个命令控制台中使用以下命令来实现。它将在起始命令后面打印出如下所示的输出信息。

⊖ 网址为 https://tools.ietf.org/html/rfc6570。

```
\> curl http://localhost:8080/order/11
{"customer_id":"101021","order_id":"11","payment_method":{"card_type":"V
ISA","expiration":"01/22","name":"John Doe","billing_address":"201, 1st
Street, San Jose, CA"},"items": [{"code":"101","qty":1},{"code":"103","qty"
:5}],"shipping_address":"201, 1st Street, San Jose, CA"}
```

3.3　利用 TLS 协议保护订单 API

要启用 TLS 协议，首先我们需要创建一个密钥对。以下命令利用 Java 发行版默认自带的 keytool 工具生成一个密钥对，并将其保存在 keystore.jks 文件中。这个文件也被称为一个密钥存储库，它可能以不同的格式保存。两种最常用的格式是 Java 密钥存储库（Java KeyStore，JKS）和 PKCS#12。JKS 是 Java 所特有的，而 PKCS#12 标准属于公钥密码标准（Public Key Cryptography Standard，PKCS）中所定义的标准族。在以下命令中，我们利用 storetype 参数将密钥存储库的类型指定为 JKS。

```
\> keytool -genkey -alias spring -keyalg RSA -keysize 4096 -validity 3650
-dname "CN=foo,OU=bar,O=zee,L=sjc,S=ca,C=us" -keypass springboot -keystore
keystore.jks -storeType jks -storepass springboot
```

上述命令中的 alias 参数指定了如何找到密钥存储库中保存的生成密钥。在某个指定的密钥存储库中可能保存着多个密钥，相应的 alias 参数值必须唯一。这里我们使用 spring 作为别名。validity 参数说明生成密钥只在 10 年或 3650 天内有效。keysize 和 keystore 参数指定了生成密钥的长度和用来保存密钥的密钥存储库名称。genkey 是用来通知 keytool 工具生成新密钥的选项。除了 genkey，你还可以使用 genkeypair 选项。在上述命令执行之后，它将会生成一个名为 keystore.jks 的密钥存储库，我们利用口令 springboot 对其进行保护。

本例中所生成的证书称为自签名证书，或者说这里没有外部的证书颁发机构（Certificate Authority，CA）。通常在产品部署过程中，你可以选择使用公共证书颁发机构或者企业级的证书颁发机构来对公开证书进行签名，这样任何信任证书颁发机构的客户都可以对其进行验证。如果证书被用于在一个微服务的部署方案中或者针对一个内部 API 部署方案为服务到服务的通信过程提供保护，那么用户不必为是否拥有公共证书颁发机构而担心，用户可以使用自己的证书颁发机构。但对于开放提供给外部客户端应用程序使用的 API 来说，用户可能需要通过一个公共证书颁发机构对自己的证书签名。

要想为 Spring Boot API 启用 TLS 协议，需要将之前生成的密钥存储库文件（keystore.jks）复制到样例主目录（例如，ch03/sample01/）中，并在 sample01/src/main/resources/application.properties 文件中添加以下内容。你从 samples git 代码仓库下载的样例中已经拥有这些值了（你只需要去除它们的注释），同时我们将 springboot

作为密钥存储库和私钥的口令。

```
server.ssl.key-store: keystore.jks
server.ssl.key-store-password: springboot
server.ssl.keyAlias: spring
```

要证明一切正常工作，可以在 ch03/sample01/ 目录中利用以下命令来启动订单 API，可以看到打印出 HTTPS 端口的一行信息。

```
\> mvn spring-boot:run
Tomcat started on port(s): 8080 (https) with context path "
```

要想利用 cURL 客户端工具对 API 进行测试，可以在另一个命令行控制台使用以下命令。它将在启动命令后打印出如下所示的输出信息。我们在这里用的是 HTTPS 协议，而不是 HTTP 协议。

```
\> curl -k https://localhost:8080/order/11
{"customer_id":"101021","order_id":"11","payment_method":{"card_type":"V
ISA","expiration":"01/22","name":"John Doe","billing_address":"201, 1st
Street, San Jose, CA"},"items": [{"code":"101","qty":1},{"code":"103","qty"
:5}],"shipping_address":"201, 1st Street, San Jose, CA"}
```

我们在上述 cURL 命令中使用 -k 选项。由于我们利用一个自签名（不可信的）证书来保护 HTTPS 端点，因此需要传入 -k 选项来建议 cURL 工具忽略信任验证。在一个拥有经过真正的证书颁发机构签名的证书的生产部署环境中，你不需要这么做。同时，在使用一个自签名证书的情况下，你还可以通过为 cURL 工具指定对应的公钥来避免使用 -k 选项。

```
\> curl --cacert ca.crt https://localhost:8080/order/11
```

你可以通过在目录 ch03/sample01/ 中使用如下的 keytool 命令来将订单 API 的公共证书以 PEM 的格式（通过 -rfc 参数来指定）导出到 ca.crt 文件中。

```
\> keytool -export -file ca.crt -alias spring -rfc -keystore keystore.jks
-storePass springboot
```

上述使用 ca.crt 证书的 cURL 命令将导致以下错误。错误信息表示，订单 API 公共证书中的公用名称，即 foo，与 cURL 命令中的主机名（localhost）不匹配。

```
curl: (51) SSL: certificate subject name 'foo' does not match target host
name 'localhost'
```

在一个理想的生产部署环境中，当你创建一个证书时，它的公用名称应该和主机名相匹配。在本例中，由于我们没有为 foo 主机名设置一个域名服务（Domain Name Service，DNS）条目，因此可以通过 cURL 工具来采用以下变通方案。

```
\> curl --cacert ca.crt https://foo:8080/order/11 --resolve
foo:8080:127.0.0.1
```

3.4　利用相互 TLS 协议保护订单 API

在本节中我们将学习如何在订单 API 和 cURL 工具客户端之间启用 TLS 相互协议。在大部分情况下，TLS 相互协议都被用来实现系统之间的认证。首先要确保我们在 sample01/keystore.jks 位置处拥有一个密钥存储库，然后通过在 sample01/src/main/resources/application.properties 文件中去除以下属性的注释来启用 TLS 相互协议。

```
server.ssl.client-auth:need
```

现在我们可以通过利用 cURL 工具调用订单 API 来对流程进行测试。首先在 ch03/sample01/ 目录中利用以下命令来启动订单 API，并注意打印 HTTPS 端口的行。

```
\> mvn spring-boot:run
Tomcat started on port(s): 8080 (https) with context path ''
```

要想通过 cURL 工具客户端对 API 进行测试，可以在另一个命令控制台中使用以下命令。

```
\> curl -k https://localhost:8080/order/11
```

由于我们通过 TLS 相互协议对 API 进行了保护，因此上述命令将导致以下错误信息，表示因 API（或服务器）没有提供有效的客户端证书而拒绝与 cURL 工具客户端建立连接。

```
curl: (35) error:1401E412:SSL routines:CONNECT_CR_FINISHED:sslv3 alert bad
certificate
```

要解决这个问题，我们需要为 cURL 工具客户端创建一个密钥对（一个公钥和一个私钥），并配置订单 API，使其信任公钥。然后我们可以在 cURL 命令中使用所生成的密钥对来访问由相互 TLS 协议提供保护的 API。

要为 cURL 工具客户端生成一个私钥和一个公钥，我们可以使用以下 OpenSSL 命令。OpenSSL 是一款针对 TLS 协议的商用级配套软件和密码库，并且在多个平台上都是可用的。你可以从 www.openssl.org/source 网址下载并创建适合自己平台的发布版。如果不想这么麻烦，最简单的方法是使用一个 OpenSSL Docker 镜像。在下一小节中，我们将讨论如何以一个 Docker 容器的形式来运行 OpenSSL。

```
\> openssl genrsa -out privkey.pem 4096
```

现在，要生成一个与上述私钥（privkey.pem）对应的自签名证书，请使用以下 OpenSSL 命令。

```
\> openssl req -key privkey.pem -new -x509 -sha256 -nodes -out client.crt
-subj "/C=us/ST=ca/L=sjc/O=zee/OU=bar/CN=client"
```

在订单 API 仍在运行的情况下，我们需要将其停用，并利用以下命令将上述步骤中所创建的公共证书（client.crt）导入 sample01/keystore.jks 中。

```
\> keytool -import -file client.crt -alias client -keystore keystore.jks
-storepass springboot
```

现在，我们可以通过利用 cURL 工具调用订单 API，来对流程进行测试。首先，在 ch03/sample01/ 目录中利用以下命令来启动订单 API。

```
\> mvn spring-boot:run
Tomcat started on port(s): 8080 (https) with context path ''
```

要想通过 cURL 客户端对 API 进行测试，可以在另一个命令控制台中使用以下命令。

```
\> curl -k --key privkey.pem --cert client.crt https://localhost:8080/
order/11
```

我们使用一个密钥对，而它对于订单 API 来说是未知的，或者换言之，它没有被导入 sample01/keystore.jks 文件中，在这种情况下，当执行上述 cURL 命令时，你将看到如下错误信息。

```
curl: (35) error:1401E416:SSL routines:CONNECT_CR_FINISHED:sslv3 alert
certificate unknown
```

3.5 在 Docker 容器中运行 OpenSSL

在过去几年中，Docker 彻底改变了我们发布软件的方式。Docker 为我们提供了一种容器化的环境，来以自包含的方式运行软件。对 Docker 进行全面介绍，超出了本书的范畴，如果你有兴趣深入学习，推荐你阅读 Jeff Nickoloff 和 Stephen Kuenzli 所著的 *Docker in Action* 一书。

在本地主机上安装 Docker 非常简单，按照 Docker 文档（网址为 https://docs.docker.com/install/）中的步骤执行即可。在 Docker 安装完毕之后，可以运行以下命令来验证安装是否成功，它将显示 Docker 引擎客户端和服务端的版本信息。

```
\> docker version
```

要想以一个 Docker 容器的形式启动 OpenSSL，可以在 ch03/sample01 目录中使用以下命令。

```
\> docker run -it -v $(pwd):/export prabath/openssl
#
```

在第一次运行上述命令时，它将需要执行几分钟，并在结尾处显示一个命令提示符，而在这里你可以通过执行 OpenSSL 命令来创建之前章节末尾处所用到的那些密钥。上述的 docker run 命令在一个使用卷挂载的 Docker 容器中启动了 OpenSSL，该卷挂载操作将主机文件系统中的 ch03/sample01 目录（或者是由上述命令中的 $(pwd) 所指定的当前目录）映射到容器文件系统的 /export 目录上。这个卷挂载操作帮助我们将主机文件系统的一部分与容器文件系统共享。当 OpenSSL 容器生成证书时，它们被写入容器文件系统中的 /export 目录中。由于我们进行了卷挂载操作，因此容器文件系统的 /export 目录中的所有文件也都可以通过主机文件系统的 ch03/sample01 目录进行访问。

要想为 cURL 工具客户端生成一个私钥和一个公钥，可以使用以下 OpenSSL 命令。

```
# openssl genrsa -out /export/privkey.pem 4096
```

现在，要想生成一个和上述私钥（privkey.pem）对应的自签名证书，可以使用以下 OpenSSL 命令。

```
# openssl req -key /export/privkey.pem -new -x509 -sha256 -nodes -out
client.crt -subj "/C=us/ST=ca/L=sjc/O=zee/OU=bar/CN=client"
```

3.6　总结

❑ TLS 协议是保护 API 的基础。

❑ 利用 TLS 协议保护 API，是所有 API 部署方案中最常见的保护方式。

❑ TLS 协议能够保护传输数据的机密性和完整性，而相互 TLS（mutual TLS，mTLS）协议通过进行客户端认证，能够保护 API 免受入侵者攻击。

❑ OpenSSL 是一款针对 TLS 协议的商用级配套软件和密码库，并且在多个平台上都是可用的。

Chapter 4 第 4 章

OAuth 2.0 协议基础

OAuth 2.0 协议是身份授权方面的一个重大突破。它来源于 OAuth 1.0 协议（详见附录 B），但主要是受到 OAuth 网络资源授权配置（详见附录 B）的影响。OAuth 协议 1.0 版本和 2.0 版本之间的主要不同之处在于，OAuth 1.0 协议是针对身份授权制定的一个标准协议，而 OAuth 2.0 协议则是一个极具扩展性的授权框架。OAuth 2.0 协议事实上已经成为 API 保护方面的标准，并且广泛被 Facebook、谷歌、领英、微软（即时通信软件 MSN）、PayPal、Instagram、Foursquare、GitHub、Yammer、Meetup 以及很多其他公司所使用。不过，有一个很著名的公司除外：推特仍在使用 OAuth 1.0 协议。

4.1　OAuth 2.0 协议简介

OAuth 2.0 协议解决的主要是访问授权的问题。假设用户想让一个第三方应用程序读取自己 Facebook 涂鸦墙上的状态消息。换句话说，用户想要授予第三方应用程序访问自己 Facebook 涂鸦墙的权力。一种实现方法是通过与第三方应用程序分享自己的 Facebook 凭据，这样它就可以直接访问用户的 Facebook 涂鸦墙。这种方法称为通过凭据共享实现的访问授权。尽管这种方法解决了访问授权的问题，但是在用户与第三方应用程序分享自己的 Facebook 凭据之后，它可以利用凭据来做任何想做的事情，而这反过来造成了更多的问题！OAuth 2.0 协议以另一种方式解决了这个问题，即用户不需要与第三方应用程序分享自己的凭据，而是仅仅分享一个有时限的临时令牌，该令牌仅仅能够用来完成一个明确的任务。图 4-1 从上层角度展示了 OAuth 2.0 协议实现访问授权的过程，以下内容对图 4-1 中的每个步骤进行了解释：

1）用户访问第三方网络应用，并且想让网络应用在其 Facebook 涂鸦墙上发布消息。要完成这一任务，网络应用需要一个来自 Facebook 的令牌，而为了获取令牌，它将用户重定向到 Facebook 中。

2）Facebook 提示用户进行认证（在之前没有进行认证的情况下），并且请求用户同意授予第三方网络应用在其 Facebook 涂鸦墙上发布消息的权力。

3）用户经过认证，并向 Facebook 提供许可，这样 Facebook 就可以将一个令牌分享给第三方网络应用了。这个令牌只能用于在一段有限的时间内向 Facebook 涂鸦墙发布消息，而不能做其他任何事情。例如，第三方网络应用不能利用令牌来发送好友申请、删除状态消息、上传图片等。

4）第三方网络应用从 Facebook 获取了一个令牌。要对这一步骤中所发生的事情进行详细解释，首先需要理解 OAuth 2.0 协议授权类型的工作机制，因此我们将在本章的后续部分中对其进行讨论。

5）第三方网络应用利用第 4 步中 Facebook 提供的令牌，对 Facebook API 进行访问。Facebook API 确保只有携带有效令牌的请求才能访问。同样，在本章的后续部分，我们将对这一步骤中所发生的事情进行详细讲解。

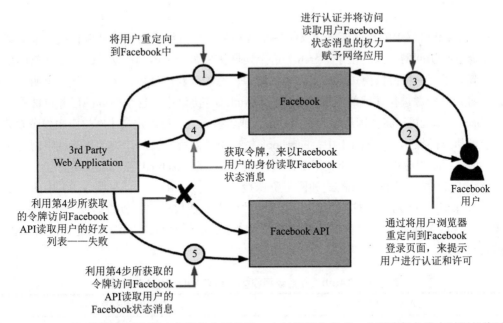

图 4-1　OAuth 2.0 协议通过向第三方网络应用发放一个仅能用来完成一个明确任务的有时限的临时令牌来解决访问授权的问题

4.2 OAuth 2.0 协议参与者

在常见的 OAuth 流程中，OAuth 2.0 协议引入了四个参与方。以下内容对图 4-1 中每个相关参与者的角色进行了解释：

❑ 资源所有方：即拥有资源的一方。在我们之前的例子中，第三方网络应用想要通过 Facebook API，对一个 Facebook 用户的 Facebook 涂鸦墙进行访问，并以其身份发布消息。在这种情况下，拥有 Facebook 涂鸦墙的 Facebook 用户就是资源所有者。

❑ 资源服务器：这是指承载受保护资源的位置。在上述场景中，承载 Facebook API 的服务器就是资源服务器，此时 Facebook API 就是资源。

❑ 客户：这是指想要以资源所有者的身份对资源进行访问的应用程序。在上述使用场景中，第三方网络应用就是客户。

❑ 授权服务器：这是指提供安全令牌服务，向客户应用发放 OAuth 2.0 访问令牌的实体。在上述使用场景中，Facebook 自身承担了授权服务器的工作。

4.3 授权模式

OAuth 2.0 协议中的授权模式定义了一个客户从一个资源所有者处获取授权，来以其身份对资源进行访问的方式。授予（grant）这个词最初来源于法语词汇 granter，含义是同意提供。换句话说，一种授权模式定义了一个从资源所有者处获得许可，为了完成一个明确的任务以其身份对资源进行访问的明确流程。在 OAuth 2.0 协议中，这个明确的任务也被称为范围（scope）。你也可以将范围理解为一个许可，或者换言之，范围定义了客户应用程序能够对给定资源执行的操作。在图 4-1 中，Facebook 授权服务器所发放的令牌的用途就限制在一定范围之内，即客户应用程序只能使用令牌来向指定用户的 Facebook 涂鸦墙投递消息。

OAuth 2.0 协议中的授权模式和网络资源授权配置（WRAP，详见附录 B）中的 OAuth 配置十分相似。OAuth 2.0 核心规范引入了四种核心的授权模式：授权码模式、简化模式、资源所有者口令凭据模式和客户凭据模式。表 4-1 展示了 OAuth 2.0 授权模式和 WRAP 配置的对照关系。

表 4-1　OAuth 2.0 协议授权模式和 OAuth WRAP 配置

OAuth 2.0 协议	OAuth WRAP 标准
授权码模式	网络应用配置 / 富应用配置
简化模式	—
资源所有者口令凭据模式	用户名口令配置
客户凭据模式	客户账户口令配置

1. 授权码模式

OAuth 2.0 协议中的授权码模式和 WRAP 标准中的网络应用配置十分相似。对于具备启动网络浏览器能力的应用程序（网络应用，或者是本地移动应用），最推荐的就是这种模式（如图 4-2 所示）。访问客户应用的资源所有者负责发起授权码模式的流程。如图 4-2 中的第 1 步所示，客户应用（该应用必须在授权服务器中经过注册）将资源所有者重定向到授权服务器处来获取许可。以下内容展示客户应用在将用户重定向到授权服务器的授权端点时所生成的一个 HTTP 请求：

```
https://authz.example.com/oauth2/authorize?
                response_type=code&
                client_id=OrhQErXIX49svVYoXJGtODWBuFca&
                redirect_uri=https%3A%2F%2Fmycallback
```

授权端点是一个 OAuth 2.0 协议授权服务器中客户事先知晓的发布端点。response_type 参数的值必须是 code。这个值的作用是通知授权服务器客户请求一个授权码（在授权码模式中）。client_id 是一个客户应用标识符。客户应用在授权服务器上注册之后，客户会获取一个 client_id 和一个 client_secret。在客户注册阶段，客户应用必须提供一个在其控制之下的 URL 地址作为 redirect_uri，而在发起的请求中，redirect_uri 参数的值应该与授权服务器上注册的地址相匹配。我们也将 redirect_uri 称为回调 URL 地址。客户将回调 URL 地址的 URL 编码值作为 redirect_uri 参数添加到请求中。除了这些参数，客户应用还可以引入 scope 参数。scope 参数值在许可界面上向资源所有者展示：它负责告知授权服务器客户对目标资源 /API 所需的访问级别。

在图 4-2 的第 5 步中，授权服务器将所请求的编码返回到客户应用的已注册回调 URL 地址（也称为 redirect_uri）中。这个编码被称为授权码。每个授权码都应该拥有一个生命周期。不建议使用时长超过 1 分钟的生命周期。

授权码的值通过一条 HTTP 重定向请求传递给客户应用，这个过程对资源所有者是可见的。在第 6 步中，客户必须通过与授权服务器所开放的 OAuth 令牌端点进行交互，来利用授权码换取一个 OAuth 访问令牌。

注　所有 OAuth 2.0 协议授权模式的终极目标，都是向客户应用提供一个令牌（称为访问令牌）。客户应用可以利用这个令牌来访问资源。访问令牌与资源所有者、客户应用以及一个或多个范围有关。根据一个给定的访问令牌，授权服务器就能够知道相应的资源所有者和客户程序，以及附加的范围。

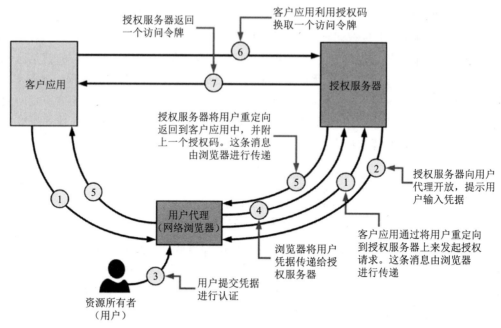

图 4-2　授权码模式

在大部分情况下，令牌端点都受到保护。客户应用可以结合相应的 client_id（OrhQErXIX49svVYoXJGtODWBuFca）和 client_secret（eYOFkL756W8usQaVNgCNkz9C2DOa）生成令牌请求，这两个参数值将放在 HTTP 授权头部中。在大部分情况下，令牌端点都是通过 HTTP 基本认证进行保护的，但这并不是必需的。为了实现更强的安全性，用户可能还会使用相互 TLS 协议，而如果是在一个单页面应用或一个移动应用中使用授权码模式，那么用户可能根本就不会使用任何凭据。以下内容展示了发往令牌端点的一个示例请求（第 6 步）。这里 grant_type 参数的值必须是 authorization_code，code 值则应该是之前的步骤（第 5 步）中所返回的授权码。如果客户应用在之前的步骤（第 1 步）中利用 redirect_uri 参数发送了一个值，那么它必须在令牌请求中包含同样的值。在客户应用没有在令牌端点处进行认证的情况下，你需要将相应的 client_id 作为一个 HTTP 正文中的参数发送过去。

> 注　授权服务器所返回的认证码起到了中间码的作用。这个编码将终端用户或资源所有者和 OAuth 客户对应起来。OAuth 客户能够向授权服务器的令牌端点进行自我认证。授权服务器应该在用授权码换取访问令牌之前，先检查该编码是否是发放给经过认证的 OAuth 客户的。

```
\> curl -v -k -X POST --basic
    -u OrhQErXIX49svVYoXJGtODWBuFca:eYOFkL756W8usQaVNgCNkz9C2DOa
    -H "Content-Type:application/x-www-form-urlencoded;charset=UTF-8"
    -d "grant_type=authorization_code&
        code=9142d4cad58c66d0a5edfad8952192&
        redirect_uri=https://mycallback"
        https://authz.example.com/oauth2/token
```

> 注　客户应该只能使用一次授权码。如果授权服务器检测到该编码被使用了超过一次，那么它必须撤销为特定授权码所发放的所有令牌。

上述 cURL 命令将从授权服务器获取以下的返回响应信息（第 7 步）。响应信息中的 token_type 参数指明了令牌类型。（4.4 节将讨论更多关于令牌类型的内容。）除了访问令牌，授权服务器还会返回一个可选的更新令牌。在更新令牌过期之前，客户应用可以使用更新令牌获取一个新的访问令牌。expires_in 参数表示以秒为单位的访问令牌生命周期。

```
{
    "token_type":"bearer",
    "expires_in":3600,
    "refresh_token":"22b157546b26c2d6c0165c4ef6b3f736",
    "access_token":"cac93e1d29e45bf6d84073dbfb460"
}
```

> 注　每个更新令牌都拥有自己的生命周期。与访问令牌的生命周期相比，更新令牌的生命周期更长：一个访问令牌的生命周期可能是以分钟为单位，而一个更新令牌的生命周期可能是以天为单位。

---

2. 简化模式

网络浏览器中运行的 JavaScript 脚本客户端经常利用简化模式获取访问令牌（如图 4-3 所示）。然而目前即使是 JavaScript 脚本客户端，我们也不再建议使用简化模式，而是采用无客户认证的授权码模式。这主要是由于简化模式的内在安全问题，我们将在第 14 章对其进行讨论。以下对简化模式的讨论将帮助你理解其工作机制，但建议不要在生产部署环境中使用这种模式。

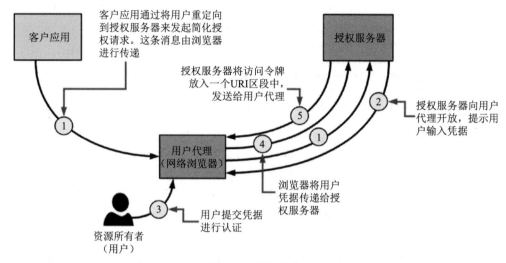

图 4-3　简化模式

与授权码模式不同，简化模式在 OAuth WRAP 标准中没有任何对等的配置。JavaScript 脚本客户端通过将用户重定向到授权服务器来发起简化授权流程。请求中的 response_type 参数负责通知授权服务器客户请求的是一个令牌，而不是一个编码。在简化模式中，授权服务器不需要对 JavaScript 脚本客户端进行认证，客户只需要在请求中发送 client_id 即可。这是出于日志记录和审计的目的，同时也是为了找到相应的 redirect_uri。请求中的 redirect_uri 参数是可选的，如果使用该参数，那么它必须和客户注册时所提供的回调地址相匹配：

```
https://authz.example.com/oauth2/authorize?
                response_type=token&
                client_id=OrhQErXIX49svVYoXJGtODWBuFca&
                redirect_uri=https%3A%2F%2Fmycallback
```

这样的请求将返回以下响应信息。简化模式将访问令牌作为一个 URI 区段发送回来，并且不再提供任何更新机制：

```
https://callback.example.com/#access_token=cac93e1d29e45bf6d84073dbfb460&ex
pires_in=3600
```

与授权码模式不同，简化模式直接从授权请求的响应信息中收到了访问令牌。当一个 URL 地址中的 URI 区段有内容时，浏览器并不会将其发送到后端，它只会停留在浏览器上。因此，当授权服务器向客户应用的回调 URL 地址发送重定向时，请求首先会抵达浏览器，而浏览器会向承载客户应用的网络服务器发出一个 HTTP GET 请求。但是在这条 HTTP GET 请求中，用户找不到 URI 区段，而网络服务器也看不到它。要处理 URI 区段中的访问令牌，客户应用的网络服务器将返回一个带有 JavaScript 脚本的 HTML 页面，作为对浏览器 HTTP GET 请求的响应，该脚本知道应该如何从浏览器地址栏驻留的 URI 区段中提取 access_token。通常，这就是单页面应用的工作流程。

> **注**　授权服务器必须将授权码、访问令牌、更新令牌和客户密钥当作敏感数据来处理。绝不能通过 HTTP 协议来发送它们——授权服务器必须使用 TLS 协议。这些令牌应该妥善保存，服务器可以对其进行加密或散列处理。

3. 资源所有者口令凭据模式

在资源所有者口令凭据模式中，资源所有者必须信任客户应用。这种模式对应于 OAuth WRAP 标准中的用户名口令配置。资源所有者需要将其凭据直接传递给客户应用（如图 4-4 所示）。

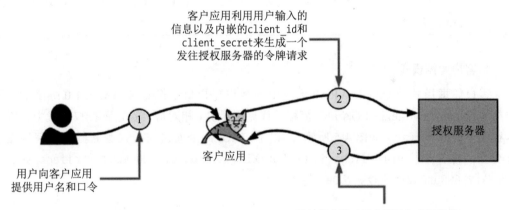

图 4-4　资源所有者口令凭据模式

以下的 cURL 命令通过与授权服务器的令牌端点进行交互，将资源所有者的用户名和口令作为参数传递过去。除此之外，客户应用还要证明自己的身份。在大部分情况下，令牌端点都是通过 HTTP 基本认证进行保护的（但并不是必需的），而客户应用将其 client_id(OrhQErXIX49svVYoXJGtODWBuFca) 和 client_secret(eYOFkL756W8usQaVNgCNkz9C2DOa) 添加到 HTTP 授权头部中传递过去。grant_type 参数的值必须设置为 password：

```
\> curl -v -k -X POST --basic
    -u OrhQErXIX49svVYoXJGtODWBuFca:eYOFkL756W8usQaVNgCNkz9C2DOa
    -H "Content-Type:application/x-www-form-urlencoded;charset=UTF-8"
    -d "grant_type=password&
        username=admin&password=admin"
        https://authz.example.com/oauth2/token
```

这样的请求将返回以下响应信息，其中包含了一个访问令牌和一个更新令牌：

```
{
    "token_type":"bearer",
    "expires_in":685,"
    "refresh_token":"22b157546b26c2d6c0165c4ef6b3f736",
    "access_token":"cac93e1d29e45bf6d84073dbfb460"
}
```

> **注** 如果可以选择使用授权码模式，那么应该在资源所有者口令凭据模式之上使用。
> 引入资源所有者口令凭据模式是为了实现从 HTTP 基本认证和摘要认证迁移到
> OAuth 2.0 协议上。

4. 客户凭据模式

客户凭据模式与 OAuth WRAP 标准中的客户账户口令配置和 OAuth 1.0 协议中的两方参与 OAuth（two-legged OAuth）流程（详见附录 B）相对应。在这种授权模式中，客户本身成了资源所有者（如图 4-5 所示）。以下 cURL 命令通过与授权服务器的令牌端点进行交互，将客户应用的 client_id（OrhQErXIX49svVYoXJGtODWBuFca）和 client_secret（eYOFkL756W8usQaVNgCNkz9C2DOa）传递过去。

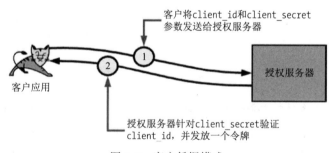

图 4-5　客户凭据模式

```
\> curl -v -k -X POST --basic
    -u OrhQErXIX49svVYoXJGtODWBuFca:eYOFkL756W8usQaVNgCNkz9C2DOa
    -H "Content-Type: application/x-www-form-urlencoded;charset=UTF-8"
    -d "grant_type=client_credentials"
    https://authz.example.com/oauth2/token
```

这样的请求将返回以下响应信息，其中包含了一个访问令牌。与资源所有者口令凭据模式不同，客户凭据模式不会返回一个更新令牌：

```
{       "token_type":"bearer",
        "expires_in":3600,
        "access_token":"4c9a9ae7463ff9bb93ae7f169bd6a"
}
```

这种客户凭据模式，最常用于没有终端用户的系统到系统交互过程，例如，用于一个网络应用通过访问一个由 OAuth 协议提供保护的 API 来获取一些元数据的情况下。

5. 更新授权模式

在除了简化模式和客户凭据模式的另外两种模式中，OAuth 访问令牌都是与一个更新令牌一同发放。这个更新令牌可被用于在无须涉及资源所有者的情况下，对访问令牌的有效性进行扩展。以下 cURL 命令展示了如何通过更新令牌来获取一个新的访问令牌：

```
\> curl -v -X POST --basic
    -u OrhQErXIX49svVYoXJGtODWBuFca:eYOFkL756W8usQaVNgCNkz9C2DOa
    -H "Content-Type: application/x-www-form-urlencoded;charset=UTF-8"
    -k -d "grant_type=refresh_token&
          refresh_token=22b157546b26c2d6c0165c4ef6b3f736"
    https://authz.example.com/oauth2/token
```

这样的请求将返回以下响应信息：

```
{
        "token_type":"bearer",
        "expires_in":3600,
        "refresh_token":"9ecc381836fa5e3baf5a9e86081",
        "access_token":"b574d1ba554c26148f5fca3cceb05e2"
}
```

注　更新令牌的生命周期比访问令牌的要长得多。如果更新令牌的生命周期结束了，那么客户必须重新发起 OAuth 令牌申请流程，从而获取一个新的访问令牌和更新令牌。同时，每次客户更新访问令牌时，授权服务器也可以选择返回一个新的更新令牌。在这种情况下，客户必须抛弃之前获取的更新令牌，转而开始使用新令牌。

---

6. 如何选择合适的授权模式

正如我们在本章一开始所讨论的，OAuth 2.0 协议是一个授权框架。一个框架的本质就是提供多种选择，而由应用开发人员根据自己的使用场景来从中选择最合适的方案。各种应用程序都可以使用 OAuth。它可以是一个网络应用、单页面应用、桌面应用，或者是一个本地移动应用。

要为这些应用选择合适的授权模式，首先我们需要考虑客户应用打算如何调用 OAuth 所保护的 API：它是打算自己访问 API，还是以一名终端用户的身份来访问。如果仅仅是应用程序自身想要访问 API，那么我们应该使用客户凭据模式，否则应该使用授权码模式。简化和口令模式目前已经淘汰。

4.4 OAuth 2.0 协议令牌类型

OAuth 1.0 协议和 WRAP 标准都不支持定制令牌类型。OAuth 1.0 协议使用的永远都是基于签名的令牌，而 OAuth WRAP 标准则是 TLS 协议上的无记名令牌。OAuth 2.0 协议不绑定任何令牌类型。在 OAuth 2.0 协议中，你可以在必要时引入自己的令牌类型。无论来自授权服务器的 OAuth 令牌响应中所返回的 token_type 参数是何值，客户都必须在使用之前对其有所了解。基于 token_type 参数，授权服务器可以在响应消息中添加额外的属性/参数。

OAuth 2.0 协议主要有两种令牌配置：OAuth 2.0 无记名令牌配置和 OAuth 2.0 MAC 令牌配置。最常用的 OAuth 令牌配置是无记名方式，目前几乎所有的 OAuth 2.0 协议部署方案都是基于 OAuth 2.0 无记名令牌配置的。在下一小节中我们将详细探讨无记名令牌配置，而在附录 G 中我们将对 MAC 令牌配置进行讨论。

OAuth 2.0 协议无记名令牌配置

OAuth 2.0 协议无记名令牌配置受到了只支持无记名令牌的 OAuth WRAP 标准的影响。顾名思义，任何持有令牌的人都可以使用它，但是注意，不要遗失！无记名令牌必须在 TLS 协议上使用，从而避免在传输过程中发生遗失。在从授权服务器获取无记名访问令牌之后，客户可以以三种方式来利用令牌与资源服务器进行交互。RFC 6750 文档对这三种方式进行了定义。最常用的方式是在 HTTP Authorization 头部字段包含访问令牌。

注 一个 OAuth 2.0 无记名令牌可能是一个参考令牌（reference token），也可能是一个自包含令牌（self-contained token）。参考令牌是一个任意字符串。攻击者可能通过暴力穷举攻击来猜测令牌。为了抵御暴力穷举攻击，授权服务器必须选择合适的长度，并且采取其他可能的措施。自包含访问令牌是一种 JSON 格式的网络令牌（JSON Web Token，JWT），我们将在第 7 章中对其进行讨论。当资源服务器收到的访问令牌是一个参考令牌时，为了对令牌进行验证，它必须与授权服务器（或者是令牌颁发方）进行交互。当访问令牌是一个 JWT 令牌时，资源服务器自身就可以通过验证 JWT 令牌的签名来对令牌进行验证。

```
GET /resource HTTP/1.1
Host: rs.example.com
Authorization: Bearer JGjhgyuyibGGjgjkjdlsjkjdsd
```

同时，访问令牌还可以作为查询参数引入。这种方式最常用于使用 JavaScript 脚本开发的客户应用中：

```
GET /resource?access_token=JGjhgyuyibGGjgjkjdlsjkjdsd
Host: rs.example.com
```

注　当 OAuth 访问令牌的值作为查询参数进行发送时，参数名称必须是 access_token。Facebook 公司和谷歌公司都使用正确的参数名称，但领英网站用的是 oauth2_access_token，Salesforce 公司用的是 oauth_token。

还可以以一个表单编码正文参数的形式来发送访问令牌。一个支持无记名令牌配置的授权服务器应该能够处理这些模式中的任何一种：

```
POST /resource HTTP/1.1
Host: server.example.com
Content-Type: application/x-www-form-urlencoded
access_token=JGjhgyuyibGGjgjkjdlsjkjdsd
```

注　OAuth 无记名令牌的值只对授权服务器有意义。客户应用不应该尝试解读它所表达的含义。为了提高处理逻辑的效率，授权服务器可能会在访问令牌中引入一些有意义但不保密的数据。例如，如果授权服务器支持多用户的多个域，那么它可能会在访问令牌中引入用户域，然后对其进行 Base64 编码（详见附录 E），或者是直接使用一个 JSON 格式的网络令牌。

4.5　OAuth 2.0 协议客户类型

OAuth 2.0 协议能够识别出两种类型的客户：可信客户和公共客户。可信客户能够保护自己的凭据（客户密钥和客户秘密），而公共客户不能。OAuth 2.0 规范主要围绕三类客户配置进行构建：网络应用、基于客户代理的应用以及本地应用。网络应用被视为运行于一个网络服务器上的可信客户：终端用户或资源所有者通过一个网络浏览器对这样的应用进行访问。基于用户代理的应用被视为公共客户：它们从一个网络服务器上下载代码，并在诸如浏览器上运行的 JavaScript 脚本之类的客户代理上运行它。这些客户无法保护自己的凭据——终端用户可以看到 JavaScript 脚本中的任何内容。本地应用同样被视为公共客户：这些客户处于终端用户的控制之下，因此这些应用中所存储的任何机密数据都可以被提取出来。安卓和 iOS 系统中的本地应用属于其中的一些例子。

注 OAuth 2.0 核心规范中定义的四种授权模式，都需要客户提前在授权服务器上进行注册，而作为交换，它将获得一个客户标识符。在简化模式中，客户不会获取一个客户秘密。而同时，哪怕在其他授权模式中，是否使用客户秘密也都是可选的。

表 4-2 列举了 OAuth 1.0 协议和 OAuth 2.0 协议无记名令牌配置的关键差别。

表 4-2 OAuth 1.0 协议和 OAuth 2.0 协议对比

OAuth 1.0 协议	OAuth 2.0 协议无记名令牌配置
一款访问授权协议	一个针对访问授权的授权框架
基于 HMAC-SHA256/RSA-SHA256 算法进行签名	基于无签名的、无记名令牌配置
扩展性差	通过授权模式和令牌类型实现高度可扩展
对开发人员不够友好	对开发人员更加友好
只在初始握手阶段需要使用 TLS 协议	在整个流程中，无记名令牌授权都需要用到 TLS 协议
密钥绝对不会在线传输	密钥在线传输（无记名令牌配置）

注 OAuth 2.0 协议对客户、资源所有者、授权服务器和资源服务器进行了明确的隔离。但是在 OAuth 2.0 协议核心规范中，并没有提及资源服务器如何对一个访问令牌进行验证。大部分 OAuth 协议实现方案都是通过与授权服务器所开放的一个专用 API 进行交互来启动这项工作。OAuth 2.0 令牌自省配置在一定程度上对这方面内容进行了标准化，在第 9 章中我们将对其进行进一步的讨论。

4.6 JWT 保护的授权请求

在一个发往授权服务器中授权端点的 OAuth 2.0 协议请求中，所有的请求参数都以查询参数的形式经由浏览器发送出去。以下是一个 OAuth 2.0 协议授权码请求的示例：

```
https://authz.example.com/oauth2/authorize?
                response_type=token&
                client_id=0rhQErXIX49svVYoXJGtODWBuFca&
                redirect_uri=https%3A%2F%2Fmycallback
```

这种方式存在一些问题。由于这些参数流经浏览器，终端用户或是任何浏览器用户都可以对输入参数进行修改，这可能会导致授权服务器上出现某些非预期的输出。同时，由于对请求没有进行完整的保护，因此授权服务器无法对发起请求的人进行验证。通过使用 JWT 来保护授权请求，我们可以解决这两个问题。如果你是初次接触 JWT，那么请认真阅读第 7 章和第 8 章。JWT 通过定义一个容器来以一种密码保护安全的方式完成参与方之间的数据传输。IETF JOSE 工作组所制定的 JSON Web 签名（JSON Web Signature，JWS）规范，表示了一个经过数字签名或求取 MAC 值（当一个散列算法与 HMAC 结合使用时）的消息或负载，而 JSON Web 加密（JSON Web Encryption，JWE）规范对一个加密负载的表示方法进行了标准化。

提交给 IETF OAuth 工作组的一份草案[⊖]建议引入在一个 JWT 容器中发送请求参数的能力，请求可以通过这种方式利用 JWS 进行签名以及利用 JWE 进行加密，这样一来授权请求的完整性、来源认证和机密性等属性都可以得到保护。截止到本书编写时，这个提案还处于初创阶段——如果你对安全断言标记语言（Security Assertion Markup Language，SAML）单点登录技术比较熟悉，会发现这个方案和 SAML 中的签名认证请求非常类似。以下代码展示了理论上需要通过一个 JWT 容器传输的示例授权请求的解码负载：

```
{
  "iss": "s6BhdRkqt3",
  "aud": "https://server.example.com",
  "response_type": "code id_token",
  "client_id": "s6BhdRkqt3",
  "redirect_uri": "https://client.example.org/cb",
  "scope": "openid",
  "state": "af0ifjsldkj",
  "nonce": "n-0S6_WzA2Mj",
  "max_age": 86400
}
```

在客户应用构建 JWT 之后，它可以以两种方式将授权请求发送给 OAuth 授权服务器。一种方式被称为值传输，而另一种是引用传输。以下展示了一个值传输的示例，其中客户应用在一个名为 request 的查询参数中发送 JWT 负载。以下请求中的 [jwt_assertion] 代表了实际使用的 JWS 或 JWE 负载。

```
https://server.example.com/authorize?request=[jwt_assertion]
```

针对 JWT 授权请求的草案，为了克服值传输方法的某些缺陷（如下所示）而引入了引用传输方法：

❑ 截止到本书编写时，市面上的很多手机仍无法接受大型负载。负载大小通常限制在

⊖ "OAuth 2.0 认证框架：JWT 保护的授权请求（JAR）"草案。

512 或 1024 个 ASCII 字符。

❑ 旧版本互联网浏览器所支持的最大 URL 长度为 2083 个 ASCII 字符。

❑ 在一个低速连接（比如一个 2G 移动连接）中，一个长 URL 地址可能会造成响应缓慢。因此从用户体验的角度来说，不建议使用这样的地址。

以下展示了一个引用传输的示例，其中客户应用在请求中发送了一个链接，授权服务器可以使用该链接来获取 JWT。这是一条典型的 OAuth 2.0 授权码请求，同时结合了新的 request_uri 查询参数。request_uri 参数的值承载了一个指向对应 JWS 或 JWE 的链接。

```
https://server.example.com/authorize?
        response_type=code&
        client_id=s6BhdRkqt3&
        request_uri=https://tfp.example.org/request.jwt/Schjwew&
        state=af0ifjsldkj
```

4.7 推送授权请求

推送授权请求（PAR）是 IETF OAuth 工作组中所讨论的另一个草案，该草案实现了我们在之前章节中讨论的 JWT 保护的授权请求（JWT Secured Authorization Request，JAR）方法。JAR 方法中存在的一个问题是，每个客户必须直接向授权服务器开放一个端点。这个端点负责承载授权服务器所用的对应 JWT。在推送授权请求草案中，PAR 在授权服务器端定义了一个端点，每个客户可以直接（不需要经由浏览器转发）在一个典型的 OAuth 2.0 授权请求中向该端点推送所有参数，然后通过浏览器利用正常的授权流程来将一个引用传递给推送的请求。在以下示例中，客户应用向一个授权服务器承载的端点推送了授权请求参数。授权服务器上的这个推送端点可以通过 TLS 协议、OAuth 2.0 协议自身的安全机制（客户凭据），或者客户应用和授权服务器一致认可的其他任何方式来进行保护。

```
POST /as/par HTTP/1.1
Host: server.example.com
Content-Type: application/x-www-form-urlencoded
Authorization: Basic czZCaGRSa3F0Mzo3RmpmcDBaQnIxS3REUmJuJZlZkbUl3
response_type=code&
state=af0ifjsldkj&
client_id=s6BhdRkqt3&
redirect_uri=https%3A%2F%2Fclient.example.org%2Fcb&
scope=ais
```

如果客户遵循之前章节中所讨论的 JAR 规范，那么它也可以以下述方式向推送端点发送一个 JWS 或 JWE 负载。

```
POST /as/par HTTP/1.1
Host: server.example.com
Content-Type: application/x-www-form-urlencoded
Authorization: Basic czZCaGRSa3F0Mzo3RmpmcmDBaQnIxS3REUmJuZlZkbUl3

request=[jwt_assertion]
```

在授权服务器上的推送端点接收到上述请求之后，它必须对请求执行所有验证检查操作，这些操作通常是对一条典型授权请求实施的。如果一切顺利，授权服务器会响应如下信息。响应消息中的 request_uri 参数值与请求中的 client_id 参数相关，并且作为一个授权请求的引用发挥作用。

```
HTTP/1.1 201 Created
Date: Tue, 2 Oct 2019 15:22:31 GMT
Content-Type: application/json
{
  "request_uri": "urn:example:bwc4JK-ESCOw8acc191e-Y1LTC2",
  "expires_in": 3600
}
```

在收到来自授权服务器的推送响应之后，客户应用可以利用响应消息中的 request_uri 参数构造如下请求，来将用户重定向到授权服务器上。

```
https://server.example.com/authorize?
        request_uri=urn:example:bwc4JK-ESCOw8acc191e-Y1LTC2
```

4.8　总结

- ❑ OAuth 2.0 协议事实上已经成为 API 保护方面的标准，它主要解决的是访问授权的问题。
- ❑ OAuth 2.0 协议中的授权模式定义了一个客户从一个资源所有者处获取授权，来以其身份对资源进行访问的方式。
- ❑ OAuth 2.0 协议核心规范定义了五种授权模式：授权码、简化、口令、客户凭据和更新模式。
- ❑ 更新模式是一种特殊的授权模式，一个 OAuth 2.0 客户应用可以利用这种模式来对一个已经过期或快要过期的访问令牌进行更新。
- ❑ 简化授权模式和客户凭据授权模式不会返回任何更新令牌。
- ❑ 由于其自身内在安全问题，简化授权模式已经废弃并且不建议使用。
- ❑ OAuth 2.0 协议支持两种类型的客户：公共客户和可信客户。单页面应用和本地移动应用都属于公共客户，而网络应用属于可信客户。

❑ "OAuth 2.0 授权框架：JWT 保护的授权请求（JAR）"草案建议，引入在一个 JWT 容器中发送请求参数的能力。

❑ 推送授权请求（Pushed Authorization Request，PAR）草案建议，在授权服务器端引入一个推送端点，这样客户应用就可以安全地推送所有的授权请求参数，然后发起基于浏览器的登录流程。

第5章　Chapter 5

API 网关边际安全

API 网关是在一个生产部署环境中对 API 进行保护最常用的范例。换句话说，它是你的 API 部署环境的入口。现在市面上有很多开源专用产品，能够实现 API 网关范例，我们通常就将其称为 API 网关。作为一个策略执行点（Policy Enforcement Point，PEP），API 网关能够集中执行认证、授权和限流策略。更进一步，我们可以利用一个 API 网关来集中收集所有与 API 相关的分析数据，并将其推送给一个分析产品来进行进一步的分析和展示。

5.1　建立 Zuul API 网关

Zuul[○]是一款能够提供动态路由、监控、弹性、安全等服务的 API 网关（详见图 5-1）。它作为网飞（Netflix）公司服务器基础架构的门户，负责处理来自全球所有网飞用户的流量。同时，它还能够对请求进行路由，为开发人员的测试和调试提供支持，帮助运维人员深入了解网飞公司的整体服务状态，保护网飞公司部署环境免受攻击，以及在一个亚马逊网络服务（Amazon Web Service，AWS）区域出现故障时将流量传输到其他云端区域。在本节中，我们将安装 Zuul，并将其作为一个 API 网关部署在我们在第 3 章中所开发的订单 API 前面。

网址 https://github.com/apisecurity/samples.git 处的 git 代码仓库提供了本书中使用的所有示例，可以利用以下 git 命令将其复制下来。本章相关的所有示例都在目录 ch05 中。要运行本书中的示例，你需要安装 Java（JDK 1.8+）和 Apache Maven 3.2.0+。

○ 网址为 https://github.com/Netflix/zuul。

```
\> git clone https://github.com/apisecurity/samples.git
\> cd samples/ch05
```

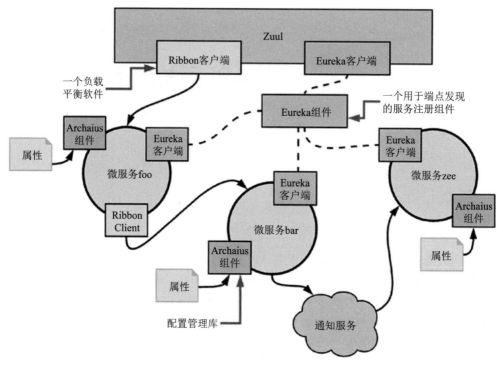

图 5-1　一个典型的 Zuul API 网关在网飞公司中的部署方案。一个 API 网关在网飞公司所有微服务的前面

1. 运行订单 API

这可能是利用 Java Spring Boot 平台开发的有史以来最简单的 API 实现。实际上，我们也可以称其为微服务。你可以在目录 ch05/sample01 中找到代码。要想利用 Maven 来构建工程，可以在 sample01 目录中使用以下命令：

```
\> cd sample01
\> mvn clean install
```

现在，让我们看看如何运行 Spring Boot 服务，并通过一个 cURL 工具客户端来与其进行交互。在 ch05/sample01 目录中执行以下命令，利用 Maven 启动 Spring Boot 服务。

```
\> mvn spring-boot:run
```

要想利用一个 cURL 工具客户端来对 API 进行测试，可以在另一个命令控制台中使用以下命令。它将在起始命令后面打印如下所示的输出信息。

```
\> curl http://localhost:8080/order/11
{"customer_id":"101021","order_id":"11","payment_method":{"card_type":
"VISA","expiration":"01/22","name":"John Doe","billing_address":"201, 1st
Street, San Jose, CA"},"items": [{"code":"101","qty":1},{"code":"103","qty"
:5}],"shipping_address":"201, 1st Street, San Jose, CA"}
```

2. 运行 Zuul API 网关

在本节中，我们将以一个 Spring Boot 工程的形式来构建 Zuul API 网关，并针对订单服务来运行该工程。或者换句话说，Zuul 网关将为所有发往订单服务的请求提供代理功能。你可以在 ch05/sample02 目录中找到相关代码。要想通过 Maven 来创建工程，可以使用以下命令：

```
\> cd sample02
\> mvn clean install
```

在对代码进行深入探讨之前，让我们先看一看 ch05/sample02/pom.xml 中所添加的一些重要的 Maven 依赖项和插件。Spring Boot 使用不同的 starter 依赖项来实现与不同 Spring 模块的整合。spring-cloud-starter-zuul 依赖项（如下所示）引入了 Zuul API 网关的相关依赖，并且能够完成组件之间的所有连接工作，从而实现开发人员的工作量最小化。

```
<dependency>
  <groupId>org.springframework.cloud</groupId>
  <artifactId>spring-cloud-starter-zuul</artifactId>
</dependency>
```

我们很有必要查看一下类文件 src/main/java/com/apress/ch05/sample02/Gateway Application.java。这是负责启动 Zuul API 网关的类。默认情况下它在端口 8080 启动，你可以通过向 src/main/resources/application.properties 文件添加诸如 server. port=9000 这样的语句来修改端口。这样的操作会将 API 网关的端口设置为 9000。以下展示了 GatewayApplication 类中用于启动 API 网关的代码片段。@EnableZuulProxy 注释负责通知 Spring 框架，要将 Spring 应用作为一个 Zuul 代理来启动。

```
@EnableZuulProxy
@SpringBootApplication
public class GatewayApplication {
    public static void main(String[] args) {
        SpringApplication.run(GatewayApplication.class, args);
    }
}
```

现在，让我们看一下启动 API 网关，并通过一个 cURL 工具客户端与其进行交互的方法。从 ch05/sample02 目录中执行的以下命令，展示了如何通过 Maven 来启动 API 网关。由于 Zuul API 网关也是另一个 Spring Boot 应用程序，因此将其启动的方法与之前对订单服务所做的操作相同。

```
\> mvn spring-boot:run
```

要想对现在由 Zuul API 网关进行代理的订单 API 进行测试，我们可以使用以下 cURL 命令。它将打印出如下所示的输出信息。同时，必须确保订单服务仍然启动，并且在端口 8080 运行。这里，我们将添加一个名为 retail 的新上下文环境（在对 API 进行直接调用的情况下，我们并没有看到该上下文环境），并与 API 网关运行的端口 9090 进行交互。

```
\> curl http://localhost:9090/retail/order/11
{"customer_id":"101021","order_id":"11","payment_method":{"card_type":
"VISA","expiration":"01/22","name":"John Doe","billing_address":"201, 1st
Street, San Jose, CA"},"items": [{"code":"101","qty":1},{"code":"103","qty"
:5}],"shipping_address":"201, 1st Street, San Jose, CA"}
```

3. 底层发生了什么

当 API 网关收到发往 retail 上下文环境的请求时，它会将请求路由传递给后端的 API。这些路由传递指令在 src/main/resources/application.properties 文件中进行了设置，如下所示。如果除了 retail 还想使用其他上下文环境，那么你需要合理修改属性关键字。

```
zuul.routes.retail.url=http://localhost:8080
```

5.2 为 Zuul API 网关启用 TLS 协议

在之前的章节中，cURL 工具客户端和 Zuul API 网关之间的通信过程在不安全的 HTTP 协议上进行。在本节中，让我们学习如何在 Zuul API 网关上启用 TLS 协议。在第 3 章中，我们讨论了如何利用 TLS 协议来保护订单服务。订单服务是一个 Java 语言实现的 Spring Boot 应用，在这里我们按照相同的流程来利用 TLS 协议保护 Zuul API 网关，因为 Zuul 也是另一个 Java 语言实现的 Spring Boot 应用。

要启用 TLS 协议，我们首先需要创建一个公钥/私钥对。以下命令利用默认 Java 发行版自带的 keytool 工具来生成一个密钥对，并将其存储到 keystore.jks 文件中。如果想要使用 sample02 目录中的原始 keystore.jks 文件，那么你可以跳过这一步骤。第 3 章对以下命令中每个参数的含义进行了详细解释。

```
\> keytool -genkey -alias spring -keyalg RSA -keysize 4096 -validity 3650
-dname "CN=zool,OU=bar,O=zee,L=sjc,S=ca,C=us" -keypass springboot -keystore
keystore.jks -storeType jks -storepass springboot
```

要想为 Zuul API 网关启用 TLS 协议，请将先前创建的密钥库文件（keystore.jks）复制到网关的主目录（例如，ch05/sample02/）中，并将以下内容添加到 [SAMPLE_HOME]/src/main/resources/application.properties 文件中。从 samples git 代码仓库下载的示例中已经包含了这些值（只需要去除它们前面的注释），同时我们使用 springboot 作为密钥库和私钥的口令。

```
server.ssl.key-store: keystore.jks
server.ssl.key-store-password: springboot
server.ssl.keyAlias: spring
```

要验证是否一切正常，请在 ch05/sample02/ 目录中使用以下命令来启动 Zuul API 网关，并注意打印 HTTPS 端口的一行信息。如果在之前的实践中 Zuul 网关已经启动运行，那么请先将其停用。

```
\> mvn spring-boot:run
Tomcat started on port(s): 9090 (https) with context path "
```

假设在之前章节中订单服务已经启动运行，那么可以运行以下 cURL 命令来利用 HTTPS 协议通过 Zuul 网关对订单服务进行访问。

```
\> curl -k https://localhost:9090/retail/order/11
{"customer_id":"101021","order_id":"11","payment_method":{"card_type":"V
ISA","expiration":"01/22","name":"John Doe","billing_address":"201, 1st
Street, San Jose, CA"},"items": [{"code":"101","qty":1},{"code":"103","qty"
:5}],"shipping_address":"201, 1st Street, San Jose, CA"}
```

我们在上述 cURL 命令中使用 -k 选项。由于是通过自签名（不可信）证书来保护我们的 HTTPS 端点，因此我们需要传递 -k 参数来建议 cURL 工具忽略信任检查。在一个生产部署环境中，证书授权机构会对证书进行签名，因此你并不需要这么做。同时在使用自签名证书的情况下，你可以通过为 cURL 工具指明对应的公共证书来避免使用 -k。

```
\> curl --cacert ca.crt https://localhost:9090/retail/order/11
```

你可以在 ch05/sample02/ 目录中使用以下 keytool 命令，来将公共证书以 PEM 格式（通过 -rfc 参数指定）导出到 ca.crt 文件中。

```
\> keytool -export -file ca.crt -alias spring -rfc -keystore keystore.jks
-storePass springboot
```

上述命令将导致以下错误。这条错误信息表示，证书中的公用名称，即 zool，与

cURL 命令中的主机名（localhost）不匹配。

```
curl: (51) SSL: certificate subject name 'zool' does not match target host
name 'localhost'
```

理论上，在一个生产部署环境中，当你创建一个证书时，它的公用名称应该和主机名相匹配。在本例中，由于我们没有为 zool 主机名设置一个域名服务（Domain Name Service，DNS）条目，因此你可以通过 cURL 工具来采用以下变通方案。

```
\> curl --cacert ca.crt https://zool:9090/retail/order/11 --resolve
zool:9090:127.0.0.1
```

5.3 在 Zuul API 网关处进行 OAuth 2.0 令牌验证

在之前的小节中，我们讲解了如何通过 Zuul API 网关来为发往一个 API 的请求提供代理。当时我们并不考虑增强安全性的问题。在本节中，我们将讨论如何在 Zuul API 网关上进行 OAuth 2.0 令牌验证。要完成这项工作，需要两个步骤。首先我们需要创建一个 OAuth 2.0 授权服务器（我们也可以将其称为安全令牌服务）来发放令牌，然后需要在 Zuul API 网关上进行 OAuth 令牌验证（详见图 5-2）。

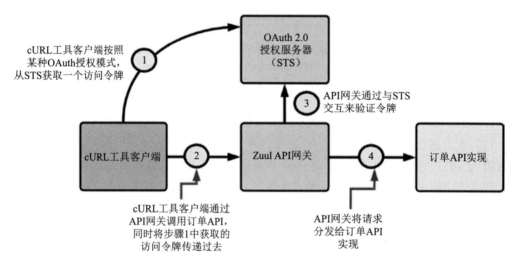

图 5-2 Zuul API 网关解析所有发往订单 API 的请求，并通过授权服务器（STS）对 OAuth 2.0 访问令牌进行验证

5.3.1 建立 OAuth 2.0 安全令牌服务

安全令牌服务（Security Token Service，STS）负责向其客户发放令牌，并对来自

API 网关的验证请求做出响应。目前有很多开源 OAuth 2.0 授权服务器：WSO2 身份服务器、Keycloak、Gluu 等。在一个生产部署环境中，你可以从中选择一个使用，但是对本例来说，我们将通过 Spring Boot 框架创建一个简单的 OAuth 2.0 授权服务器。它是另一个微服务，并且对开发人员测试十分有用。授权服务器对应的代码在 ch05/sample03 目录中。

让我们在 ch05/sample03/pom.xml 文件中查看一下重要的 Maven 依赖项。这些依赖项通过引入一组新的注释符（@EnableAuthorizationServer 注释符和 @EnableResourceServer 注释符）来将一个 Spring Boot 应用转变为一个 OAuth 2.0 授权服务器。

```
<dependency>
  <groupId>org.springframework.boot</groupId>
  <artifactId>spring-boot-starter-security</artifactId>
</dependency>
<dependency>
  <groupId>org.springframework.security.oauth</groupId>
  <artifactId>spring-security-oauth2</artifactId>
</dependency>
```

类 sample03/src/main/java/com/apress/ch05/sample03/TokenServiceApp.java 中 使 用了将工程转变为一个 OAuth 2.0 授权服务器的 @EnableAuthorizationServer 注释符。我们将 @EnableResourceServer 注释符添加到同一类中，因为它还需要作为一个资源服务器来验证访问令牌并返回用户信息。很明显这里术语的使用有一点混乱，但这是在 Spring Boot 框架中实现令牌验证端点（实际上是间接完成令牌验证的用户信息端点）最简单的方法。当使用自包含访问令牌（JWT）时，并不需要这个令牌验证端点。如果你不熟悉 JWT，那么请查看第 7 章来获取详细信息。

客户可以以多种方式在 Spring Boot 授权服务器上进行注册。本例选择在代码中（即在 sample03/src/main/java/com/apress/ch05/sample03/config/AuthorizationServerConfig. java 文件中）直接对客户进行注册。AuthorizationServerConfig 类通过扩展 AuthorizationServerConfigurerAdapter 类来覆盖其默认行为。这里，我们将客户 id 号设置为 10101010，客户密码设置为 11110000，可用范围值设置为 foo 或 bar，授权模式设置为 client_credentials、password 和 refresh_token，一个访问令牌的有效期限设置为 6000 秒。我们在这里用到的大部分术语都来自 OAuth 2.0 协议，并且在第 4 章中有所讲解。

```
@Override
public void configure(ClientDetailsServiceConfigurer clients) throws
Exception {
    clients.inMemory().withClient("10101010")
            .secret("11110000").scopes("foo", "bar")
```

```
                   .authorizedGrantTypes("client_credentials", "password",
                                        "refresh_token")
                   .accessTokenValiditySeconds(6000);
   }
```

要支持口令授权模式，授权服务器必须与一个用户存储位置建立连接。一个用户存储位置可以是一个存放用户凭据和属性的数据库或 LDAP 服务器。Spring Boot 框架支持和多种用户存储位置进行集成，但其中恰好能够满足本例需求的最方便的一种方式还得是内存用户存储。以下位于 sample03/src/main/java/com/apress/ch05/sample03/config/WebSecurityConfiguration.java 文件中的代码，将一个拥有 USER 角色的用户添加到了系统中。

```
@Override
public void configure(AuthenticationManagerBuilder auth) throws
Exception {
    auth.inMemoryAuthentication()
            .withUser("peter").password("peter123").roles("USER");
}
```

在 Spring Boot 框架中定义内存用户存储之后，我们还需要利用文件 sample03/src/main/java/com/apress/ch05/sample03/config/AuthorizationServerConfig.java 中的代码，在 OAuth 2.0 协议授权流程中使用该定义，如下所示。

```
@Autowired
private AuthenticationManager authenticationManager;
@Override
public void configure(AuthorizationServerEndpointsConfigurer endpoints)
throws Exception {
        endpoints.authenticationManager(authenticationManager);
}
```

要想启动授权服务器，可以在 ch05/sample03/ 目录中使用以下命令来启动 TokenService 微服务，它将在 HTTPS 端口 8443 启动运行。

```
\> mvn spring-boot:run
```

5.3.2 测试 OAuth 2.0 安全令牌服务

要想利用 OAuth 2.0 协议客户凭据授权模式获取一个访问令牌，请使用以下命令。要确保正确替换了 $CLIENTID 和 $CLIENTSECRET 的值。示例中所用的客户 id 号和客户秘密的硬编码值分别为 10101010 和 11110000。你可能已经注意到了，安全令牌服务（STS）端点通过 TLS 协议进行了保护。要想通过 TLS 协议来保护 STS，我们可以按照之前利用 TLS 协议保护 Zuul API 网关的流程进行相同的操作。

```
\> curl -v -X POST --basic -u $CLIENTID:$CLIENTSECRET -H "Content-Type:
application/x-www-form-urlencoded;charset=UTF-8" -k -d "grant_type=client_
credentials&scope=foo" https://localhost:8443/oauth/token
{"access_token":"81aad8c4-b021-4742-93a9-e25920587c94","token_
type":"bearer","expires_in":43199,"scope":"foo"}
```

> **注**　我们在上述 cURL 命令中使用了 -k 选项。由于通过自签名（不可信）证书来保护 HTTPS 端点，因此我们需要传递 -k 参数来建议 cURL 工具忽略信任验证。你可以从 OAuth 2.0 协议 6749 号 RFC 文档（网址为 https://tools.ietf.org/html/rfc6749）中找到与此处所用参数相关的更多详细信息，我们在第 4 章中也对其进行了讲解。

　　要想利用 OAuth 2.0 协议口令授权模式获取一个访问令牌，请使用以下命令。要确保正确替换了 $CLIENTID、$CLIENTSECRET、$USERNAME 和 $PASSWORD 的值。示例中所用的客户 id 号和客户秘密硬编码值分别为 10101010 和 11110000，而对于用户名和口令，我们分别使用 peter 和 peter123。

```
\> curl -v -X POST --basic -u $CLIENTID:$CLIENTSECRET -H "Content-Type:
application/x-www-form-urlencoded;charset=UTF-8" -k -d "grant_type=passwor
d&username=$USERNAME&password=$PASSWORD&scope=foo" https://localhost:8443/
oauth/token
{"access_token":"69ff86a8-eaa2-4490-adda-6ce0f10b9f8b","token_
type":"bearer","refresh_token":"ab3c797b-72e2-4a9a-a1c5-
c550b2775f93","expires_in":43199,"scope":"foo"}
```

> **注**　如果仔细观察在 OAuth 2.0 协议客户凭据授权模式和口令授权模式下所获取的两个响应信息，那么你可能已经注意到，在客户凭据授权模式流程中没有更新令牌。在 OAuth 2.0 协议中，当访问令牌已过期或快要过期时，我们可以使用更新令牌来获取一个新的访问令牌。当用户处于离线状态时，客户应用无法通过访问凭据来获取一个新的访问令牌，唯一的途径就是使用一个更新令牌，这种方式是十分有用的。对于客户凭据授权模式来说，没有用户参与其中，它始终需要访问自己的凭据，因此每当想要获取一个新的访问令牌时，它都可以使用该凭据，因此，不需要包含一个更新令牌。

　　现在，让我们看看如何通过与授权服务器进行交互来对一个访问令牌进行验证。通常由资源服务器来完成这项工作。一个在资源服务器上运行的拦截器拦截请求，从中提取出访问令牌，然后与授权服务器进行交互。在一个典型的 API 部署环境中，这个验证过程发生在 OAuth 授权服务器所开放的一个标准端点上。这个端点称为自省端点，而在第 9 章中，我们将详细讨论 OAuth 令牌自省过程。在本例中，我们并没有在授权服务器上实现标准的自省端点，而是利用一个定制端点来完成令牌验证。

以下命令展示了如何通过直接与授权服务器进行交互，来对之前命令中所获取的访问令牌进行验证。要确保使用对应的访问令牌正确替换了 $TOKEN 的值。

```
\> curl -k -X POST -H "Authorization: Bearer $TOKEN" -H "Content-Type:
application/json"   https://localhost:8443/user
{"details":{"remoteAddress":"0:0:0:0:0:0:0:1","sessionId":null,"tokenValue":
"9f3319a1-c6c4-4487-ac3b-51e9e479b4ff","tokenType":"Bearer","decodedDetails":
null},"authorities":[],"authenticated":true,"userAuthentication":null,
"credentials":"","oauth2Request":{"clientId":"10101010","scope":["bar"],
"requestParameters":{"grant_type":"client_credentials","scope":"bar"},
"resourceIds":[],"authorities":[],"approved":true,"refresh":false,"redirect
Uri":null,"responseTypes":[],"extensions":{},"grantType":"client_credentials",
"refreshTokenRequest":null},"clientOnly":true,"principal":"10101010",
"name":"10101010"}
```

在令牌有效的情况下，上述命令将返回访问令牌相关的元数据。响应消息在 sample03/src/main/java/com/apress/ch05/sample03/TokenServiceApp.java 类 的 user() 方法内部构建，如以下代码段所示。利用 @RequestMapping 注释符，我们将 /user 上下文（来自请求）映射到 user() 方法上。

```
@RequestMapping("/user")
public Principal user(Principal user) {
        return user;
}
```

> 🔖 **注**　默认没有进行扩展的情况下，Spring Boot 框架会将发放的令牌存放在内存中。如果你在令牌发放之后重启服务器，之后对其进行验证，那么这将导致一个错误响应。

5.3.3　创建具备 OAuth 2.0 令牌验证功能的 Zuul API 网关

要想在 API 网关上实施令牌验证操作，我们需要移除 sample02/src/main/resources/ application.properties 文件中以下属性的注释。security.oauth2.resource.user-info-uri 属性的值表示用于验证令牌的 OAuth 2.0 协议安全令牌服务端点。

```
security.oauth2.resource.user-info-uri=https://localhost:8443/user
```

上述属性指向授权服务器上的一个 HTTPS 端点。要想支持 Zuul 网关和授权服务器之间的 HTTPS 连接，我们需要对 Zuul 网关端进行多处修改。当我们在 Zuul 网关和授权服务器之间使用 TLS 连接时，Zuul 网关必须信任与授权服务器公共证书相关的证书颁发机构。由于我们用的是自签名证书，因此需要导出授权服务器的公共证书，并将其导入 Zuul 网关密钥存储库中。让我们在 ch05/sample03 目录中利用以下 keytool 命令来导出授权服务器的公共证书，并将其复制到 ch05/sample02 目录中。如果是在 samples git 代码仓库中使用密钥存储库，那么可以跳过以下两条 keytool 命令。

```
\> keytool -export -alias spring -keystore keystore.jks -storePass
springboot -file sts.crt
Certificate stored in file <sts.crt>
\> cp sts.crt ../sample02
```

让我们在 ch05/sample02 目录中利用以下 keytool 命令将安全令牌服务的公共证书导入 Zuul 网关密钥存储库。

```
\> keytool -import -alias sts -keystore keystore.jks -storePass springboot
-file sts.crt
Trust this certificate? [no]:yes
Certificate was added to keystore
```

同时，我们还需要移除 sample02/pom.xml 文件中以下两条依赖项的注释。这些依赖项能够通过完成 Spring Boot 框架组件间的自动装配工作，来在 Zuul 网关上实施 OAuth 2.0 协议令牌验证过程。

```
<dependency>
 <groupId>org.springframework.security</groupId>
 <artifactId>spring-security-jwt</artifactId>
</dependency>
<dependency>
 <groupId>org.springframework.security.oauth</groupId>
 <artifactId>spring-security-oauth2</artifactId>
</dependency>
```

最后，我们需要移除 @EnableResourceServer 注释符以及 GatewayApplication（ch05/sample02/GatewayApplication.java）类中对应包引用的注释。

让我们在 ch05/sample02 目录中通过运行以下命令来启动 Zuul API 网关。在它已经正在运行的情况下，你需要首先将其停止。同时，请确保 sample01（订单服务）和 sample03（STS）仍处于启动运行状态。

```
\> mvn spring-boot:run
```

要想对以 Zuul API 网关为代理并通过 OAuth 2.0 协议进行保护的 API 进行测试，

可以使用以下 cURL 命令。但它应该会失败，因为我们没有传递一个 OAuth 2.0 协议令牌。

```
\> curl -k https://localhost:9090/retail/order/11
```

现在，让我们看看如何利用一个有效访问令牌来对 API 进行正确调用。首先，我们需要与安全令牌服务进行交互，从而获取一个访问令牌。确保正确替换以下命令中的 $CLIENTID、$CLIENTSECRET、$USERNAME 和 $PASSWORD 值。我们示例中所用的客户 id 号和客户秘密的硬编码值分别是 10101010 和 11110000。对于用户名和口令，我们分别使用 peter 和 peter123。

```
\> curl -v -X POST --basic -u $CLIENTID:$CLIENTSECRET -H "Content-Type:
application/x-www-form-urlencoded;charset=UTF-8" -k -d "grant_type=passwor
d&username=$USERNAME&password=$PASSWORD&scope=foo" https://localhost:8443/
oauth/token
{"access_token":"69ff86a8-eaa2-4490-adda-6ce0f10b9f8b","token_
type":"bearer","refresh_token":"ab3c797b-72e2-4a9a-a1c5-
c550b2775f93","expires_in":43199,"scope":"foo"}
```

现在，让我们利用来自上述响应消息的访问令牌来调用订单 API。要确保利用对应的访问令牌正确替换了 $TOKEN 的值。

```
\> curl -k -H "Authorization: Bearer $TOKEN" -H "Content-Type: application/
json"    https://localhost:9090/retail/order/11
{"customer_id":"101021","order_id":"11","payment_method":{"card_type":
"VISA","expiration":"01/22","name":"John Doe","billing_address":"201, 1st
Street, San Jose, CA"},"items": [{"code":"101","qty":1},{"code":"103","qty"
:5}],"shipping_address":"201, 1st Street, San Jose, CA"}
```

5.4 在 Zuul API 网关和订单服务之间启用相互 TLS 协议

到目前为止，我们已经通过 TLS 协议对 cURL 工具客户端与 STS 之间、cURL 工具客户端与 Zuul API 网关之间以及 Zuul API 网关与 STS 之间的通信提供了保护。在我们的部署环境（详见图 5-3）中，仍然存在一个薄弱环节。Zuul 网关和订单服务之间的通信，既没有通过 TLS 协议进行保护，也没有经过认证。换句话说，如果有人可以绕过网关，那么他可以在未经认证的情况下抵达订单服务器。要解决这个问题，我们需要通过相互 TLS 协议来保护网关和订单服务之间的通信，然后，就没有任何其他的请求能够在不经过网关的情况下到达订单服务。或者换句话说，订单服务值接受网关所生成的请求。

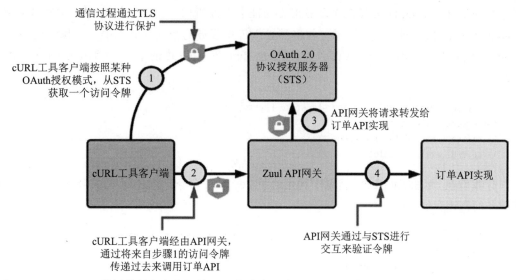

图 5-3　Zuul API 网关拦截所有发往订单 API 的请求，并通过授权服务器（STS）验证 OAuth 2.0 协议
访问令牌

要想在网关和订单服务之间启用相互 TLS 协议，首先需要创建一个公钥 / 私钥对。以下命令利用默认 Java 发行版自带的 keytool 工具来生成一个密钥对，并将其存放在 keystore.jks 文件中。第 3 章详细介绍了以下命令中每个参数的含义。如果是在 samples git 代码仓库中使用密钥存储库，那么你可以跳过以下 keytool 命令。

```
\> keytool -genkey -alias spring -keyalg RSA -keysize 4096 -validity
3650 -dname "CN=order,OU=bar,O=zee,L=sjc,S=ca,C=us" -keypass springboot
-keystore keystore.jks -storeType jks -storepass springboot
```

要想为订单服务启用相互 TLS 协议，请将之前所创建的密钥存储库文件（keystore.jks）复制到订单服务的主目录（例如，ch05/sample01/）中，并将以下内容添加到 [SAMPLE_HOME]/src/main/resources/application.properties 文件中。从 samples git 代码仓库所下载的示例中已经包含了这些值（只需要移除它们的注释），同时我们将使用 springboot 作为密钥存储库和私钥的口令。我们利用 server.ssl.client-auth 参数在订单服务上使用相互 TLS 协议。

```
server.ssl.key-store: keystore.jks
server.ssl.key-store-password: springboot
server.ssl.keyAlias: spring
server.ssl.client-auth:need
```

我们还需要对订单服务端做两处修改。当我们在订单服务上使用相互 TLS 协议时，Zuul 网关（充当订单服务的一个客户）必须利用一个 X.509 证书来进行自我认证——订单服务必须信任与 Zuul 网关 X.509 证书相关的证书颁发机构。由于我们用的是自签名证书，因此需要导出 Zuul 网关公共证书，并将其导入订单服务的密钥存储库中。让我们在 ch05/sample02 目录中利用以下 keytool 命令导出 Zuul 网关公共证书，并将其复制到 ch05/sample01 目录中。

```
\> keytool -export -alias spring -keystore keystore.jks -storePass
springboot -file zuul.crt
Certificate stored in file <zuul.crt>
\> cp zuul.crt ../sample01
```

让我们在 ch05/sample01 目录中利用以下 keytool 命令，将 Zuul 网关公共证书导入订单服务的密钥存储库中。

```
\> keytool -import -alias zuul -keystore keystore.jks -storePass springboot
-file zuul.crt
Trust this certificate? [no]:yes
Certificate was added to keystore
```

最后，当我们在 Zuul 网关和订单服务之间建立了 TLS 连接时，Zuul 网关必须信任与订单服务公共证书相关的证书颁发机构。即使没有在这两方之间启用相互 TLS 协议，仅仅是 TLS 协议的话我们也需要满足这一要求。由于我们用的是自签名证书，因此我们需要导出订单服务的公共证书，并将其导入 Zuul 网关的密钥存储库中。让我们在 ch05/sample01 目录中利用以下 keytool 命令导出订单服务公共证书，并将其复制到 ch05/sample02 目录中。

```
\> keytool -export -alias spring -keystore keystore.jks -storePass
springboot -file order.crt
Certificate stored in file <order.crt>
\> cp order.crt ../sample02
```

让我们在 ch05/sample02 目录中利用以下 keytool 命令，将订单服务公共证书导入 Zuul 网关的密钥存储库中。

```
\> keytool -import -alias order -keystore keystore.jks -storePass
springboot -file order.crt
Trust this certificate? [no]:yes
Certificate was added to keystore
```

要验证订单服务中 TLS 协议是否正常运行，请在 ch05/sample01 目录中利用以下命令启动订单服务，并注意打印出 HTTPS 端口的行。如果在之前的实践中订单服务已经启动运行，那么请先将其停止。

```
\> mvn spring-boot:run
Tomcat started on port(s): 8080 (https) with context path "
```

由于我们将订单服务端点所使用的通信协议从 HTTP 更新为 HTTPS，因此还需要更新 Zuul 网关，使其使用新的 HTTPS 端点。这些路由指令在 ch05/sample02/src/main/resources/application.properties 文件中设置，如下所示，只需要将其使用的通信协议从 HTTP 更新为 HTTPS。同时，我们需要移除同一文件中 zuul.sslHostnameValidationEnabled 属性的注释，并将其设置为假（false）。这个属性的作用是请求 Spring Boot 框架忽略主机名验证。或者换句话说，现在 Spring Boot 框架不会检查订单服务的主机名和对应公共证书的通用名称是否匹配。

```
zuul.routes.retail.url=https://localhost:8080
zuul.sslHostnameValidationEnabled=false
```

在 ch05/sample02 目录中，通过以下命令重启 Zuul 网关。

```
\> mvn spring-boot:run
```

假设授权服务器已经在 HTTPS 端口 8443 启动运行，那么可以运行以下命令来测试端到端流程。首先，我们需要与安全令牌服务进行交互，从而获得一个访问令牌。要确保在以下命令中正确替换了 $CLIENTID、$CLIENTSECRET、$USERNAME 和 $PASSWORD 的值。我们在示例中所使用的客户 id 号和客户秘密硬编码值分别是 10101010 和 11110000，对于用户名和口令，我们分别使用 peter 和 peter123。

```
\> curl -v -X POST --basic -u $CLIENTID:$CLIENTSECRET -H "Content-Type:
application/x-www-form-urlencoded;charset=UTF-8" -k -d "grant_type=passwor
d&username=$USERNAME&password=$PASSWORD&scope=foo" https://localhost:8443/
oauth/token
{"access_token":"69ff86a8-eaa2-4490-adda-6ce0f10b9f8b","token_
type":"bearer","refresh_token":"ab3c797b-72e2-4a9a-a1c5-
c550b2775f93","expires_in":43199,"scope":"foo"}
```

现在，让我们利用来自上述响应消息的访问令牌来调用订单 API。要确保利用对应访问令牌正确替换了 $TOKEN 的值。

```
\> curl -k -H "Authorization: Bearer $TOKEN" -H "Content-Type: application/
json"   https://localhost:9090/retail/order/11
{"customer_id":"101021","order_id":"11","payment_method":{"card_type":"V
ISA","expiration":"01/22","name":"John Doe","billing_address":"201, 1st
Street, San Jose, CA"},"items": [{"code":"101","qty":1},{"code":"103","qty"
:5}],"shipping_address":"201, 1st Street, San Jose, CA"}
```

5.5 利用自包含访问令牌保护订单 API

OAuth 2.0 协议无记名令牌可以是一个引用令牌，或者是自包含令牌。引用令牌是一个任意字符串。一个攻击者可以通过一次暴力穷举攻击来猜测令牌。授权服务器必须选择合适的长度，并利用其他可能的措施来抵御暴力穷举。一个自包含访问令牌是我们在第 7 章所讨论的 JSON Web 令牌（JSON Web Token，JWT）。当资源服务器获取了一个引用令牌形式的访问令牌时，为了对令牌进行验证，它必须与授权服务器（或令牌颁发方）进行交互。当访问令牌是一个 JWT 时，资源服务器可以通过验证 JWT 的签名来自行验证令牌。在本节中，我们将讨论如何从授权服务器获取一个 JWT 访问令牌，并利用其通过 Zuul API 网关来访问订单服务。

5.5.1 建立授权服务器来发布 JWT

在本节中，我们将学习如何对在之前小节中所用的授权服务器（ch05/sample03/）进行扩展，以支持自包含访问令牌或 JWT。第一步是在创建一个密钥存储库的同时，创建一个新的密钥对。这个密钥对被用于对我们的授权服务器所发放的 JWT 进行签名。以下 keytool 命令将创建一个包含一个密钥对的新密钥存储库。

```
\> keytool -genkey -alias jwtkey -keyalg RSA -keysize 2048 -dname
"CN=localhost" -keypass springboot -keystore jwt.jks -storepass springboot
```

上述命令创建了一个由口令 springboot 进行保护的名为 jwt.jks 的密钥存储库。我们需要将这个密钥存储库复制到 sample03/src/main/resources/ 中。现在要生成自包含访问令牌，我们需要设置 sample03/src/main/resources/application.properties 文件中以下属性的值。

```
spring.security.oauth.jwt: true
spring.security.oauth.jwt.keystore.password: springboot
spring.security.oauth.jwt.keystore.alias: jwtkey
spring.security.oauth.jwt.keystore.name: jwt.jks
```

spring.security.oauth.jwt 的值默认设置为假（false），而为了颁发 JWT，必须将它修改为真（true）。其他三个属性都是一目了然的，你需要根据密钥存储库创建过程中所用的值来正确设置它们。

让我们来看看源代码中为了支持 JWT 而做出的重要修改。首先，在 pom.xml 中，我们需要添加以下与构建 JWT 相关的依赖项。

```
<dependency>
  <groupId>org.springframework.security</groupId>
  <artifactId>spring-security-jwt</artifactId>
</dependency>
```

在 sample03/src/main/java/com/apress/ch05/sample03/config/
AuthorizationServerConfig.java 类中，我们添加了如下方法，它的作用是增添从之
前创建的 jwt.jks 密钥存储库中检索获取私钥的详细过程。这个私钥被用于对 JWT 进行
签名。

```
@Bean
protected JwtAccessTokenConverter jwtConeverter() {
    String pwd = environment.getProperty("spring.security.oauth.jwt.
    keystore.password");
    String alias = environment.getProperty("spring.security.oauth.jwt.
    keystore.alias");
    String keystore = environment.getProperty("spring.security.oauth.jwt.
    keystore.name");
    String path = System.getProperty("user.dir");

    KeyStoreKeyFactory keyStoreKeyFactory = new KeyStoreKeyFactory(
            new FileSystemResource(new File(path + File.separator +
            keystore)), pwd.toCharArray());
    JwtAccessTokenConverter converter = new JwtAccessTokenConverter();
    converter.setKeyPair(keyStoreKeyFactory.getKeyPair(alias));
    return converter;
}
```

在同样的类文件中，我们还要将 JWTTokenStore 设置为令牌存储。以下函数完成这项
工作的方式是，只有在 application.properties 文件中的 spring.security.oauth.jwt
属性被设为真（true）的情况下，我们才将 JWTTokenStore 设置为令牌存储。

```
@Bean
public TokenStore tokenStore() {
    String useJwt = environment.getProperty("spring.security.oauth.jwt");
    if (useJwt != null && "true".equalsIgnoreCase(useJwt.trim())) {
        return new JwtTokenStore(jwtConeverter());
    } else {
        return new InMemoryTokenStore();
    }
}
```

最后，我们需要将 AuthorizationServerEndpointsConfigurer 设置为令牌存储，以下
方法中完成的就是这项工作。同样，仍然是只有在想要使用 JWT 的情况下，我们才需要这
样做。

```
@Autowired
private AuthenticationManager authenticationManager;

@Override
```

```
public void configure(AuthorizationServerEndpointsConfigurer endpoints)
throws Exception {
  String useJwt = environment.getProperty("spring.security.oauth.jwt");
  if (useJwt != null && "true".equalsIgnoreCase(useJwt.trim())) {
      endpoints.tokenStore(tokenStore()).tokenEnhancer(jwtConeverter())
                      .authenticationManager(authenticationManager);
  } else {
      endpoints.authenticationManager(authenticationManager);
  }
}
```

要想启动现在发放自包含访问令牌的授权服务器，请在 ch05/sample03/ 目录中使用以下命令。

```
\> mvn spring-boot:run
```

要想利用 OAuth 2.0 协议客户凭据授权模式获取一个访问令牌，请使用以下命令。要确保正确替换了 $CLIENTID 和 $CLIENTSECRET 的值。我们在示例中所用的客户 id 号和客户秘密的硬编码值分别为 10101010 和 11110000。

```
\> curl -v -X POST --basic -u $CLIENTID:$CLIENTSECRET -H "Content-Type:
application/x-www-form-urlencoded;charset=UTF-8" -k -d "grant_type=client_
credentials&scope=foo" https://localhost:8443/oauth/token
```

上述命令将返回一个经过 Base64 URL 编码的 JWT，以下展示了经过解码的版本。

```
{ "alg": "RS256", "typ": "JWT" }
{ "scope": [ "foo" ], "exp": 1524793284, "jti": "6e55840e-886c-46b2-bef7-
1a14b813dd0a", "client_id": "10101010" }
```

输出信息中只展示了经过解码的头部和负载，而略过了签名（即 JWT 的第三部分）。由于我们使用的授权模式是 client_credentials，因此 JWT 并没有包含一个对象或用户名称。同时，它还包含了令牌相关的范围值。

5.5.2 利用 JWT 保护 Zuul API 网关

在本节中，我们将学习如何在 Zuul API 网关上完成自颁发访问令牌或基于 JWT 令牌的验证工作。我们只需要在 sample02/src/main/resources/application.properties 文件中注释掉 security.oauth2.resource.user-info-uri 属性，并移除 security.oauth2.resource.jwt.keyUri 属性的注释。经过更新的 application.properties 文件看起来如下所示。

```
#security.oauth2.resource.user-info-uri:https://localhost:8443/user
security.oauth2.resource.jwt.keyUri: https://localhost:8443/oauth/token_key
```

这里 security.oauth2.resource.jwt.keyUri 属性的值指向与授权服务器用来对 JWT 进行签名的私钥相对应的公钥。它是一个托管在授权服务器上的端点。如果在浏览器上直接输入网址 https://localhost:8443/oauth/token_key，那么你将获取以下所示的公钥。这是包含在请求中的 API 网关用来对 JWT 签名进行验证的密钥。

```
{
    "alg":"SHA256withRSA",
    "value":"-----BEGIN PUBLIC KEY-----\nMIIBIjANBgkqhkiG9w0BAQEFAAOCAQ8AMI
IBCgKCAQEA+WcBjPsrFvGOwqVJd8vpV+gNx5onTyLjYx864mtIvUxO8D4mwAaYpjXJgsre2dc
XjQo3BOLJdcjY5Nc9Kclea09nhFIEJDG3obwxm9gQw5Op1TShCP3OXqf8b7I738EHDFT6
qABul7itIxSrz+AqUvj9LSUKEw/cdXrJeu6b71qHd/YiElUIAOfjVwlFctbw7REbi3Sy3nWdm
9yk7M3GIKka77jxw1MwIBg2klfDJgnE72fPkPi3FmaJTJA4+9sKgfniFqdMNfkyLVbOi9E3Dla
oGxEit6fKTI9GR1SWX4OFhhgLdTyWdu2z9RS2BOp+3d9WFMTddab8+fd4L2mYCQIDAQ
AB\n-----END PUBLIC KEY-----"
}
```

在完成之前强调的那些修改之后，让我们在 sample02 目录中利用以下命令来重启 Zuul 网关。

```
\> mvn spring-boot:run
```

在我们从 OAuth 2.0 协议授权服务器获取一个 JWT 访问令牌之后，以之前所采用的同样方法，利用以下 cURL 命令，我们可以访问受保护的资源。请确保使用一个有效的 JWT 访问令牌正确替换了 $TOKEN 的值。

```
\> curl -k -H "Authorization: Bearer $TOKEN" https://localhost:9443/
order/11
{"customer_id":"101021","order_id":"11","payment_method":{"card_type":"VISA",
"expiration":"01/22","name":"John Doe","billing_address":"201, 1st Street,
San Jose, CA"},"items":[{"code":"101","qty":1},{"code":"103","qty":5}],"
shipping_address":"201, 1st Street, San Jose, CA"}
```

5.6　网络应用防火墙的作用

正如我们之前所讨论的，一个 API 网关是一个集中执行认证、授权和限流策略的策略执行点（Policy Enforcement Point，PEP）。在一个公开的 API 部署环境中，仅仅一个 API 网关还不够。我们还需要在 API 网关的前面部署一个网络应用防火墙（Web Application Firewall，WAF）（详见图 5-4）。一个 WAF 的主要作用是，保护你的 API 部署环境免受分布式拒绝服务（Distributed Denial of Service，DDoS）攻击——根据 OpenAPI 规范（OpenAPI Specification，OAS）以及开放 Web 应用程序安全项目（Open Web Application Security Project，OWASP）识别的已知威胁来进行威胁检测和消息验证。

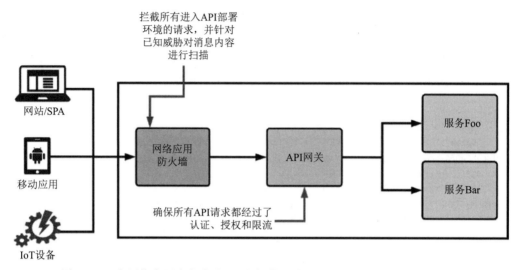

图 5-4　一个网络应用防火墙（WAF）拦截所有进入一个 API 部署环境的流量

5.7　总结

- ☐ OAuth 2.0 协议是一个事实上的 API 保护标准。

- ☐ API 网关是在一个生产部署环境中对 API 进行保护时最常用的范例。换句话说，它是你的 API 部署环境的入口。

- ☐ 现在市面上有很多开源专用产品，能够实现 API 网关范例，我们通常就将其称为 API 网关。

- ☐ OAuth 2.0 协议无记名令牌可以是一个引用令牌或者自包含令牌。引用令牌是一个任意字符串。一个攻击者可以通过一次暴力穷举攻击来猜测令牌。授权服务器必须选择合适的长度，并利用其他可能的措施来抵御暴力穷举。

- ☐ 当资源服务器获取了一个引用令牌形式的访问令牌时，为了对令牌进行验证，它必须与授权服务器（或令牌颁发方）进行交互。当访问令牌是一个 JWT 时，资源服务器可以通过验证 JWT 的签名来自行验证令牌。

- ☐ Zuul 是一款能够提供动态路由、监控、弹性、安全等服务的 API 网关（详见图 5-1）。它作为网飞公司服务器基础架构的门户，负责处理来自全球所有网飞用户的流量。

- ☐ 在一个公开的 API 部署环境中，仅仅一个 API 网关还不够。我们还需要在 API 网关的前面部署一个网络应用防火墙（Web Application Firewall，WAF）。

第 6 章 *Chapter 6*

OpenID Connect 协议

OpenID Connect（OIDC）协议以 RESTful 的形式，提供了一个轻量级的身份识别交互框架，并于 2014 年 2 月 26 日经相关组织全体成员决议成为标准。它是由 OpenID 基金会根据 OpenID 协议所制定的，但同时又深受 OAuth 2.0 协议的影响。截止到本书编写时，OpenID Connect 协议是应用最为广泛的身份联合协议。近几年开发的大部分应用都支持 OpenID Connect 协议。微软 Azure AD 在 2018 年 3 月所处理的超过 80 亿条认证请求中，有 92% 是来自使用 OpenID Connect 协议的应用程序的。

6.1 从 OpenID 协议到 OIDC 协议

于 2005 年根据安全断言标记语言（Security Assertion Markup Language，SAML）协议的思路而制定的 OpenID 协议彻底改变了网络认证的面貌。LiveJournal 网站的创始人 Brad Fitzpatrick 提出了 OpenID 协议的雏形。OpenID 协议和 SAML 协议（我们将在第 12 章对其进行讨论）背后的基本原理大体相同。两者都可以被用来辅助实现网络单点登录（Single Sign-On，SSO）和跨域身份联合。OpenID 协议在社区友好、以用户为中心和去中心化方面做得更好。雅虎公司在 2008 年 1 月增加对 OpenID 协议的支持，MySpace 公司在同年 7 月宣布支持 OpenID 协议，而谷歌公司在 10 月也参与其中。到 2009 年 12 月，使用 OpenID 协议的账户数量超过 10 亿。作为一个网络 SSO 协议，它取得了巨大的成功。

OpenID 协议和 OAuth 1.0 协议关注的是两个不同的问题。OpenID 协议主要考虑认证，而 OAuth 1.0 协议主要考虑委托授权。随着这两个标准在各自的领域得到日益广泛的应用，人们对于将两者结合产生了浓厚的兴趣，因为这样就可以在单独一个步骤中完成用户认证以及获取令牌，以用户身份访问资源。

谷歌两步计划是这个方向上第一次真正的尝试。它为 OAuth 协议引入的一个 OpenID 协议扩展组件能够在 OpenID 协议请求 / 响应报文中携带主要的 OAuth 相关参数。后来，这些发起谷歌两步计划的人员将其引入了 OpenID 基金会。

迄今为止，OpenID 协议已经历经三代。OpenID 协议 1.0/1.1/2.0 版本是第一代，OAuth 协议的 OpenID 扩展组件是第二代。OpenID Connect(OIDC) 协议是 OpenID 协议的第三代。雅虎、谷歌以及很多其他 OpenID 提供方在 2015 年年中前后停止对 OpenID 协议的支持，转而迁移到 OpenID Connect 协议上。

OpenID Connect 协议不是 OpenID 协议，以下是 OpenID 协议的工作机制

如今在不同的网络站点上，你需要维护多少份个人资料？可能你在雅虎网站上有一份，在 Facebook 上有一份，在谷歌网站上有一份，等等。每次更新自己的手机号码或家庭住址，你要么选择对所有个人资料进行更新，要么承担大部分个人资料过期的风险。OpenID 协议能够解决不同网站个人资料过于分散的问题。通过 OpenID 协议，你可以只在 OpenID 提供方上维护自己的个人资料，而所有其他站点都将成为 OpenID 依赖方。这些依赖方通过与你的 OpenID 提供方进行通信交互来获取你的信息。

每次尝试登录一个依赖方网站，你都会被重定向到自己的 OpenID 提供方处。在这里，你必须进行认证，并对依赖方访问自己属性的请求表示许可。在许可之后，你会带着所请求的属性重定向返回到依赖方处。这一流程不仅仅是简单的属性共享，而是能够帮助实现去中心化的 SSO 过程。

通过 SSO 过程，你可以只在 OpenID 提供方登录一次，即当一个依赖方首次将你重定向到 OpenID 提供方的时候。在此之后，对于后续其他依赖方的重定向操作，OpenID 提供方不会再要求提供凭据，而是使用你之前在 OpenID 提供方处创建的认证会话。这个认证会话或者是通过一个浏览器关闭之前一直存在的临时 cookie 来维持，或者是通过永久 cookie 值维持。图 6-1 展示了 OpenID 协议的工作机制。

终端用户通过在依赖方网站上输入其 OpenID 来发起 OpenID 流程（步骤 1）。OpenID 是一个特有的 URL 或一个 XRI（Extensible Resource Identifier，扩展资源标识符）。例如，http://prabath.myopenid.com 就是一个 OpenID。在用户输入其 OpenID 之后，依赖方必须基于输入内容完成一个发现过程，来找到对应的 OpenID 提供方（步骤 2）。依赖方对 OpenID（这里是一个 URL 地址）进行一次 HTTP GET 访问，从而获取其背后的 HTML 文本。例如，如果查看网址 http://prabath.myopenid.com 背后的源码，你会看到如下标签内容（MyOpenID 网站在几年前已经关停，这里仅作为示例）。这正是依赖方在发现阶段所看到的内容。这个标签指明了所提供的 OpenID 背后是哪个 OpenID 提供方：

```
<link rel="openid2.provider" href="http://www.myopenid.com/server" />
```

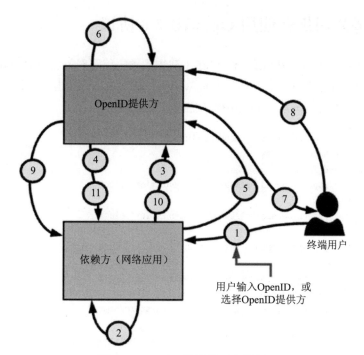

图 6-1　OpenID 协议的工作机制

　　除了向终端用户请求一个 OpenID 之外，OpenID 协议还有另外一种识别 OpenID 提供方的方法。这种方法被称为定向标识（directed identity），雅虎、谷歌以及很多其他 OpenID 提供方都选择使用该方法。如果一个依赖方使用定向标识，那么它已经提前知晓了 OpenID 提供方是谁，因此不再需要发现阶段。依赖方列出所支持的 OpenID 提供方集合，而用户必须选择想要在哪个 OpenID 提供方上进行认证。

　　在发现 OpenID 提供方之后，下一步骤取决于依赖方的类型。如果是一个智能依赖方，那么它将执行图 6-1 中的步骤 3，与 OpenID 提供方建立联系。建联过程会在 OpenID 提供方和依赖方之间创建一个共享密钥。如果双方已经创建了一个密钥，那么这一步骤将会被跳过，即使是智能依赖方也是如此。一个非智能依赖方始终忽略步骤 3。

　　在步骤 5 中，用户被重定向到所发现的 OpenID 提供方。在步骤 6 中，用户必须进行认证，并对来自依赖方的属性请求表示许可（步骤 6 和步骤 7）。在许可之后，用户会重定向返回到依赖方（步骤 9）。一个只有 OpenID 提供方和对应依赖方知晓的密钥，会被用于对来自 OpenID 提供方的响应消息进行签名。在依赖方收到响应消息之后，如果是一个智能依赖方，它自己会对签名进行验证。建联阶段所分享的密钥应该被用来对消息进行签名。如果是一个非智能依赖方，它会在步骤 10 中直接（而不是浏览器重定向）与 OpenID 提供方进行交互，并请求对签名进行验证。最终结论将在步骤 11 中传回依赖方，而 OpenID 协议流程将在这一步骤结束。

6.2 亚马逊公司仍在使用 OpenID 2.0 协议

有人可能已经注意到，亚马逊公司仍在（截止到本书编写时）使用 OpenID 协议来完成用户认证。你可以自己查看一下：访问网址 www.amazon.com，点击登录按钮。然后观察浏览器地址栏。你可以看到与以下 OpenID 认证请求类似的内容：

```
https://www.amazon.com/ap/signin?_encoding=UTF8
    &openid.assoc_handle=usflex
    &openid.claimed_id=
            http://specs.openid.net/auth/2.0/identifier_select
    &openid.identity=
            http://specs.openid.net/auth/2.0/identifier_select
    &openid.mode=checkid_setup
    &openid.ns=http://specs.openid.net/auth/2.0
    &openid.ns.pape=
            http://specs.openid.net/extensions/pape/1.0
    &openid.pape.max_auth_age=0
    &openid.return_to=https://www.amazon.com/gp/yourstore/home
```

6.3 OpenID Connect 协议简介

OpenID Connect 协议是在 OAuth 2.0 协议上层构建的。它在 OAuth 2.0 协议上层引入了一个身份层。这个身份层抽象表示为一个 JSON Web 令牌形式的 ID 令牌，我们将在第 7 章对 JWT 进行详细讨论。一个支持 OpenID Connect 协议的 OAuth 2.0 授权服务器会将一个 ID 令牌和访问令牌一起返回。

OpenID Connect 协议是一个构建在 OAuth 2.0 协议上层的配置。OAuth 主要讨论访问授权，而 OpenID Connect 协议讨论的是认证。换句话说，OpenID Connect 协议在 OAuth 2.0 协议上层构建了一个身份层。

认证，指的是对数据或实体某一属性的真实性进行确认的行为。如果我说我是彼得，那么我需要证明这一点。我可以通过所知、所有或者所是来进行证明。在证明了我是我所声称的人之后，系统就可以信任我了。有时候，系统不想仅仅通过名称来对终端用户进行识别。名称可以帮助我们进行唯一识别——但是选择其他属性会如何呢？在通过边界控制之前，你需要证明自己的身份——通过姓名、照片，也可以通过指纹和视网膜。针对来自签证发放办公室的数据，这些信息需要进行实时验证。这项检查工作将确保你和宣称自己拥有进入国家所需签证的是同一个人。

这个过程就是证明你的身份。证明你的身份就是认证过程。而授权则是关于你能做的事情或你的能力。

你可以在边界控制的位置处通过姓名、照片以及指纹和视网膜来证明自己的身份——

但是你的签证才能真正决定你能做什么。要进入一个国家，你需要拥有一个有效未过期的签证。一个有效签证并不是你身份的一部分，但却是你能做的事情的一部分。你可以在这个国家里做什么，取决于签证类型。你利用 B1 或 B2 签证所做的事情，和利用 L1 或 L2 签证所做的事情是不同的。这个过程就是授权。

　　OAuth 2.0 协议关注的是授权过程，而不是认证过程。在 OAuth 2.0 协议中，客户不了解终端用户（唯一的例外是我们在第 4 章所讨论的资源所有者口令凭据授权模式）。它只是简单地获取一个访问凭据，来以用户的身份访问资源。在 OpenID Connect 协议中，客户会在获得访问令牌的同时获得一个 ID 令牌。ID 令牌代表了终端用户的身份。利用 OpenID Connect 协议保护一个 API 意味着什么？或者说，它是完全没有意义的？OpenID Connect 协议位于应用层或客户层，而不是在 API 层或资源服务器层。OpenID Connect 协议能够帮助客户或应用程序识别终端用户的身份，但是对于 API 来说，这个过程是没有意义的。API 唯一需要的东西，就是访问令牌。如果资源所有者或 API 想要识别终端用户的身份，它只能查询授权服务器或是依赖于一个自包含的访问令牌（即一个 JWT）。

6.4　ID 令牌剖析

　　ID 令牌是为了支持 OpenID Connect 协议而向 OAuth 2.0 协议添加的主要内容。作为一个 JWT，它负责将已认证用户的信息从授权服务器传递到客户应用中。第 7 章将深入探讨 JWT。OpenID Connect 协议规范对 ID 令牌的结构进行了定义。以下展示了一个 ID 令牌示例：

```
{
  "iss":"https://auth.server.com",
  "sub":"prabath@apache.org",
  "aud":"67jjuyuy7JHk12",
  "nonce":"88797jgjg32332",
  "exp":1416283970,
  "iat":1416281970,
  "auth_time":1311280969,
  "acr":"urn:mace:incommon:iap:silver",
  "amr":"password",
  "azp":"67jjuyuy7JHk12"
}
```

让我们仔细观察每个属性的定义：

❑ iss：令牌颁发方（授权服务器或身份提供方）的标识符，格式为一个没有查询参数或 URL 区段的 HTTPS URL 地址。实际上，大部分 OpenID 提供方实现方案或产品都会让你配置一个想要的颁发方，同时，大部分情况下，这个颁发方都是作为一个标识符使用，而不是一个 URL 地址。这是 ID 令牌中的一个必需属性。

❑ sub：令牌颁发方或声明方为一个特定实体发放 ID 令牌，而内嵌在 ID 令牌中的声明集合通常代表这个由 sub 参数确定的实体。sub 参数值是一个大小写敏感的字符串值，而且是 ID 令牌中的一个必需属性。

❑ aud：令牌受众。这个属性可以是一个标识符数组，但其中必须包含客户 ID，否则，客户 ID 应该被添加到 azp 参数（本章节稍后讨论）中。在进行任何验证检查之前，OpenID 客户应该先查看是否发放了特殊的 ID 令牌供其使用，如果没有，则应该立即拒绝。换句话说，你需要检查 aud 属性值与 OpenID 客户标识符是否匹配。aud 参数值可以是一个大小写敏感的字符串值，或者是一个字符串数组。这是 ID 令牌中的一个必需属性。

❑ nonce：OpenID Connect 协议规范向初始授权请求中引入的一个新参数。除了 OAuth 2.0 协议中定义的参数之外，客户应用可以选择包含 nonce 参数。引入这个参数的目的是应对重放攻击。如果授权服务器发现两个请求的 nonce 值相同，那么它必须拒绝任何请求。如果授权请求中包含一个随机数，那么授权服务器必须在 ID 令牌中包含相同的值。在从授权服务器接收 ID 令牌之后，客户应用必须对随机数值进行验证。

❑ exp：每个 ID 令牌会携带一个过期时间。如果令牌已过期，那么 ID 令牌的接收方必须将其拒绝。颁发方可以决定过期时间的值。exp 参数值的计算方法为，将以秒为单位的过期时间（从令牌发放时间开始）加上从 1970-01-01T00:00:00Z UTC 到当前时间的时长。如果令牌颁发方的时钟与接收方的时钟不同步（不考虑各自时区的情况下），那么对过期时间的验证可能会失败。为了解决这个问题，在验证过程中，每个接收方可以加上几分钟作为时钟偏移。这是 ID 令牌中的一个必需属性。

❑ iat：ID 令牌中的 iat 参数，表示令牌颁发方计算的 ID 令牌发放时间。iat 参数值是从 1970-01-01T00:00:00Z UTC 到当前时间（即令牌发放的时刻）的秒数。这是 ID 令牌中的一个必需属性。

❑ auth_time：终端用户在授权服务器上进行认证的时刻。如果用户已经通过认证，那么授权服务器不会再请求用户进行认证。一个给定的授权服务器如何对用户进行认证，以及它如何管理认证会话，这些内容超出了 OpenID Connect 协议的范畴。一个用户可以在从一个不同的应用，而不是 OpenID 客户应用进行首次登录尝试的过程中，在授权服务器上创建一个认证会话。在这种情况下，授权服务器必须维护认证时间，并将其包含在参数 auth_time 中。这是一个可选参数。

❑ acr：代表认证上下文类引用。授权服务器和客户应用都必须理解该参数值。它表明了认证的层次。例如，如果用户利用一个长期存在的浏览器 cookie 值进行认证，那么这种情况就被视为 0 层。OpenID Connect 协议规范建议，不要使用 0 层认证对任何贵重的资源进行访问。这是一个可选参数。

❑ amr：代表认证方法引用。它表示授权服务器如何对用户进行认证。它可能是由一个数值数组组成。授权服务器和客户应用都必须理解这个参数的值。例如，如果用户在授权服务器上通过用户名 / 口令以及一次性短信口令码进行认证，那么 amr 参数的值必须指出这些信息。这是一个可选参数。

❑ azp：代表授权方。当存在一个受众（aud）并且它的值与 OAuth 客户 ID 不同时，需要用到该属性。azp 的值必须设置为 OAuth 客户 ID。这是一个可选参数。

> 🔖 注　根据 JSON Web 签名（JSON Web Signature，JWS）规范中的定义，授权服务器必须对 ID 令牌进行签名。同时，也可以选择对其进行加密。令牌加密应该遵循 JSON Web 加密（JSON Web Encryption，JWE）规范中所定义的规则。如果 ID 令牌需要加密，那么它必须先进行签名，然后再进行加密。这是因为在很多合法实体中，对密文进行签名存在问题。第 7 章和第 8 章将对 JWT、JWS 和 JWE 进行讨论。

通过 WSO2 身份服务器实现 OpenID Connect 协议

在本次实践中，你可以学到如何在获取一个 OAuth 2.0 访问令牌的同时获取一个 OpenID Connect ID 令牌。在这里，我们将 WSO2 身份服务器作为 OAuth 2.0 授权服务器运行。

> 🔖 注　WSO2 身份服务器是 Apache 2.0 许可发行的一款免费、开源的身份与权限管理服务器。截止到本书编写时，最新的发行版本是 5.9.0，在 Java 8 平台上运行。

按照下述这些步骤，在 WSO2 身份服务器上将你的应用注册为服务提供方，然后通过 OpenID Connect 协议登录你的应用：

1）从网址 http://wso2.com/products/identity-server/ 处下载 5.9.0 版本的 WSO2 身份服务器，创建 JAVA_HOME 环境变量，然后利用 WSO2_IS_HOME/bin 目录中的 ws2server.sh/wso2server.bat 文件来启动服务器。如果主下载页面中没有 5.9.0 版本的 WSO2 身份服务器，你可以在网址 http://wso2.com/more-downloads/identity-server/ 中找到它。

2）默认情况下，WSO2 身份服务器在 HTTPS 协议端口 9443 启动。

3）利用默认用户名和口令（admin/admin），登录运行于网址 https://localhost:9443 的身份服务器。

4）要获取一个客户应用的 OAuth 2.0 客户 ID 和客户秘密，你需要在 OAuth 2.0 授权服务器上将其注册为一个服务提供方。选择主菜单→服务提供方→添加。输入一个名称（比如，oidc-app），然后点击注册。

5）选择入站认证配置→ OAuth 和 OpenID Connect 配置→配置。

6）在所有授权模式中，只勾选授权码。确保将 OAuth 协议版本设置为 2.0。

7）在回调 URL 地址文本框中输入一个值，比如 https://localhost/callback，然后点击添加。

8）复制 OAuth 客户密钥和 OAuth 客户秘密的值。

9）这里你需要使用 cURL 工具，而不是一个成熟的网络应用。首先，你需要获取一个授权码。复制以下 URL 地址，并将其粘贴到一个浏览器中。合理替换 client_id 和 redirect_uri 的值。请注意，这里我们将请求中 scope 参数的值设置为 openid 来进行传递。这是使用 OpenID Connect 协议时所必需的。你会进入一个登录页面，在这里你可以利用 admin/admin 进行认证，然后由客户来对请求表示许可：

```
https://localhost:9443/oauth2/authorize?
        response_type=code&scope=openid&
        client_id=NJOLXcfdOW2OEvD6DUOlopO1u_Ya&
        redirect_uri=https://localhost/callback
```

10）在许可之后，你会带着授权码重定向返回到 redirect_uri 处，如下所示。复制授权码的值：

```
https://localhost/callback?code=577fc84a51c2aceac2a9e2f723f0f47f
```

11）现在，你可以利用之前步骤得到的授权码来交换获取一个 ID 令牌和一个访问令牌。合理替换 client_id、client_secret、code 和 redirect_uri 的值。-u 选项的值由 client_id:client_secret 构造而成：

```
curl -v -X POST --basic
    -u NJOLXcfdOW2...:EsSP5GfYliU96MQ6...
    -H "Content-Type: application/x-www-form-urlencoded;
    charset=UTF-8" -k
    -d "client_id=NJOLXcfdOW2OEvD6DUOlopO1u_Ya&
        grant_type=authorization_code&
        code=577fc84a51c2aceac2a9e2f723f0f47f&
        redirect_uri=https://localhost/callback"
        https://localhost:9443/oauth2/token
```

这个请求将会带来以下 JSON 格式的返回消息：

```
{
    "scope":"openid",
    "token_type":"bearer",
    "expires_in":3299,
    "refresh_token":"1caf88a1351d2d74093f6b84b8751bb",
```

```
    "id_token":"eyJhbGciOiJub25......",
    "access_token":"6cc611211a941cc95c0c5caf1385295"
}
```

12）id_token 的值经过了 Base64 URL 编码。在经过 Base64 URL 解码之后，该值内容如下。同时，你也可以利用一个在线工具（比如 https://jwt.io）来对 ID 令牌进行解码：

```
{
    "alg":"none",
    "typ":"JWT"
}.
{
    "exp":1667236118,
    "azp":"NJOLXcfdOW2OEvD6DUOlOpO1u_Ya",
    "sub":"admin@carbon.super",
    "aud":"NJOLXcfdOW2OEvD6DUOlOpO1u_Ya",
    "iss":"https://localhost:9443/oauth2endpoints/token",
    "iat":1663636118
}
```

6.5　OpenID Connect 协议请求

ID 令牌是 OpenID Connect 协议的核心，但这并不是它与 OAuth 2.0 协议唯一不同的地方。OpenID Connect 协议向 OAuth 2.0 授权请求中引入了一些可选参数。之前的实践并没有使用这些参数中的任何一个。让我们来分析一个携带所有可选参数的授权请求示例：

```
https://localhost:9443/oauth2/authorize?response_type=code&
    scope=openid&
    client_id=NJOLXcfdOW2OEvD6DUOlOpO1u_Ya&
    redirect_uri= https://localhost/callback&
    response_mode=.....&
    nonce=.....&
    display=....&
    prompt=....&
    max_age=.....&
    ui_locales=.....&
    id_token_hint=.....&
    login_hint=.....&
    acr_value=.....
```

让我们来回顾一下每个属性的定义：
- ❑ response_mode：确定授权服务器如何发送返回响应消息中的参数。这个参数与 OAuth 2.0 协议核心规范中定义的 response_type 参数不同。利用请求中的

response_type 参数，客户指明它想要的是一个授权码还是一个令牌。在授权码模式中，response_type 的值被设为 code，而在简化模式中，response_type 的值被设为 token。response_mode 参数解决的则是另一个不同的问题。如果 response_mode 的值被设为 query，那么响应参数就以附加在 redirect_uri 地址后面查询参数的形式发送给客户。如果该值被设为区段，那么响应参数将附在 redirect_uri 后面作为 URI 区段。

❑ nonce：抵御重放攻击。如果发现两条请求的 nonce 值相同，那么授权服务器必须拒绝任何请求。如果授权请求中包含随机数，那么授权服务器必须在 ID 令牌中包含同样的值。在从授权服务器接收 ID 令牌之后，客户应用必须对随机数的值进行验证。

❑ display：表示客户应用希望授权服务器如何显示登录页面和用户许可页面。可能的值包括 page、popup、touch 和 wap。

❑ prompt：表示授权服务器上是否显示登录或用户许可页面。如果该值为 none，那么用户应该看不到登录页面和用户许可页面。换句话说，它希望用户在授权服务器上拥有一个认证会话和一个预配置的用户许可。如果该值为 login，那么授权服务器必须对用户进行再次认证。如果该值为 consent，那么授权服务器必须为终端用户显示用户许可页面。如果用户在授权服务器上拥有多个账户，那么可以使用 select_account 选项。之后，授权服务器必须为用户提供一个选项，来选择想要从哪个账户中请求属性。

❑ max_age：在 ID 令牌中存在一个参数表示用户认证的时间（auth_time）。max_age 参数会请求授权服务器将该值与 max_age 相比较。如果小于当前时间和 max_age 之间的差值（当前时间 -max_age），授权服务器必须对用户进行重新认证。当客户在请求中包含 max_age 参数时，授权服务器必须在 ID 令牌中包含 auth_time 参数。

❑ ui_locales：表明终端用户对用户界面语言的偏好选择。

❑ id_token_hint：ID 令牌。这个属性可能是客户应用之前所获取的 ID 令牌。如果令牌经过加密，那么它必须首先进行解密，然后再利用授权服务器的公钥进行加密，之后放入认证请求中。如果 prompt 参数的值被设为 none，那么请求中可以包含 id_token_hint，但这并不是必需的。

❑ login_hint：这个属性表示终端用户可能会在授权服务器上使用的登录标识符。例如，如果客户应用已经知道了终端用户的电子邮箱地址或电话号码，那么 login_hint 的值可以设置为这些信息。这个属性有助于提供更好的用户体验。

❑ acr_values：代表认证上下文引用值。它包含了一组通过空格隔开的值，这些值表示授权服务器要求的认证层次。授权服务器可能会考虑这些值，也可能不会。

注　所有 OpenID Connect 授权请求，必须包含一个值为 openid 的 scope 参数。

6.6　请求用户属性

OpenID Connect 协议定义了两种请求用户属性的方式。客户应用可以选择利用初始 OpenID Connect 认证请求来请求属性，也可以选择后续与授权服务器上承载的一个 UserInfo 端点进行交互。如果使用初始认证请求，那么客户应用必须以一条 JSON 格式消息的形式在 claims 参数中包含所请求的声明。以下授权请求要求在 ID 令牌中包含用户的电子邮箱地址和名字：

```
https://localhost:9443/oauth2/authorize?
        response_type=code&
        scope=openid&
        client_id=NJOLXcfdOW2OEvD6DUOlOpO1u_Ya&
        redirect_uri=https://localhost/callback&
        claims={ "id_token":
                {
                    "email": {"essential": true},
                    "given_name": {"essential": true},
                }
        }
```

 注　OpenID Connect 协议核心规范中定义了 20 种标准的用户声明。所有支持 OpenID Connect 协议的授权服务器和客户应用都应该理解这些标识符。OpenID Connect 协议标准声明的完整集合在 OpenID Connect 协议核心规范的 5.1 节中进行了定义，详见网址 http://openid.net/specs/openid-connect-core-1_0.html。

请求用户属性的另一种方法是通过 UserInfo 端点。UserInfo 端点是一个在授权服务器上受到 OAuth 2.0 协议保护的资源。任何对该端点的请求都必须携带一个有效的 OAuth 2.0 令牌。进一步来说，从 UserInfo 端点获取用户属性的方法有两种。第一种方法是使用 OAuth 访问令牌。如果使用这种方法，客户必须在授权请求中指定对应的属性范围。OpenID Connect 规范为属性请求定义了四种范围值：个人资料、电子邮箱、地址和电话。如果范围值被设置为个人资料，那么就表明客户请求访问一组属性，包括姓名、姓、名、中名、昵称、首选用户名、个人资料、照片、网站、性别、出生日期、时区、地区以及更新时间。

以下授权请求，要求获取访问用户电子邮箱地址和电话号码的权限：

🔖 **注**　UserInfo 端点必须同时支持 HTTP GET 方法和 POST 方法。所有与 UserInfo 端点进行的通信交流，必须通过 TLS 协议来实现。

```
https://localhost:9443/oauth2/authorize?
        response_type=code
        &scope=openid phone email
        &client_id=NJOLXcfdOW2OEvD6DUOlopO1u_Ya
        &redirect_uri=https://localhost/callback
```

这个请求会带来一个授权码响应消息。在通过授权码交换获取一个访问令牌之后，通过与授权服务器的令牌端点进行交互，客户应用可以利用收到的访问令牌与 UserInfo 端点进行交互，从而获取与访问令牌对应的用户属性：

```
GET /userinfo HTTP/1.1
Host: auth.server.com
Authorization: Bearer SJHkhew870hooi90
```

上述发往 UserInfo 端点的请求将带来以下 JSON 格式的消息，其中包含用户的电子邮箱地址和电话号码：

```
HTTP/1.1 200 OK
Content-Type: application/json
  {
    "phone": "94712841302",
    "email": "joe@authserver.com",
  }
```

另一种从 UserInfo 端点得到用户属性的方法是通过 claims 参数。以下示例展示了如何通过与由 OAuth 协议保护的 UserInfo 端点进行交互，来得到用户的电子邮箱地址：

```
POST /userinfo HTTP/1.1
Host: auth.server.com
Authorization: Bearer SJHkhew870hooi90
claims={ "userinfo":
              {
                  "email": {"essential": true}
              }
         }
```

🔖 **注**　对来自 UserInfo 端点的响应消息进行签名或加密并不是必需的。如果经过了签名或加密，那么响应消息应该封装在一个 JWT 中，并且响应消息的 Content-Type 应该被设为 application/jwt。

6.7　OpenID Connect 协议流程

到目前为止，本章中所有的例子都是利用授权码模式来请求一个 ID 令牌，但这并不是必需的。事实上，OpenID Connect 协议在独立于 OAuth 2.0 协议授权模式的情况下定义了一系列流程：码流程、简化流程以及混合流程。每种流程都对 response_type 参数的值进行了定义。response_type 参数总是通过请求传送到授权端点处（与此相反，grant_type 参数总是传送到令牌端点处），同时它对希望授权端点返回的响应类型进行了定义。如果该参数被设为 code，那么授权服务器的授权端点必须返回一个编码，而这个流程就被视为 OpenID Connect 协议中的授权码流程。

对于 OpenID Connect 协议上下文中的简化流程，response_type 的值可以是 id_token 或 id_token token（通过一个空格来间隔）。如果只是 id_token，那么授权服务器会从授权端点返回一个 ID 令牌；如果包含了两者，那么响应信息中会同时包含 ID 令牌和访问令牌。

混合流程可以使用不同的组合。如果 response_type 的值被设为 code id_token（通过一个空格来间隔），那么来自授权端点的响应信息将包括授权码以及 id_token。如果是 code token（通过一个空格来间隔），那么它将在返回一个访问令牌（针对 UserInfo 端点）的同时返回授权码。如果 response_type 中包含所有这三者（code token id_token），那么响应消息将包含一个 id_token、一个访问令牌以及授权码。表 6-1 对上述讨论内容进行了总结。

表 6-1　OpenID Connect 协议流程

流程类型	response_type	返回令牌
授权码	code	授权码
简化	id_token	ID 令牌
简化	id_token token	ID 令牌和访问令牌
混合	code id_token	ID 令牌和授权码
混合	code id_token token	ID 令牌、授权码和访问令牌
混合	code token	访问令牌和授权码

 注　当将一个 OpenID Connect 协议流程中的 response_type 设为 id_token 时，客户应用永远接触不到一个访问令牌。在这种情况下，客户应用可以利用 scope 参数来请求属性，然后这些属性会被添加到 id_token 中。

6.8 请求定制用户属性

正如之前所讨论的，OpenID Connect 协议定义了 20 种标准声明。这些声明可以通过 scope 参数或 claims 参数来进行请求。请求自定义声明的唯一方法，就是使用 claims 参数。以下是一个要求获取自定义声明的 OpenID Connect 协议请求的示例：

```
https://localhost:9443/oauth2/authorize?response_type=code
        &scope=openid
        &client_id=NJOLXcfdOW2OEvD6DUOlopO1u_Ya
&redirect_uri=https://localhost/callback
&claims=
  { "id_token":
   {
    "http://apress.com/claims/email": {"essential": true},
    "http://apress.com/claims/phone": {"essential": true},
   }
  }
```

6.9 OpenID Connect 协议发现

在本章开头，我们讨论了 OpenID 协议依赖方如何通过用户提供的 OpenID（即一个 URL 地址）发现 OpenID 提供方。OpenID Connect 协议发现的目的同样是解决这一问题，但是使用的是不同的方法（详见图 6-2）。为了通过 OpenID Connect 协议对用户进行认证，OpenID Connect 协议依赖方首先需要去掉终端用户背后的授权服务器。OpenID Connect 协议利用 WebFinger 协议（RFC 7033）来完成这一发现过程。

注 网址 http://openid.net/specs/openid-connect-discovery-1_0.html 处提供了 OpenID Connect 协议发现规范。如果一个给定的 OpenID Connect 协议依赖方已经知晓授权服务器是谁，那么它可以直接忽略发现阶段。

让我们假设有一个名叫彼得的用户对一个 OpenID Connect 协议依赖方进行访问，并且想要登录（详见图 6-2）。要对彼得进行认证，OpenID Connect 协议依赖方需要知道与彼得对应的授权服务器。为了发现这个服务器，彼得必须向依赖方提供一些与自己相关的唯一标识符。利用这些标识符，依赖方应该能够找到与彼得对应的 WebFinger 端点。

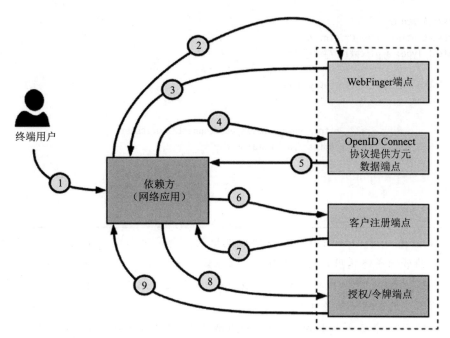

图 6-2　OpenID Connect 协议发现过程

假设彼得所提供的标识符是自己的电子邮箱地址，peter@apress.com（步骤 1）。利用彼得的电子邮箱地址，依赖方应该能够得到足够多的 WebFinger 端点相关细节。实际上，依赖方应该能够从电子邮箱地址中提取出 WebFinger 端点。之后，依赖方可以向 WebFinger 端点发送一个查询请求，来找到彼得对应的授权服务器（或身份提供方）（步骤 2 和步骤 3）。这个查询请求需要根据 WebFinger 协议规范来构造。以下展示了一个针对 peter@apress.com 的 WebFinger 请求示例：

```
GET /.well-known/webfinger?resource=acct:peter@apress.com
&rel=http://openid.net/specs/connect/1.0/issuer HTTP/1.1
Host: apress.com
```

WebFinger 请求由两个关键参数：resource 和 rel。resource 参数应该能够唯一确定终端用户，而在使用 OpenID Connect 协议的情况下，rel 的值必须固定等于 http://openid.net/specs/connect/1.0/issuer。rel（relation-type，关系类型）参数作为一个过滤器，能够确定对应于给定资源的 OpenID Connect 协议颁发方。

一个 WebFinger 端点还可以接受很多其他针对不同服务的发现请求。如果找到一个匹配的条目，那么它会将以下响应信息返回给 OpenID Connect 协议依赖方。OpenID 身份提供方或授权服务器的值包含在响应信息中：

```
HTTP/1.1 200 OK
Access-Control-Allow-Origin: *
Content-Type: application/jrd+json
{
    "subject":"acct:peter@apress.com",
    "links":[
                {
                    "rel":"http://openid.net/specs/connect/1.0/issuer",
                    "href":"https://auth.apress.com"
                }
            ]
}
```

🔖 **注** WebFinger 和 OpenID Connect 协议发现规范都没有强制要求使用电子邮箱地址作为资源或终端用户的标识符。它必须是一个满足 RFC 3986 文档中 URI 定义的 URI，才能用来从中提取 WebFinger 端点。如果资源标识符是一个电子邮箱地址，那么它的前缀必须是 acct。

acct 是一个在网址 http://tools.ietf.org/html/draft-ietf-appsawg-acct-uri-07 中定义的 URI 方案。在使用 acct URI 方案时，@ 符号之后的所有内容都被视为主机名。依据 acct URI 方案，WebFinger 主机名可以从一个电子邮箱地址中提取得到，即 @ 符号之后的部分。

如果使用一个 URL 地址来作为资源标识符，那么 URL 地址中的主机名（以及端口号）将被视为 WebFinger 主机名。如果资源标识符是 https://auth.server.com:9443/prabath，那么 WebFinger 主机名就是 auth.server.com:9443。

在发现身份提供方的端点之后，WebFinger 的任务就结束了。然而，你拥有的数据还不足以向对应的身份提供方发起一条 OpenID Connect 授权请求。你可以通过与身份提供方的元数据端点进行交互来获取更多的信息，该端点必须是一个人人皆知的端点（图 6-2 中的步骤 4 和步骤 5）。在这之后，对于要和授权服务器进行交互的客户应用来说，它必须是一个已注册的客户应用。客户应用可以通过与授权服务器的客户注册端点交互（步骤 6 和步骤 7）来进行注册，然后就可以对授权和令牌端点进行访问（步骤 8 和步骤 9）。

🔖 **注** WebFinger 和 OpenID Connect 协议发现规范，都使用用于定义著名 URI（网址为 http://tools.ietf.org/html/ref5785）的规范来定义端点位置。RFC 5785 规范引入了一个名为 /.well-known/ 的路径前缀，来确定人人皆知的位置。大部分情况下，这些位置都是元数据端点或策略端点。

WebFinger 规范中人人皆知的端点是 /.well-known/wefinger。OpenID Connect 协议
发现规范为 OpenID 提供方配置元数据定义了人人皆知的端点，即 /.well-known/
openid-configuration。

6.10　OpenID Connect 协议身份提供方元数据

一个支持元数据发现的 OpenID Connect 协议身份提供方，应该将其配置存放在端点
/.well-known/openid-configuration 处。大部分情况下，这是一个未受保护的端点，任
何人都可以对其进行访问。一个 OpenID Connect 协议依赖方可以向元数据端点发送一条
HTTP GET 请求来获取 OpenID 提供方的配置细节，如下所示：

```
GET /.well-known/openid-configuration HTTP/1.1
Host: auth.server.com
```

这条请求将带来以下 JSON 格式的响应消息，其中包含一个 OpenID Connect 协议依赖
方与 OpenID 提供方或 OAuth 授权服务器进行交互需要知晓的所有内容：

```
HTTP/1.1 200 OK
Content-Type: application/json
{
  "issuer":"https://auth.server.com",
  "authorization_endpoint":"https://auth.server.com/connect/authorize",
  "token_endpoint":"https://auth.server.com/connect/token",
  "token_endpoint_auth_methods_supported":["client_secret_basic", "private_
  key_jwt"],
  "token_endpoint_auth_signing_alg_values_supported":["RS256", "ES256"],
  "userinfo_endpoint":"https://auth.sever.com/connect/userinfo",
  "check_session_iframe":"https://auth.server.com/connect/check_session",
  "end_session_endpoint":"https://auth.server.com/connect/end_session",
  "jwks_uri":"https://auth.server.com/jwks.json",
  "registration_endpoint":"https://auth.server.com/connect/register",
  "scopes_supported":["openid", "profile", "email", "address", "phone",
  "offline_access"],
  "response_types_supported":["code", "code id_token", "id_token", "token
  id_token"],
  "acr_values_supported":["urn:mace:incommon:iap:silver", "urn:mace:incommo
  n:iap:bronze"],
  "subject_types_supported":["public", "pairwise"],
  "userinfo_signing_alg_values_supported":["RS256", "ES256", "HS256"],
  "userinfo_encryption_alg_values_supported":["RSA1_5", "A128KW"],
  "userinfo_encryption_enc_values_supported":["A128CBC-HS256", "A128GCM"],
  "id_token_signing_alg_values_supported":["RS256", "ES256", "HS256"],
```

```
    "id_token_encryption_alg_values_supported":["RSA1_5", "A128KW"],
    "id_token_encryption_enc_values_supported":["A128CBC-HS256", "A128GCM"],
    "request_object_signing_alg_values_supported":["none", "RS256", "ES256"],
    "display_values_supported":["page", "popup"],
    "claim_types_supported":["normal", "distributed"],
    "claims_supported":["sub", "iss", "auth_time", "acr",
                        "name", "given_name", "family_name", "nickname",
                        "profile", "picture", "website","email",
                        "email_verified",
                        "locale", "zoneinfo",
                        "http://example.info/claims/groups"],
    "claims_parameter_supported":true,
    "service_documentation":"http://auth.server.com/connect/service_
    documentation.html",
    "ui_locales_supported":["en-US", "fr-CA"]
}
```

> 🔍 **注** 如果所发现的身份提供方端点在网址 https://auth.server.com 处，那么 OpenID 提供方元数据应该位于网址 https://auth.server.com/.well-known/openid-configuration 处。如果端点的网址是 https://auth.server.com/openid，那么元数据端点的网址就是 https://auth.server.com/openid/.well-known/openid-configuration。

6.11 动态客户注册

在通过 WebFinger 发现 OpenID 提供方端点（以及通过 OpenID Connect 协议发现过程发现所有与之相关的元数据）之后，OpenID Connect 协议依赖方仍需要拥有在 OpenID 提供方上注册得到的客户 ID 和客户秘密（不使用简化授权模式的情况下），才能发起授权请求或 OpenID Connect 认证请求。OpenID Connect 动态客户注册规范实现了一种机制，能够帮助我们在 OpenID 提供方上对 OpenID Connect 协议依赖方进行动态注册。

来自 OpenID 提供方元数据端点的响应消息在参数 registration_endpoint 中包含了用于客户注册的端点。为了支持动态客户注册，这个端点应该接受开放的注册请求，而无须认证。

为了对抗拒绝服务（Denial of Service，DoS）攻击，应该通过速率限制或是一个网络应用防火墙（Web Application Firewall，WAF）来对端点进行保护。为了发起客户注册，OpenID 依赖方需要向注册端点发送一条带有其自身元数据的 HTTP POST 消息。

以下是一个客户注册请求示例：

```
POST /connect/register HTTP/1.1
Content-Type: application/json
Accept: application/json
Host: auth.server.com
{
"application_type":"web",
"redirect_uris":["https://app.client.org/callback","https://app.client.org/
callback2"],
"client_name":"Foo",
"logo_uri":"https://app.client.org/logo.png",
"subject_type":"pairwise",
"sector_identifier_uri":"https://other.client.org /file_of_redirect_uris.
json",
"token_endpoint_auth_method":"client_secret_basic",
"jwks_uri":"https://app.client.org/public_keys.jwks",
"userinfo_encrypted_response_alg":"RSA1_5",
"userinfo_encrypted_response_enc":"A128CBC-HS256",
"contacts":["prabath@wso2.com", "prabath@apache.org"],
"request_uris":["https://app.client.org/rf.txt#qpXaRLh_
n93TTR9F252ValdatUQvQiJi5BDub2BeznA"]
}
```

在响应消息中，OpenID Connect 协议提供方或授权服务器会返回以下 JSON 格式的消息。它包含了一个 client_id 和一个 client_secret：

```
HTTP/1.1 201 Created
Content-Type: application/json
Cache-Control: no-store
Pragma: no-cache
{
"client_id":"Gjjhj678jhkh89789ew",
"client_secret":"IUi989jkjo_989klkjuk89080kjkuoikjkUIl",
"client_secret_expires_at":2590858900,
"registration_access_token":"this.is.an.access.token.value.ffx83",
"registration_client_uri":"https://auth.server.com/connect/register?client_
id=Gjjhj678jhkh89789ew ",
"token_endpoint_auth_method":"client_secret_basic",
"application_type": "web",
"redirect_uris":["https://app.client.org/callback","https://app.client.org/
callback2"],
"client_name":"Foo",
"logo_uri":"https://client.example.org/logo.png",
"subject_type":"pairwise",
"sector_identifier_uri":"https://other.client.org/file_of_redirect_uris.
json",
"jwks_uri":"https://app.client.org/public_keys.jwks",
"userinfo_encrypted_response_alg":"RSA1_5",
```

```
"userinfo_encrypted_response_enc":"A128CBC-HS256",
"contacts":["prabath@wso2.com", "prabath@apache.org"],
"request_uris":["https://app.client.org/rf.txt#qpXaRLh_
n93TTR9F252ValdatUQvQiJi5BDub2BeznA"]
}
```

在 OpenID Connect 协议依赖方获取一个客户 ID 和一个客户秘密之后，OpenID Connect 协议发现阶段就结束了。依赖方现在可以发起 OpenID Connect 协议认证请求了。

 注 OpenID Connect 协议动态客户注册规范的 2.0 小节中，列出了一条 OpenID Connect 协议客户注册请求中能够包含的所有属性，详见网址 http://openid.net/specs/openid-connect-registration-1_0.html。

6.12 用于保护 API 的 OpenID Connect 协议

到目前为止，你已经学习了关于 OpenID Connect 协议的详细内容。但是在现实中，它在保护 API 方面将如何为你提供帮助？终端用户可以利用 OpenID Connect 协议来进行认证，从而登录网络应用、移动应用等。然而，为什么需要 OpenID Connect 协议来保护一个无头 API 呢？最终，所有的 API 都会由 OAuth 2.0 协议提供保护，而你需要通过一个访问令牌来与 API 进行交互。API（或者是策略执行组件）会通过与授权服务器交互来对访问令牌进行验证。为什么需要向一个 API 传递一个 ID 令牌？

OAuth 协议考虑的是委托授权的问题，而 OpenID Connect 协议考虑的是认证的问题。一个 ID 令牌是一个与你的身份相关的断言，即用来证明你身份的证据。它可以被用于通过认证来访问一个 API。在编写本书时，任何针对 JWT 的 HTTP 绑定都还没有定义。

以下示例提出，将 JWT 断言（或者是 ID 令牌）作为 HTTP 授权头部字段中的一个访问令牌传递给一个受保护的 API。ID 令牌，或者是经过签名的 JWT，分三部分进行了 Base64 URL 编码。每一部分通过一个点号（.）分隔。到第一个点号的第一部分是 JWT 头部，第二部分是 JWT 正文，第三部分是签名。在客户应用获取 JWT 之后，它可以以如下所示的方法将其放到 HTTP 授权头部字段中：

```
POST /employee HTTP/1.1
Content-Type: application/json
Accept: application/json
Host: resource.server.com
Authorization: Bearer eyJhbGciOiljiuo98kljlk2KJl.
IUojlkoiaos298jkkdksdosiduIUiopo.oioYJ21sajds
{
```

```
    "empl_no":"109082",
    "emp_name":"Peter John",
    "emp_address":"Mountain View, CA, USA"
}
```

要对 JWT 进行验证，API（或者策略执行组件）必须将 JWT 断言从 HTTP 授权头部中导出，对其进行 Base64 URL 解码，然后对签名进行验证，来检查它是否是由一个可信颁发方签名的。另外，JWT 中的声明可被用于认证和授权。

注　当一个 OpenID Connect 协议身份提供方发放了一个 ID 令牌时，它会向令牌中添加 aud 参数来指明令牌的受众。这个参数可以是一个标识符数组。

当利用 ID 令牌访问 API 时，一个 API 已知的 URI 也应该添加到 aud 参数中。一般来说，这个属性无法在 OpenID Connect 协议认证请求中获取，因此它必须在 OpenID Connect 协议身份提供方处进行带外设置。

6.13　总结

- ❏ OpenID Connect 协议是在 OAuth 2.0 协议上层构建的。它在 OAuth 2.0 协议上层引入了一个身份层。这个身份层被抽象表示为一个 ID 令牌，即一个 JSON Web 令牌。
- ❏ OpenID Connect 协议从 OpenID 协议发展成为一个 OAuth 2.0 协议配置。
- ❏ OpenID Connect 动态客户注册规范实现了一种机制，能够帮助我们在 OpenID 提供方上对 OpenID Connect 协议依赖方进行动态注册。
- ❏ OpenID Connect 协议定义了两种请求用户属性的方法。客户应用可以选择利用初始 OpenID Connect 协议认证请求来请求属性，也可以选择后续通过与授权服务器承载的 UserInfo 端点交互来请求属性。
- ❏ 在发现过程中，OpenID Connect 协议除了使用 OpenID Connect 协议动态客户注册和身份提供方元数据配置之外，还使用了 WebFinger 协议。
- ❏ 一个支持元数据发现的 OpenID Connect 协议身份提供方，应该将其配置存放在端点 /.well-known/openid-configuration 处。

利用 JSON Web 签名实现消息级安全

JS 对象简谱 (JavaScript Object Notation, JSON) 提供了一种以与语言无关的、基于文本的轻量级方式，进行数据交换的方法。它最初是从 ECMAScript 编程语言中总结提炼出来的。JSON 和 XML 是 API 最常使用的数据交换格式。通过观察近年来的趋势可以看出，JSON 正在很明显地取代 XML 的位置。现在大部分 API 都提供对 JSON 格式的支持，其中有些同时支持 JSON 和 XML。只支持 XML 格式的 API 非常少见。

7.1 JSON Web 令牌简介

JSON Web 令牌 (JSON Web Token, JWT) 定义了一个容器，来以 JSON 格式在参与方之间传输数据。它在 2015 年 5 月成为一个 IETF 组织标准，编号为 RFC 7519。我们在第 6 章所讨论的 OpenID Connect 协议规范利用一个 JWT 来代表 ID 令牌。让我们将谷歌 API 所返回的 OpenID Connect 协议 ID 令牌作为一个示例来查看一下（要理解 JWT，你不需要了解 OpenID Connect 协议内容）：

```
eyJhbGciOiJSUzI1NiIsImtpZCI6Ijc4YjRjZjIzNjU2ZGMzOTUzNjRmMWI2YzAyOTA3
NjkxZjJjZGZmZTEifQ.eyJpc3MiOiJhY2NvdW50cy5nb29nbGUuY29tIiwic3ViIjoiMT
EwNTAyMjUxMTU4OTIwMTQyNzMyMyIsImYXpwIjoiODI1MjQ5ODM1MjU5LXRlOHFF
nbDcwMWtnb25ub21ucDRzcXY3ZXJodDEyMTFFzLmFwcHMuZ29vZ2xldXNlcmNvbv
nRlbnQuY29tIiwiZW1haWwiOiJwcmFiYXRoQHdzbzIuY29tIiwiYXRfaGFzaCI6InpmM
DZ2TnVs c0xCOGdGGYXFSd2R6WWciLCJlbWFpbF92ZXJpZmllZCI6dHJ1ZSwiYXVkI
```

joiODI1MjQ5ODM1NjU5LXRlOHFnbDcwMWtnb25ub21ucDRzcXY3ZXJodTEyMTFz
LmFwcHMuZ29vZ2xlXNlcmNvbnRlbnQuY29tIiwiaGQiOiJ3c28yLmNvbSIsImlhdCI6
MTQwMTkwODI3MSwiZXhwIjoxNDAxOTEyMTcxfQ.TVKv-pdyvk2gW8sGsCbsnkq
srSoT-HOOxnY6ETkIfgIxfotvFn5IwKm3xyBMpyOFFeORb5Ht8AEJV6PdWyxz8rMgX
2HROWqSo_RfEfUpBb4iOsq4W28KftW5HOIA44VmNZ6zU4YTqPSt4TPhyFC9fP2D
_Hg7JQozpQRUfbWTJI

注　在提出 JWT 之前，微软于 2009 年提出了简单网络令牌（Simple Web Token，SWT[⊖]）。它既不是 JSON 格式，也不是 XML 格式。它定义了独有的令牌格式来实现一组 HTML 格式编码的名 / 值对。JWT 和 SWT 都定义了一种在应用程序之间承载声明的方式。在 SWT 中，声明名和声明值都是字符串，而在 JWT 中，声明名是字符串，但声明值可以是任意 JSON 类型。这两种令牌类型都为其内容提供了加密保护：SWT 使用的是 HMAC SHA256 算法，而 JWT 可以对算法进行选择，包括签名、MAC 以及加密算法。尽管 SWT 逐渐发展成了一个 IETF 组织提案，但是它始终没有成为一个 IETF 组织的建议标准。Dick Hardt 是 SWT 规范的作者，后来他在 OAuth WRAP 规范（我们将在附录 B 中讨论）的创建工作中也发挥了重要作用。

7.1.1　JOSE 头部

上述 JWT 有三个主要的组成部分。每个组成部分都经过了 Base64 URL 编码，并由一个点号（.）分隔。附录 E 详细讲解了 Base64 URL 编码的工作机制。让我们对 JWT 中每个单独的组成部分进行学习辨别。JWT 的第一个组成部分被称为 JS 对象签名与加密（JavaScript Object Signing and Encryption，JOSE）头部。JOSE 头部列出了与应用于 JWT 声明集合（本章后续将对其进行讲解）的加密操作相关的属性。以下是上述 JWT 中经过 Base64 URL 编码的 JOSE 头部：

eyJhbGciOiJSUzI1NiIsImtpZCI6Ijc4YjRjZjIzNjU2ZGMzOTUzNjRmMWI2YzAyOTA3
NjkxZjJjZGZmZTEifQ

要使 JOSE 头部可读，我们需要对其进行 Base64 URL 解码。以下展示了经过 Base64 URL 解码的 JOSE 头部，其中定义了两个属性，即算法（alg）和密钥标识符（kid）。

```
{"alg":"RS256","kid":"78b4cf23656dc395364f1b6c02907691f2cdffe1"}
```

alg 和 kid 参数都没有在 JWT 规范中进行定义，而是定义于 JWS 规范中。这里，让我们先简单了解一下这些参数的含义，在讲解 JWS 时再进行详细的讨论。JWT 规范不与任何

⊖　简单网络令牌，网址为 http://msdn.microsoft.com/en-us/library/hh781551.aspx。

特定的算法绑定。编号为 RFC 7518 的 JSON Web 算法（JSON Web Algorithm，JWA）规范中，定义了所有可用的算法。RFC 7518 文档的 3.1 小节中定义了一个 JWS 令牌中所有可能的 alg 参数值。kid 参数的值为用于消息签名的密钥提供了一个指示或提示。利用 kid 参数，消息接收方应该能够知道去哪里找到密钥。JWT 规范只在 JOSE 头部中定义了两个参数，如下所列：

- ❏ typ（类型）：typ 参数用于定义完整 JWT 的媒介类型。作为一个标识符，媒介类型定义了互联网上传输的内容格式。处理一个 JWT 的组件分为两类：JWT 实现和 JWT 应用。Nimbus⊖是一个用于处理 JWT 的 Java 语言实现方案。Nimbus 库知道如何构建和解析一个 JWT。一个 JWT 应用可以是内部使用 JWT 的任何实体。一个 JWT 应用可以利用一个 JWT 实现来对 JWT 进行构建或解析。typ 参数只是 JWT 实现所使用的另一个参数。它并不会尝试解析该值，但是 JWT 应用会。当一个应用数据结构在包含一个 JWT 对象的同时还包含不是 JWT 的值时，typ 参数能够帮助 JWT 应用区分 JWT 内容。这是一个可选参数，而如果一个 JWT 中包含该参数，那么建议使用 JWT 作为媒介类型。

- ❏ cty（内容类型）：cty 参数用于定义 JWT 相关的结构信息。只有在使用一个嵌套 JWT 的情况下，才建议使用这个参数。我们将在第 8 章对嵌套 JWT 进行讨论，而 cty 参数的定义也将在那里进行进一步的解释。

7.1.2 JWT 声明集合

JWT 的第二个组成部分被称为 JWT 负载，或者 JWT 声明集合。作为一个 JSON 格式的对象，它承载了业务数据。以下是上述 JWT（从谷歌 API 返回）中经过 Base64 URL 编码的 JWT 声明集合，其中包含了认证用户相关的信息：

```
eyJpc3MiOiJhY2NvdW50cy5nb29nbGUuY29tIiwic3ViIjoiMTEwNTAyMjUxMTU4OT
IwMTQ3NzMyIiwiYXpwIjoiODI1MjQ5ODM1NjU5LXRlOHFnbDcwMWtnb25lljd0ub21uc
DRzcXY3ZXJodEyMTFzLmFwcHMuZ29vZ2xldXNlcmNvbnRlbnQuY29tIiwiZW1ha
WwiOiJwcmFiYXRoQHdzbzIuY29tIiwiYXRfaGFzaCI6Inpm0DZ2TnVscOxCGdGYX
FSd2R6WWciLCJlbWFpbF92ZXJpZmllZCI6dHJ1ZSwiYXVkIjoiODI1MjQ5ODM1NjU
5LXRlOHFnbDcwMWtnb25lljd0ub21ucDRzcXY3ZXJodEyMTFzLmFwcHMuZ29vZ2xld
XNlcmNvbnRlbnQuY29tIiwiaGQiOiJ3c28yLmNvbSIsImlhdCI6MTQwMTkwODI3MS
wiZXhwIjoxNDAxOTEyMTcxfQ
```

为了使 JWT 声明集合可读，我们需要对其进行 Base64 URL 解码。以下展示了经过 Base64 URL 解码的 JWT 声明集合。构建 JWT 声明集合时会显式保留空格——即在进行 Base64 URL 编码之前不需要进行规范化操作。规范化是将一条消息的不同格式转换为单独一个标准格式的过程。这一过程通常在对 XML 格式消息进行签名之前使用。在

⊖ 处理 JWT 的 Nimbus Java 语言实现方案，网址为 http://connect2id.com/products/nimbus-jose-jwt。

XML 格式中，我们可以以不同的格式来表示相同的消息，从而表达相同的含义。例如，<vehicles><car></car></vehicles> 和 <vehicles><car/></vehicles> 在含义上是等价的，但却具有两种不同的标准格式。在对一条 XML 格式的消息进行签名之前，你应该按照规范化算法来构建一个标准格式。

```
{
    "iss":"accounts.google.com",
    "sub":"110502251158920147732",
    "azp":"825249835659-te8qgl701kgonnomnp4sqv7erhu1211s.apps.
    googleusercontent.com",
    "email":"prabath@wso2.com",
    "at_hash":"zf86vNulsLB8gFaqRwdzYg",
    "email_verified":true,
    "aud":"825249835659-te8qgl701kgonnomnp4sqv7erhu1211s.apps.
    googleusercontent.com",
    "hd":"wso2.com",
    "iat":1401908271,
    "exp":1401912171
}
```

在 JWT 声明集合所代表的 JSON 对象中，其成员是 JWT 颁发方所断言的声明。一个 JWT 中的每个声明名字都必须是唯一的。如果存在重复的声明名字，那么 JWT 解析器可能会返回一个解析错误，或者直接返回包含最新重复声明的声明集合。JWT 规范并没有对强制性和可选声明给出确切的定义。每个使用 JWT 的应用程序可以自行定义强制性和可选声明。例如，我们在第 6 章中详细讨论的 OpenID Connect 协议规范就定义了强制性和可选声明。

JWT 规范定义了三类声明：注册声明、公共声明和私有声明。注册声明在互联网分配号码授权机构（Internet Assigned Numbers Authority，IANA）JSON Web 令牌声明登记处进行了注册。尽管这些声明被视为注册声明，但 JWT 规范并没有强制指定它们的用法。其他构建于 JWT 之上的规范完全可以自主决定哪些声明是强制性的，哪些不是。例如在 OpenID Connect 协议规范中，iss 是一个强制性声明。以下列出了 JWT 规范所定义的注册声明集合：

❑ iss（颁发方）：JWT 颁发方。这个声明是一个大小写敏感的字符串值。理论上，这个声明代表了声明集合的断言方。如果 JWT 由谷歌公司发布，那么 iss 值应该是 accounts.google.com。这个声明为接收方指明了 JWT 的颁发方。

❑ sub（对象）：令牌颁发方或断言方为一个特定的实体发放 JWT，JWT 内嵌的声明集合通常代表了这个实体，而 sub 参数就负责标识这个实体。sub 参数的值为一个大小写敏感的字符串值。

❑ aud（受众）：令牌颁发方向一个指定接收方或一组接收方发放 JWT，而 aud 参数

负责表示相关受众。接收方或接收方组应该知道如何对 JWT 进行解析和验证。在进行验证检查之前，它首先必须查看所发放的特定 JWT 使用对象是否是自己，如果不是，则应该马上拒绝。aud 参数的值可以是一个大小写敏感的字符串值，或者是一个字符串数组。在发放令牌之前，令牌颁发方应该知道令牌的指定接收方（或一组接收方）是谁，同时 aud 参数的值必须是一个在令牌颁发方和接收方之间通过预先协商的值。实际上，一方也可以利用一个正则表达式来对令牌受众进行验证。例如，当 apress.com 域中的每个接收方都拥有其独有的 aud 值，诸如 foo.apress.com、bar.apress.com 时，令牌中 aud 的值可以是 *.apress.com。与找到 aud 值的精确匹配结果不同，每个接收方可以仅仅检查 aud 值与正规表达式 (?:[a-zA-Z0-9]*|*).apress.com 是否匹配。这就能够确保任何接收方都可以使用一个属于 apress.com 任何子域的 JWT。

- ❏ exp（过期时间）：每个 JWT 都携带了一个过期时间。如果 JWT 令牌已过期，那么令牌接收方必须拒绝该令牌。颁发方可以决定过期时间的值。JWT 规范对于如何确定令牌的最佳过期时间并没有给出建议或指导。其他在内部使用 JWT 的规范负责提供这方面的建议。exp 参数值的计算方法是，将以秒为单位的过期时间（从令牌发放时间开始）加上从 1970-01-01T00:00:00Z UTC 到当前时间的时长。如果令牌颁发方的时钟与接收方的时钟不同步（不考虑各自时区的情况下），那么对过期时间的验证过程可能会失败。为了解决这个问题，在验证过程中，每个接收方可以加上几分钟作为时钟偏移。

- ❏ nbf（不早于）：如果 nbf 参数的值大于当前时间，那么令牌接收方应该拒绝该令牌。JWT 无法在 nbf 参数所指定的值之前使用。nbf 参数的值为从 1970-01-01T00:00:00Z UTC 到不早于的时刻之间的秒数。

- ❏ iat（发放时间）：JWT 中的 iat 参数表示令牌颁发方所计算的 JWT 发放时间。iat 参数值是从 1970-01-01T00:00:00Z UTC 到当前时间（即令牌发放的时刻）的秒数。

- ❏ jti（JWT ID）：JWT 中的 jti 参数是令牌颁发方所生成的一个唯一令牌标识符。如果令牌接收方从多个令牌颁发方收到了 JWT，那么这个值在所有颁发方之间可能不是唯一的。在这种情况下，令牌接收方可以通过在令牌颁发方下维护令牌的方式来保证令牌唯一性。令牌颁发方标识符 +jti 参数的组合，应该能够生成一个唯一令牌标识符。

公共声明在其他构建于 JWT 之上的规范中进行了定义。为了避免在这种情况下发生冲突，名字应该在 IANA JSON Web 令牌声明登记处进行注册，或者以一种抗冲突的方式在一个适当的命名空间中进行定义。例如，OpenID Connect 协议规范定义了自己独有的声明集合，这些声明都包含在 ID 令牌（ID 令牌本身就是一个 JWT）中，并且在 IANA JSON Web 令牌声明登记处进行了注册。

私有声明应该确实是私有的，并且仅在一个给定的令牌颁发方和一个选定的接收方集合之间共享。这些声明应该谨慎使用，因为存在发生冲突的可能。如果一个给定的接收方从多个令牌颁发方收到了令牌，并且它是一个私有声明，那么同一声明的语意可能会根据颁发方的不同而不同。

7.1.3　JWT 签名

JWT 的第三部分是签名，它也是经过 Base64 URL 编码处理的。JOSE 头部中定义了签名相关的密码参数。在本章的特定示例中，JOSE 头部中 alg 参数的值为 RS256，这代表谷歌选择采用的是使用 SHA256 散列算法的 RSASSA-PKCS1-V1_5[⊖]。以下展示了谷歌返回的 JWT 签名部分。签名本身对我们来说是不可读的——因此尝试对以下内容进行 Base64 URL 解码是没有意义的。

```
TVKv-pdyvk2gW8sGsCbsnkqsrSOTHOOxnY6ETkIfgIxfotvFn5IwKm3xyBMpyO
FFeORb5Ht8AEJV6PdWyxz8rMgX2HROWqSo_RfEfUpBb4iOsq4W28KftW5
HOIA44VmNZ6zU4YTqPSt4TPhyFC-9fP2D_Hg7JQozpQRUfbWTJI
```

生成一个明文 JWT

明文 JWT 没有签名。它只有两部分。JOSE 头部中的 alg 参数值必须设置为空。以下 Java 代码能够生成一个明文 JWT。你可以从网址 https://github.com/apisecurity/samples/tree/master/ch07/sample01 下载一个 Maven 工程形式的完整 Java 示例。

```java
public static String buildPlainJWT() {

// 创建受众限制列表
List<String> aud = new ArrayList<String>();
aud.add("https://app1.foo.com");
aud.add("https://app2.foo.com");

Date currentTime = new Date();

// 创建一个声明集合
JWTClaimsSet jwtClaims = new JWTClaimsSet.Builder().
                        // 设置颁发方的值
                        issuer("https://apress.com").
                        // 设置对象值——JWT属于该对象
                        subject("john").
                        // 设置受众限制值
                        audience(aud).
```

⊖　RFC 3447 文档中对 RSASSA-PKCS1-V1_5 进行了定义，网址为 www.ietf.org/rfc/rfc3447.txt。它以 PKCS#1 所定义的方法，利用签名者的 RSA 私钥对消息进行签名。

```
                              // 将过期时间设置为10分钟
                              expirationTime(new Date(new Date().getTime()
                              + 1000 * 60 * 10)).
                              // 将有效起始时间设置为当前时间
                              notBeforeTime(currentTime).
                              // 将颁发时间设置为当前时间
                              issueTime(currentTime).
                              // 将一个已生成的UUID设为JWT标识等
                              jwtID(UUID.randomUUID().toString()).
                              build();
// 利用JWT声明来创建明文JWT
PlainJWT plainJwt = new PlainJWT(jwtClaims);

// 进行序列化处理，获取结果字符串
String jwtInText = plainJwt.serialize();

// 打印JWT的值
System.out.println(jwtInText);

return jwtInText;
}
```

要构建并运行程序，请在 ch07/sample01 目录中执行以下 Maven 命令。

```
\> mvn test -Psample01
```

上述指令将产生以下输出信息，即一个 JWT。如果重复运行代码，你可能不会获得相同的输出，因为在你每次运行程序时，currentTime 变量的值都会改变：

```
eyJhbGciOiJub25lIn0.eyJleHAiOjEOMDIwMzcxNDEsInN1YiI6ImpvaG4iLCJuYm
YiOjEOMDIwMzY1NDEsImF1ZCI6WyJodHRwczpcL1wvYXBwMS5mb28uY29tIi
wiaHR0cHM6XC9cL2FwcDIuzm9vLmNvbSJdLCJpc3MiOiJodHRwczpcL1wvYX
ByZXNzLmNvbSIsImpoaSI6IjVmMmMyM2RmLTEyNDktNGIwMS4MmYxLWJl
MjliM2NhOTY4OSIsImlhdCI6MTQwMjAzNjUOMXO.
```

以下 Java 代码展示了如何解析一个经过 Base64 URL 编码的 JWT。理论上，这段代码可以在 JWT 接收端运行：

```java
public static PlainJWT parsePlainJWT() throws ParseException {
    // 获取Base64 URL编码文本格式的JWT
    String jwtInText = buildPlainJWT();
    // 从经过Base64 URL编码的文本中解析创建一个明文JWT
    PlainJWT plainJwt = PlainJWT.parse(jwtInText);
    // 打印JSON格式的JOSE头部
    System.out.println(plainJwt.getHeader().toString());
    // 打印JSON格式的JWT主体内容
    System.out.println(plainJwt.getPayload().toString());
    return plainJwt;
}
```

这段代码将产生以下输出信息，其中包含了经过解析的 JOSE 头部和负载：

```
{"alg":"none"}
{
    "exp":1402038339,
    "sub":"john",
    "nbf":1402037739,
    "aud":["https:\/\/app1.foo.com","https:\/\/app2.foo.com"],
    "iss":"https:\/\/apress.com",
    "jti":"1e41881f-7472-4030-8132-856ccf4cbb25",
    "iat":1402037739
}
```

JOSE 工作组

IETF 组织中的很多工作组都是直接采用 JSON 格式，包括 OAuth 工作组和跨域身份管理系统（System for Cross-domain Identity Management，SCIM）工作组。SCIM 工作组正在基于 JSON 格式创建一个预备标准。在 IETF 组织之外，OASIS XACML 工作组正在致力于为 XACML 3.0 协议创建一个 JSON 格式的配置规范。

OpenID 基金会所发布的 OpenID Connect 协议规范，同样严重依赖于 JSON 格式。随着围绕 JSON 格式构建的标准日益增多，以及 JSON 格式在 API 内部数据交换方面的普及应用，定义如何在消息层保护 JSON 格式的消息变得十分必要。TLS 协议只能在传输层提供机密性和完整性。IETF 组织所建立的 JOSE 工作组旨在对完整性保护和机密性安全，以及密钥和算法标识符的格式进行标准化，从而为相关安全服务的互操作性提供支持，这些服务针对的是使用 JSON 格式的协议。JOSE 工作组发布了四个 IETF 提案标准，分别是 JSON Web 签名（RFC 7515）、JSON Web 加密（RFC 7516）、JSON Web 密钥（RFC 7517）和 JSON Web 算法（RFC 7518）。

7.2　JSON Web 签名

IETF 组织 JOSE 工作组所发布的 JSON Web 签名（JSON Web Signature，JWS）规范代表了一个经过数字化签名或求取 MAC 值（当一个散列算法被用于计算 HMAC 时）的消息或负载。按照 JWS 规范，一个经过签名的消息可以以两种方式进行序列化：JWS 紧凑序列和 JWS JSON 序列。在本章开头所讨论的谷歌公司 OpenID Connect 协议示例用的是 JWS 紧凑序列。实际上，OpenID Connect 协议规范强制规定，必要时都要使用 JWS 紧凑序列和 JWE 紧凑序列（我们将在第 8 章讨论 JWE）。术语 JWS 令牌用于指代一个负载按照 JWS 规范中所定义的任何序列化技术来进行序列化的格式。

> 📖 **注** JWT 通常都是以 JWS 紧凑序列或 JWE 紧凑序列的形式来进行序列化处理的。我们将在第 8 章对 JWE（JSON Web Encryption，JSON Web 加密）进行讨论。

7.2.1 JWS 紧凑序列

JWS 紧凑序列指的是一个经过签名的 JSON 格式负载，其格式为一个紧凑型的 URL– 安全字符串。这个紧凑字符串由间隔符（.）分隔为三个主要部分：JOSE 头部、JWS 负载以及 JWS 签名（详见图 7-1）。如果针对一个 JSON 格式的负载选择使用紧凑序列化处理，那么你只能拥有单独一个针对 JOSE 头部和 JWS 负载计算得到的签名。

图 7-1　一个紧凑序列形式的 JWS 令牌

1. JOSE 头部

JWS 规范向 JOSE 头部中引入了 11 个参数。以下列出了一个 JOSE 头部所携带的与消息签名相关的参数。除了这些参数，JWT 规范只对 typ 和 cty 参数进行了定义（正如我们之前所讨论的），而 JWS 规范定义了其他参数。JWS 令牌中的 JOSE 头部携带了 JWS 令牌接收方要正确验证其签名所需的所有参数：

❑ alg（算法）：用于 JSON 负载签名的算法名称。这是 JOSE 头部中的一个必需属性。未在头部包含这个参数，将会导致令牌解析错误。alg 参数的值为一个从 JSON Web 算法（JSON Web Algorithm，JWA）规范所定义的 JSON Web 签名与加密算法登记处获取的字符串。如果 alg 参数的值不是从上述登记处获取的，那么它应该以一种抗冲突的方式进行定义，但是这并不能保证所有的 JWS 实现方案都能识别特定的算法。因此通常最好选择 JWA 规范中定义的算法。

❑ jku：JOSE 头部中的 jku 参数携带一个指向 JSON Web 密钥（JSON Web Key，JWK）集合的 URL 地址。这个 JWK 集合代表一个 JSON 编码的公钥集合，其中一个密钥被用于 JSON 负载签名。不管使用什么协议来获取密钥集合，都应该提供完整性保护。如果密钥通过 HTTP 协议获取，那么就应该使用 HTTPS 协议（或者是 TLS 协议之上的 HTTP 协议），而不是明文 HTTP 协议。我们将在附录 C 中对 TLS 协议进行详细讨论。jku 是一个可选参数。

❑ jwk：JOSE 头部中的 jwk 参数，代表与用于 JSON 负载签名的密钥相对应的公钥。

密钥按照 JSON Web 密钥（JSON Web Key，JWK）规范进行编码。我们之前所讨论的 jku 参数指向一个包含一组 JWK 的链接，而 jwk 参数将密钥嵌入 JOSE 头部本身。jwk 是一个可选参数。

❑ kid：JOSE 头部的 kid 参数代表一个用于 JSON 负载签名的密钥标识符。利用这个标识符，JWS 接收方应该可以对密钥进行定位。如果令牌颁发方利用 JOSE 头部中的 kid 参数来告知接收方签名密钥的相关信息，那么对应的密钥应该"以某种方法"在令牌颁发方和接收方之间提前交换。这个密钥如何进行交换，不在 JWS 规范的范畴之中。如果 kid 参数的值指向一个 JWK，那么这个参数的值应该与 JWK 中的 kid 参数值相匹配。kid 是 JOSE 头部中的一个可选参数。

❑ x5u：JOSE 头部中的 x5u 参数和我们之前所讨论的 jku 参数十分相似。与指向一个 JWK 集合不同，这里的 URL 地址指向的是一个 X.509 证书或一个 X.509 证书链。URL 地址所指向的资源必须包含 PEM 编码格式的证书或证书链。链上的每个证书都必须位于定界符之间⊖：-----BEGIN CERTIFICATE----- 和 -----END CERTIFICATE-----。与用于 JSON 负载签名的密钥相对应的公钥应该是证书链的首项，而其他项是中间 CA（Certificate Authority，证书授权机构）和根 CA 的证书。x5u 是 JOSE 头部中的一个可选参数。

❑ x5c：JOSE 头部中的 x5c 参数，代表与用于 JSON 负载签名的私钥相对应的 X.509 证书（或证书链）。这与我们之前所讨论的 jwk 参数类似，但是在这种情况下，它不是一个 JWK，而是一个 X.509 证书（或证书链）。证书或证书链在一个证书值字符串的 JSON 数组中表示。数组中的每个元素应该都是一个经过 Base64 编码的 DER PKIX 证书值。与用于 JSON 负载签名的密钥相对应的公钥应该是 JSON 数组中的首项，而其他项是中间 CA 和根 CA 的证书。x5c 是 JOSE 头部中的一个可选参数。

❑ x5t：JOSE 头部中的 x5t 参数表示与用于 JSON 负载签名的密钥相对应的，经过 Base64 URL 编码的 X.509 证书 SHA-1 指纹。这个参数与我们之前所讨论的 kid 参数类似。这两个参数都被用于定位密钥。如果令牌颁发方利用 JOSE 头部中的 x5t 参数来告知接收方签名密钥的相关信息，那么对应的密钥应该"以某种方法"在令牌颁发方和接收方之间提前交换。这个密钥如何进行交换，不在 JWS 规范的范畴之中。x5t 是 JOSE 头部中的一个可选参数。

❑ x5t#s256：JOSE 头部中的 x5t#s256 参数表示与用于 JSON 负载签名的密钥相对应的，经过 Base64 URL 编码的 X.509 证书 SHA256 指纹。x5t#s256 和 x5t 之间唯一的区别就是散列算法。x5t#s256 是 JOSE 头部中的一个可选参数。

⊖　IKEv1/ISAKMP、IKEv2 和 PKIX 的互联网 IP 安全 PIK 配置（RFC 4945）在 6.1 节中为 X.509 证书定义了定界符，网址为 https://tools.ietf.org/html/rfc4945。

❏ typ：JOSE 头部中的 typ 参数被用来定义整个 JWS 的媒介类型。处理一个 JWS 的组件分为两类：JWS 实现和 JWS 应用。Nimbus 是一个用于处理 JWS 的 Java 语言实现方案。Nimbus 库知道如何构建和解析一个 JWS。一个 JWS 应用可以是内部使用 JWS 的任何实体。一个 JWS 应用可以利用一个 JWS 实现来对 JWS 进行构建或解析。在这种情况下，typ 参数只是 JWS 实现所使用的另一个参数。它并不会尝试解析该值，但是 JWS 应用会。当存在多类对象时，typ 参数能够帮助 JWS 应用对内容进行区分。对于一个采用 JWS 紧凑序列形式的 JWS 令牌以及一个采用 JWE 紧凑序列形式的 JWE 令牌来说，typ 参数的值为 JOSE，而对于一个采用 JWS JSON 序列形式的 JWS 令牌以及一个采用 JWE JSON 序列形式的 JWE 令牌来说，该值为 JOSE+JSON。（我们将在本章后续部分中讨论 JWS 序列，而 JWE 序列将在第 8 章进行讨论）。typ 是 JOSE 头部中的一个可选参数。

❏ cty：JOSE 头部中的 cty 参数用来表示 JWS 中受保护内容的媒介类型。只有在使用一个嵌套 JWT 的情况下，才建议使用该参数。稍后我们将在第 8 章中对嵌套 JWT 进行讨论，同时在那里对 cty 参数的定义进行进一步的解释。cty 是 JOSE 头部中的一个可选参数。

❏ crit：JOSE 头部中的 crit 参数被用来通知 JWS 接收方，JOSE 头部中存在 JWS 或 JWA 规范都未定义的定制参数。如果接收方无法理解这些定制参数，那么 JWS 令牌将被视为无效。crit 参数的值是一个名称的 JSON 数组，其中每项都代表一个定制参数。crit 是 JOSE 头部中的一个可选参数。

在上述定义的所有 11 个参数中，有 7 个讨论的是如何引用相关的公钥，这个公钥与 JSON 负载签名所用的密钥相对应。引用一个密钥的方法分为三种：外部引用、嵌入和密钥标识符。jku 参数和 x5u 参数属于外部引用的范畴。它们都是通过一个 URI 来引用密钥。jwk 参数和 x5c 参数属于嵌入引用的范畴。它们每一个都对如何将密钥嵌入 JOSE 头部本身做出了定义。kid 参数、x5t 参数和 x5t#s256 参数则属于密钥标识符引用的范畴。它们都对如何利用一个标识符来定位密钥做出了定义。其次，基于密钥的表示方法，所有七个参数可以进一步划分为两类：JSON Web 密钥（JSON Web Key，JWK）和 X.509。jku、jwk 和 kid 属于 JWK 这一类，而 x5u、x5c、x5t 和 x5t#s256 都属于 X.509 这一类。在一个给定 JWS 令牌的 JOSE 头部中，在一个给定的时间内，我们只需要从上述参数中选择一个使用。

🔖 **注** 如果在 JOSE 头部中存在 jku、jwk、kid、x5u、x5c、x5t 和 x5t#s256 中的任何一个参数，那么必须对这些参数进行完整性保护。未加保护将导致一个攻击者可以任意修改用于消息签名的密钥，并且修改消息负载的内容。在对一个 JWS 令牌的签名进行验证之后，接收应用必须检查与签名相关的密钥是否可信。对接收方是否知道对应密钥进行检查，可以实现信任验证过程。

JWS 规范并没有限制应用程序只能使用上述定义的 11 个头部参数。引入新头部参数的方法分为两种：公共头部名称和私有头部名称。任何想要在公共空间使用的头部参数，都应该以一种抗冲突的方式引入。建议在 IANA JSON Web 签名与加密头部参数登记处对这类公共头部参数进行注册。私有头部参数通常在一个受限环境中使用，在这种环境下，令牌颁发方和接收方都充分知晓彼此的存在。这类参数应该谨慎使用，因为存在发生冲突的风险。如果一个给定的接收方从多个令牌颁发方收到令牌，那么在使用一个私有头部的情况下，同一参数的语意可能会根据颁发方的不同而不同。在任何一种情况下，不管是一个公共头部参数还是一个私有头部参数，如果 JWS 或 JWA 规范中没有对其进行定义，那么 crit 头部参数中应该包含头部名称，正如我们之前所讨论的那样。

2. JWS 负载

JWS 负载指的是需要进行签名的消息。消息可以是任何内容——并不一定需要是一个 JSON 格式的负载。如果是一个 JSON 格式的负载，那么它可以在任何 JSON 值之前或之后，包含空格或换行符。序列化 JWS 令牌的第二部分，承载了 JWS 负载经过 Base64 URL 编码的结果值。

3. JWS 签名

JWS 签名是指针对 JWS 负载和 JOSE 头部计算得到的数字签名或 MAC 值。序列化 JWS 令牌的第三部分，承载了 JWS 签名经过 Base64 URL 编码的结果值。

7.2.2　签名过程（紧凑序列）

我们已经对在使用紧凑序列的情况下创建一个 JWS 令牌所需的所有要素进行了讨论。以下章节将讨论创建一个 JWS 令牌所包含的步骤。一个 JWS 令牌中有三个组成部分，第一部分由步骤 2 生成，第二部分由步骤 4 生成，而第三部分由步骤 7 生成。

1）创建一个包含用于表达 JWS 令牌密码属性的所有头部参数的 JSON 对象——这个对象被称为 JOSE 头部。正如先前在本章 "JOSE 头部" 部分所讨论的那样，令牌颁发方应该在 JOSE 头部中告知与用于消息签名的密钥相对应的公钥。这个内容可以通过以下头部参数中的任何一个来表示：jku，jwk，kid，x5u，x5c，x5t 和 x5t#s256。

2）在对来自步骤 1 的 JOSE 头部进行 UTF-8 编码之后，通过计算其经过 Base64 URL 编码的值来生成 JWS 令牌的第一个组成部分。

3）构建待签名的负载或内容，这个内容被称为 JWS 负载。负载并不要求必须是 JSON 格式，它可以是任何内容。

4）通过对来自步骤 3 的 JWS 负载计算经过 Base64 URL 编码的值，来生成 JWS 令牌的第二个组成部分。

5）创 建 需 要 计 算 数 字 签 名 或 MAC 值 的 消 息。消 息 的 构 建 格 式 是 "ASCII

（BASE64URL-ENCODE（UTF8（JOSE 头部））.BASE64URL-ENCODE（JWS 负载））"。

6）按照 JOSE 头部参数 alg 所定义的签名算法，对步骤 5 中所构建的消息计算签名。利用与 JOSE 头部中告知的公钥相对应的私钥，对消息进行签名。

7）计算步骤 6 中所生成的 JWS 签名经过 Base64 URL 编码的值，即序列化 JWS 令牌的第三个组成部分。

8）现在，我们拥有了以以下方式构建 JWS 令牌所需的所有元素。为了表述清晰，我们引入了换行符。

BASE64URL（UTF8（JWS Protected Header））.

BASE64URL（JWS Payload）.

BASE64URL（JWS Signature）

7.2.3 JWS JSON 序列

与 JWS 紧凑序列相比，JWS JSON 序列可以通过不同的 JOSE 头部参数来针对相同的 JWS 负载生成多种签名。在使用 JWS JSON 序列的情况下，最终序列化格式将经过签名的负载以及所有相关的元数据封装在一个 JSON 对象中。这个 JSON 对象包含了两个顶层元素，即 payload 和 signatures，以及在 signatures 元素下的三个子元素：protected、header 和 signature。以下是一个以 JWS JSON 序列形式进行序列化的 JWS 令牌示例。这种形式既没有实现 URL 安全，也没有进行简洁优化。它携带了针对相同负载的两个签名，而且每个签名及其相关元数据都存储为 signatures 顶层元素下 JSON 数组中的一个元素。每个签名利用对应 kid 头部参数所指定的不同密钥来进行签名。JSON 序列在针对 JOSE 头部参数进行有选择的签名方面也是有用的。相反，JWS 紧凑序列对整个 JOSE 头部进行签名：

```
{
"payload":"eyJpc3MiOiJqb2UiLAOKICJleHAiOjEzMDA4MTkzOD",
"signatures":[
        {
            "protected":"eyJhbGciOiJSUzI1NiJ9",
            "header":{"kid":"2014-06-29"},
            "signature":"cC4hiUPoj9Eetdgtv3hF80EGrhuB"
        },
        {
            "protected":"eyJhbGciOiJFUzI1NiJ9",
            "header":{"kid":"e909097a-ce81-4036-9562-d21d2992db0d"},
            "signature":"DtEhU3ljbEg8L38VWAfUAqOyKAM"
        }
    ]
}
```

1. JWS 负载

JSON 对象的 payload 顶层元素包含了整个 JWS 负载经过 Base64 URL 编码的值。JWS 负载并不要求必须是一个 JSON 格式的负载，它可以是任何类型的内容。payload 是序列化 JWS 令牌中的一个必要组成部分。

2. JWS 受保护头部

JWS 受保护头部，是一个包含头部参数的 JSON 对象，这些参数必须通过签名或 MAC 算法进行完整性保护。序列化 JSON 格式中的 protected 参数，表示了 JWS 受保护头部经过 Base64 URL 编码的值。protected 并不是序列化 JWS 令牌的一个顶层元素。它被用于在 signatures JSON 数组中定义元素，并且其中包含了经过 Base64 URL 编码的待签名头部元素。如果对上述代码片段中的第一个 protected 元素值进行 Base64 URL 解码，你看到的内容将会是{"alg":"RS256"}。如果存在任何受保护的头部参数，那么就必须有 protected 参数。signatures JSON 数组的每一项中，都有一个 protected 元素。

3. JWS 未保护头部

JWS 未保护头部，是一个包含头部参数的 JSON 对象，这些参数不需要通过签名或 MAC 算法进行完整性保护。序列化 JSON 格式中的 header 参数，表示了 JWS 未保护头部经过 Base64 URL 编码的值。header 并不是 JSON 对象的一个顶层参数，它被用于在 signatures JSON 数组中定义元素。header 参数包含了与对应签名相关的未保护头部元素，并且这些元素都没有经过签名。将受保护头部和未保护头部组合起来，最终能够得到与签名相对应的 JOSE 头部。在上述代码片段中，与 signatures JSON 数组中第一项相对应的整个 JOSE 头部为{"alg":"RS256", "kid":"2010-12-29"}。header 元素以一个 JSON 对象的形式表示，并且如果存在任何未保护头部参数，那么就必须有该元素。signatures JSON 数组的每一项中，都有一个 header 元素。

4. JWS 签名

JSON 对象的 signatures 参数包含了一个 JSON 对象数组，其中每个元素包含一个签字或 MAC 值（针对 JWS 负载和 JWS 受保护头部）以及相关元数据。这是一个必需参数。signatures 数组每一项内部的 signature 子元素，承载了经过 Base64 URL 编码的签名值，该签名是针对受保护头部元素（由 protected 参数表示）和 JWS 负载计算得到的。signatures 和 signature 都是必需参数。

🔖 注　尽管 JSON 序列提供了一种对 JOSE 头部参数进行有选择签名的方式，但是它并没有提供一种直接的方式来对 JWS 负载中的参数进行有选择签名。JWS 规范中所提到的两种序列化格式都是对整个 JWS 负载进行签名。对于这方面工

作，可以利用 JSON 序列实现一种变通方案。你可以在 JOSE 头部中选择性地重复需要进行签名的负载参数，然后通过 JSON 序列对头部参数进行有选择的签名。

7.2.4 签名过程（JSON 序列）

我们已经对在使用 JSON 序列的情况下创建一个 JWS 令牌所需的所有要素进行了讨论。以下将讨论创建 JWS 令牌所包含的步骤。

1）构建待签名的负载或内容——这个内容被称为 JWS 负载。负载并不要求一定是 JSON 格式——它可以是任何内容。序列化 JWS 令牌中的 payload 元素，承载了经过 Base64 URL 编码的内容值。

2）根据负载以及每次哪些头部参数必须经过签名而哪些不需要的情况，来确定需要多少签名。

3）构建一个包含所有相关头部参数的 JSON 对象，这些参数都需要进行完整性保护或签名。换句话说，就是为每个签名构建 JWS 受保护头部。UTF-8 编码的 JWS 受保护头部在经过 Base64 URL 编码所得的值，将生成序列化 JWS 令牌 signatures 顶层元素内部的 protected 子元素值。

4）构建一个包含所有相关头部参数的 JSON 对象，这些参数都不需要进行完整性保护或签名。换句话说，就是为每个签名构建 JWS 未保护头部。这将生成序列化 JWS 令牌 signatures 顶层元素内部的 header 子元素。

5）JWS 受保护头部和 JWS 未保护头部表示了对应签名的密码属性（可以存在多个 signature 元素）——这些内容被称为 JOSE 头部。正如之前在 7.1.1 节中所讨论的那样，令牌颁发方应该在 JOSE 头部中告知与用于消息签名的密钥相对应的公钥。这个内容可以通过以下这些头部参数中的任何一个来表示：jku、jwk、kid、x5u、x5c、x5t 和 x5t#s256。

6）针对序列化 JWS 令牌 signatures JSON 数组中的每一项，构建需要计算数字签名或 MAC 值的消息。消息的构建格式是 "ASCII（BASE64URL-ENCODE（UTF8（JWS 受保护头部））.BASE64URL-ENCODE（JWS 负载）.）"。

7）按照头部参数 alg 所定义的签名算法，对步骤 6 中所构建的消息计算签名。这个参数可以在 JWS 受保护头部中，也可以在 JWS 未保护头部中。消息利用与头部中所告知的公钥相对应的私钥来进行签名。

8）计算步骤 7 中所生成的 JWS 签名经过 Base64 URL 编码的值，这一过程将生成序列化 JWS 令牌 signatures 顶层元素内部的 signature 子元素值。

9）在计算得到所有签名之后，就可以构造得到 signatures 顶层元素，并完成 JWS JSON 序列处理流程。

签名类型

W3C 组织所发布的 XML 签名规范提出了三类签名：封外签名、封内签名和分离签名。只有在 XML 格式的上下文环境中，才能对这三种签名进行讨论。

在使用封外签名的情况下，待签名的 XML 内容位于签名对象内部。即在 <ds:Signature xmlns:ds="http://www.w3.org/2000/09/xmldsig#"> 元素内部。

在使用封内签名的情况下，签名在待签名的 XML 内容内部。换句话说，<ds:Signature xmlns:ds="http://www.w3.org/2000/09/xmldsig#"> 元素在待签名的 XML 负载的根元素内部。

在使用分离签名的情况下，待签名 XML 内容和对应签名之间不存在从属关系。它们彼此分离。

对于任何熟悉 XML 签名的人来说，JWS 规范所定义的所有签名都可以被视为分离签名。

📷 **注**　W3C 组织所发布的 XML 签名规范仅探讨了对一个 XML 负载进行签名的问题。如果需要对内容进行签名，那么首先你需要将其嵌入一个 XML 负载中，然后再进行签名。相反，JWS 规范不仅仅局限于 JSON 格式。你可以利用 JWS 对任何内容进行签名，而不必将其封装到一个 JSON 负载中。

利用 HMAC-SHA256 算法针对一个 JSON 负载生成一个 JWS 令牌

以下 Java 代码利用 HMAC-SHA256 算法生成了一个 JWS 令牌。你可以从网址 https://github.com/apisecurity/samples/tree/master/ch07/sample02 下载 Maven 工程形式的完整 Java 示例。

代码中的方法 buildHmacSha256SignedJWT()，应该通过传递一个用作签名共享密钥的秘密值来进行调用。秘密值的长度必须不少于 256 位：

```java
public static String buildHmacSha256SignedJSON(String sharedSecretString)
throws JOSEException {

// 构建受众限制列表
List<String> aud = new ArrayList<String>();
aud.add("https://app1.foo.com");
aud.add("https://app2.foo.com");
Date currentTime = new Date();

// 创建一个声明集合
JWTClaimsSet jwtClaims = new JWTClaimsSet.Builder().
```

```
                            // 设置颁发方的值
                            issuer("https://apress.com").
                            // 设置对象的值——JWT属于该对象
                            subject("john").
                            // 设置受众限制值
                            audience(aud).
                            // 将过期时间设置为10分钟
                            expirationTime(new Date(new Date().getTime()
                            + 1000 * 60 * 10)).
                            // 将有效起始时间设置为当前时间
                            notBeforeTime(currentTime).
                            // 将颁发时间设置为当前时间
                            issueTime(currentTime).
                            // 将一个已生成的UUID设为JWT标识符
                            jwtID(UUID.randomUUID().toString()).
                            build();

// 利用HMAC-SHA256算法来创建JWS头部
JWSHeader jswHeader = new JWSHeader(JWSAlgorithm.HS256);
// 利用提供方的共享秘密信息来创建签名者（signer变量）
JWSSigner signer = new MACSigner(sharedSecretString);
// 利用JWS头部和JWT主体内容来创建经过签名的JWT
SignedJWT signedJWT = new SignedJWT(jswHeader, jwtClaims);
// 利用HMAC-SHA256算法来对JWT进行签名
signedJWT.sign(signer);
// 对其进行序列化处理，得到经过Base64 URL编码的文本
String jwtInText = signedJWT.serialize();
// 打印JWT的值
System.out.println(jwtInText);
return jwtInText;
}
```

要创建并运行程序，请在 ch07/sample02 目录中执行以下 Maven 命令。

```
\> mvn test -Psample02
```

上述代码将生成以下输出信息，即一个经过签名的 JSON 负载（一个 JWS）。如果重复运行代码，你可能不会获得相同的输出，因为 currentTime 变量的值会随着每次运行程序而改变：

```
eyJhbGciOiJIUzI1NiJ9.eyJleHAiOjE0MDIwMzkyOTIsInN1Yi I6ImpvaG4iLCJuYm
YiOjE0MDIwMzg2OTIsImF1ZCI6WyJodHRwczpcL1wvYXBwMS5mb28uY29tIiw
iaHR0cHM6XC9cL2FwcDIuzm9vLmNvbSJdLCJpc3MiOiJodHRwczpcL1wvYXBy
ZXNzLmNvbSIsImpOaSI6ImVkNjkwN2YwLWRlOGEtNDMyNi1hZDU2LWE5ZmE
5NjA2YTVhOCIsImlhdCI6MTQwMjAzODY5Mn0.3v_pa-QFCRwoKUORaP7pLOox
T57okVuZMe_A0UcqQ8
```

以下 Java 代码展示了如何利用 HMAC-SHA256 算法对一个经过签名的 JSON 消息的签名进行验证。要完成这项工作，你需要知道用于 JSON 负载签名的共享秘密：

```java
public static boolean isValidHmacSha256Signature()
                                throws JOSEException, ParseException {
    String sharedSecretString = "ea9566bd-590d-4fe2-a441-d5f240050dbc";
    // 获取经过签名的JWT，它是经过Base64 URL编码的文本
    String jwtInText = buildHmacSha256SignedJWT(sharedSecretString);
    // 利用提供方的共享秘密信息来创建验证器（verifier变量）
    JWSVerifier verifier = new MACVerifier(sharedSecretString);
    // 利用经过Base64 URL编码的文本来创建经过签名的JWS令牌
    SignedJWT signedJWT = SignedJWT.parse(jwtInText);
    // 验证JWS令牌的签名
    boolean isValid = signedJWT.verify(verifier);

    if (isValid) {
        System.out.println("valid JWT signature");
    } else {
        System.out.println("invalid JWT signature");
    }
    return isValid;
}
```

利用 RSA-SHA256 算法针对一个 JSON 负载生成一个 JWS 令牌

以下 Java 代码利用 RSA-SHA256 算法生成了一个 JWS 令牌。你可以从网址 https://github.com/apisecurity/samples/tree/master/ch07/sample03 下载 Maven 工程形式的完整 Java 示例。首先，你需要调用方法 generateKeyPair()，并将 PrivateKey(generateKeyPair().getPrivateKey()) 传递到方法 buildRsaSha256SignedJSON() 中：

```java
public static KeyPair generateKeyPair()
                                throws NoSuchAlgorithmException {
    // 利用RSA算法来实例化KeyPairGenerator对象
    KeyPairGenerator keyGenerator = KeyPairGenerator.getInstance("RSA");
    // 将密钥长度设置为1024位
    keyGenerator.initialize(1024);
    // 生成并返回密钥对
    return keyGenerator.genKeyPair();
}

public static String buildRsaSha256SignedJSON(PrivateKey privateKey)
                                throws JOSEException {
    // 构建受众限制列表
    List<String> aud = new ArrayList<String>();
    aud.add("https://app1.foo.com");
    aud.add("https://app2.foo.com");
```

```
Date currentTime = new Date();

// 创建一个声明集合
JWTClaimsSet jwtClaims = new JWTClaimsSet.Builder().
                        // 设置颁发方的值
                        issuer("https://apress.com").
                        // 设置对象的值——JWT属于该对象
                        subject("john").
                        // 设置受众限制值
                        audience(aud).
                        // 将过期时间设置为10分钟
                        expirationTime(new Date(new Date().getTime()
                        + 1000 * 60 * 10)).
                        // 将有效起始时间设为当前时间
                        notBeforeTime(currentTime).
                        // 将颁发时间设为当前时间
                        issueTime(currentTime).
                        // 将一个已生成的UUID，设为JWT标识符
                        jwtID(UUID.randomUUID().toString()).
                        build();

    // 利用RSA-SHA256算法来创建JWS头部
    JWSHeader jswHeader = new JWSHeader(JWSAlgorithm.RS256);
    // 利用RSA私钥来创建签名者（signer变量）
    JWSSigner signer = new RSASSASigner((RSAPrivateKey)privateKey);
    // 利用JWS头部和JWT主体内容来创建经过签名的JWT
    SignedJWT signedJWT = new SignedJWT(jswHeader, jwtClaims);
    // 利用HMAC-SHA256算法来对JWT进行签名
    signedJWT.sign(signer);
    // 对其进行序列化处理，得到经过Base64编码的文本
    String jwtInText = signedJWT.serialize();
    // 打印JWT的值
    System.out.println(jwtInText);
    return jwtInText;
}
```

以下 Java 代码展示了如何调用上述两个方法：

```
KeyPair keyPair = generateKeyPair();
buildRsaSha256SignedJSON(keyPair.getPrivate());
```

要创建并运行程序，请在 ch07/sample03 目录中执行以下 Maven 命令。

\\> mvn test -Psample03

让我们仔细观察一下如何对一个经过 RSA-SHA256 算法签名的 JWS 令牌进行验证。你需要知道与消息签名所用 PrivateKey 相对应的 PublicKey：

```
public static boolean isValidRsaSha256Signature()
                                        throws NoSuchAlgorithmException,
                                               JOSEException,
                                               ParseException {
    // 生成密钥对
    KeyPair keyPair = generateKeyPair();
    // 获取私钥——用于对消息进行签名
    PrivateKey privateKey = keyPair.getPrivate();
    // 获取公钥——用于对消息签名进行验证
    PublicKey publicKey = keyPair.getPublic();
    // 获取经过签名的JWT，它的格式是经过Base64 URL编码的文本
    String jwtInText = buildRsaSha256SignedJWT(privateKey);
    // 利用提供方的共享秘密信息来创建验证器（verifier变量）
    JWSVerifier verifier = new RSASSAVerifier((RSAPublicKey) publicKey);
    // 利用Base64 URL编码的文本来创建经过签名的JWT
    SignedJWT signedJWT = SignedJWT.parse(jwtInText);
    // 对JWT的签名进行验证
    boolean isValid = signedJWT.verify(verifier);

    if (isValid) {
        System.out.println("valid JWT signature");
    } else {
        System.out.println("invalid JWT signature");
    }
    return isValid;
}
```

利用 HMAC-SHA256 算法针对一个非 JSON 格式的负载生成一个 JWS 令牌

以下 Java 代码利用 HMAC-SHA256 算法生成了一个 JWS 令牌。你可以从网址 https://github.com/apisecurity/samples/tree/master/ch07/sample04 下载 Maven 工程形式的完整 Java 示例。代码中的方法 buildHmacSha256SignedNonJSON() 应该通过传递一个用作签名共享密钥的秘密值来进行调用。秘密值的长度必须不少于 256 位：

```
public static String buildHmacSha256SignedJWT(String sharedSecretString)
                                        throws JOSEException {

    // 利用一个非JSON格式的负载来创建一个由HMAC算法提供保护的JWS对象
    JWSObject jwsObject = new JWSObject(new JWSHeader(JWSAlgorithm.HS256),
                                new Payload("Hello world!"));
    // 利用HMAC-SHA256算法来创建JWS头部
    jwsObject.sign(new MACSigner(sharedSecretString));

    // 对其进行序列化处理，得到经过Base64编码的文本
    String jwtInText = jwsObject.serialize();
```

```
// 打印序列化的JWS令牌值
System.out.println(jwtInText);

return jwtInText;
}
```

要创建并运行程序，请在 ch07/sample04 目录中执行以下 Maven 命令。

```
\> mvn test -Psample04
```

上述代码使用 JWS 紧凑序列，并且将生成以下输出信息：

eyJhbGciOiJIUzI1NiJ9.SGVsbG8gd29ybGQh.zub7JGOFOh7EIKAgWMzx95w-nFpJdRMvUh_
pMwd6wnA

7.3 总结

❑ JSON 已经成为事实上的 API 消息交换格式。

❑ 理解 JSON 安全，在保护 API 方面发挥了重要的作用。

❑ JSON Web 令牌（JSON Web Token，JWT）定义了一个容器，来以一种密码安全的方式在参与方之间进行数据传输。它在 2015 年 5 月成为一个 IETF 标准，编号为 RFC 7519。

❑ JWS（JSON Web Signature，JSON Web 签名）和 JWE（JSON Web Encryption，JSON Web 加密）标准都是在 JWT 之上构建的。

❑ JWS 规范定义的序列化技术分为两类：紧凑序列和 JSON 序列。

❑ JWS 规范并不仅仅局限于 JSON 格式。你可以利用 JWS 对任何内容进行签名，而无须将其封装在一个 JSON 负载内部。

利用 JSON Web 加密实现 消息级安全

在第 7 章中，我们对 JWT 和 JWS 进行了详细讨论。这两个规范都是 IETF JOSE 工作组所发布的。本章将重点关注同一 IETF 工作组针对消息加密（并不要求必须是 JSON 格式的负载）所发布的另一个重要的标准：JSON Web 加密（JSON Web Encryption，JWE）。和 JWS 中的情况类似，JWE 也是以 JWT 为基础。JWE 规范对一个基于 JSON 格式的数据结构中的加密内容表示方式进行了标准化。JWE 规范⊖定义了两种加密负载的序列化表示格式：JWE 紧凑序列和 JWE JSON 序列。我们将在后续的章节中对这两种序列化技术进行详细的讨论。和 JWS 中的情况类似，需要利用 JWE 标准进行加密的消息并不要求是一个 JSON 格式的负载，它可以是任何内容。我们利用术语"JWE 令牌"来表示一条加密消息（可以是任何消息，不仅仅局限于 JSON 格式）的序列化形式，该形式可以采用 JWE 规范所定义的任何序列化技术。

8.1　JWE 紧凑序列

在使用 JWE 紧凑序列的情况下，一个 JWE 令牌是由五个重要的组成部分组合构建而成的，其中每个部分由间隔符（.）进行分隔：JOSE 头部，JWE 加密密钥，JWE 初始向量，JWE 密文以及 JWE 认证标签。图 8-1 展示了 JWE 紧凑序列处理过程所生成的 JWE 令牌结构。

⊖　JSON Web 加密规范，网址为 https://tools.ietf.org/html/rfc7516。

BASE64URL-ENCODE（UTF8（JOSE头部））	.	BASE64URL-ENCODE（JWE加密密钥）	.	BASE64URL-ENCODE（初始向量）	.	BASE64URL-ENCODE（密文）	.	BASE64URL-ENCODE（认证标签）

图 8-1 紧凑序列形式的 JWE 令牌

8.1.1 JOSE 头部

JOSE 头部是利用紧凑序列处理过程所生成 JWE 令牌的第一个组成部分。除了一些例外，JOSE 头部结构和我们在第 7 章所讨论的相同。除了 JWS 规范所引入的那些参数之外，JWE 规范引入了两个新参数（enc 和 zip），两者包含在 JWE 令牌的 JOSE 头部中。以下列出了 JWE 规范所定义的所有 JOSE 头部参数：

- ❑ alg（算法）：用于加密内容加密密钥（Content Encryption Key，CEK）的算法名称。CEK 是一个对明文 JSON 负载进行加密的对称密钥。在明文通过 CEK 进行加密之后，CEK 本身会使用 alg 参数值所指定的算法，利用另一个密钥进行加密。之后，JWE 令牌的加密密钥区段将包含加密 CEK。这是 JOSE 头部中的一个必需属性。未在头部包含这个参数，将会导致令牌解析错误。alg 参数的值为一个从 JSON Web 算法⊖（JSON Web Algorithm，JWA）规范所定义的 JSON Web 签名与加密算法登记处中获取的字符串。如果 alg 参数的值不是从上述登记处获取的，那么它应该以一种抗冲突的方式进行定义，但是这并不能保证所有的 JWE 实现方案都能识别特定的算法。因此通常最好选择 JWA 规范中定义的算法。

- ❑ enc：JOSE 头部中的 enc 参数，表示用于内容加密的算法名称。这个算法应该是一个对称的关联数据认证加密（Authenticated Encryption with Associated Data，AEAD）算法。这是 JOSE 头部中的一个必需属性。未在头部包含这个参数，将会导致令牌解析错误。enc 参数的值为一个从 JWA 规范所定义的 JSON Web 签名与加密算法登记处中获取的字符串。如果 enc 参数的值不是从上述登记处获取的，那么它应该以一种抗冲突的方式进行定义，但是这并不能保证所有的 JWE 实现方案都能识别特定的算法。因此通常最好选择 JWA 规范中定义的算法。

- ❑ zip：JOSE 头部中的 zip 参数定义了压缩算法的名称。如果令牌颁发方决定使用压缩过程，那么明文 JSON 负载会在加密之前先进行压缩。压缩过程并不是必需的。JWE 规范将 DEF 定义为压缩算法，但并不强制使用它。令牌颁发方可以定义自己的压缩算法。在 JWA 规范中，JSON Web 加密压缩算法登记处对压缩算法默认值进行了定义。这是一个可选参数。

⊖ JSON Web 算法（JSON Web Algorithm，JWA）规范中对 JWS 算法进行了定义和解释，网址为 https://tools.ietf.org/html/rfc7518。

❑ jku：JOSE 头部中的 jku 参数承载了一个指向 JSON Web 密钥[⊖]（JSON Web Key，JWK）集合的 URL 地址。这个 JWK 集合代表一个 JSON 编码的公钥集合，其中一个密钥被用来对内容加密密钥（Content Encryption Key，CEK）进行加密。不管使用什么协议来获取密钥集合，都应该提供完整性保护。如果密钥通过 HTTP 协议获取，那么就应该使用 HTTPS 协议（或者是 TLS 协议之上的 HTTP 协议），而不是明文 HTTP 协议。我们将在附录 C 中对 TLS 协议进行详细讨论。jku 是一个可选参数。

❑ jwk：JOSE 头部中的 jwk 参数表示与用来对内容加密密钥（Content Encryption Key，CEK）进行加密的密钥相对应的公钥。密钥按照 JSON Web 密钥（JSON Web Key，JWK）规范[3]进行编码。我们之前所讨论的 jku 参数指向一个包含一组 JWK 的链接，而 jwk 参数将密钥嵌入 JOSE 头部本身。jwk 是一个可选参数。

❑ kid：JOSE 头部的 kid 参数表示一个用来对内容加密密钥（Content Encryption Key，CEK）进行加密的密钥标识符。利用这个标识符，JWE 接收方应该能够定位密钥。如果令牌颁发方利用 JOSE 头部中的 kid 参数来告知接收方签名密钥的相关信息，那么对应的密钥应该"以某种方法"在令牌颁发方和接收方之间提前交换。这个密钥如何进行交换，不在 JWE 规范的范畴之中。如果 kid 参数的值指向一个 JWK，那么这个参数的值应该与 JWK 中的 kid 参数值相匹配。kid 是 JOSE 头部中的一个可选参数。

❑ x5u：JOSE 头部中的 x5u 参数和之前所讨论的 jku 参数十分相似。与指向一个 JWK 集合不同，这里的 URL 地址指向的是一个 X.509 证书或一个 X.509 证书链。URL 地址所指向的资源，必须包含 PEM 编码格式的证书或证书链。链上的每个证书都必须位于定界符[⊖]之间：-----BEGIN CERTIFICATE----- 和 -----END CERTIFICATE-----。与用来对内容加密密钥（Content Encryption Key，CEK）进行加密的密钥相对应的公钥应该是证书链的首项，而其他项是中间 CA（Certificate Authority，证书授权机构）和根 CA 的证书。x5u 是 JOSE 头部中的一个可选参数。

❑ x5c：JOSE 头部中的 x5c 参数，表示与用来对内容加密密钥（Content Encryption Key，CEK）进行加密的公钥相对应的 X.509 证书（或证书链）。这与我们之前所讨论的 jwk 参数类似，但是在这种情况下，它不是一个 JWK，而是一个 X.509 证书（或证书链）。证书或证书链在一个证书值字符串的 JSON 数组中表示。数组中的每个元素应该都是一个经过 Base64 编码的 DER PKIX 证书值。与用来对内容加密密钥进行加密的密钥相对应的公钥应该是 JSON 数组中的首项，而其他项是中间 CA（Certificate Authority，证书授权机构）和根 CA 的证书。x5c 是 JOSE 头部中的一个可选参数。

⊖　JSON Web 密钥（JSON Web Key，JWK）是一个表示密钥的 JSON 数据结构，网址为 https://tools.ietf.org/html/rfc7517。

⊖　IKEv1/ISAKMP、IKEv2 和 PKIX 的互联网 IP 安全 PIK 配置（RFC 4945）在 6.1 节中为 X.509 证书定义了定界符，网址为 https://tools.ietf.org/html/rfc4945。

❑ x5t：JOSE 头部中的 x5t 参数，表示与用来对内容加密密钥进行加密的密钥相对应的、经过 Base64 URL 编码的 X.509 证书 SHA-1 指纹。这个参数与我们之前所讨论的 kid 参数类似。这两个参数都被用于定位密钥。如果令牌颁发方利用 JOSE 头部中的 x5t 参数来告知接收方签名密钥的相关信息，那么对应的密钥应该"以某种方法"在令牌颁发方和接收方之间提前交换。这个密钥如何进行交换，不在 JWE 规范的范畴之中。x5t 是 JOSE 头部中的一个可选参数。

❑ x5t#s256：JOSE 头部中的 x5t#s256 参数，表示与用来对内容加密密钥进行加密的密钥相对应的、经过 Base64 URL 编码的 X.509 证书 SHA-256 指纹。x5t#s256 和 x5t 之间唯一的区别就是散列算法。x5t#s256 是 JOSE 头部中的一个可选参数。

❑ typ：JOSE 头部中的 typ 参数，被用来定义整个 JWE 的媒介类型。处理一个 JWE 的组件分为两类：JWE 实现和 JWE 应用。Nimbus[○]是一个用于处理 JWE 的 Java 语言实现方案。Nimbus 库知道如何构建和解析一个 JWE。一个 JWE 应用可以是内部使用 JWE 的任何实体。一个 JWE 应用可以利用一个 JWE 实现来对 JWE 进行构建或解析。在这种情况下，typ 参数只是 JWE 实现所使用的另一个参数。它并不会尝试解析该值，但是 JWE 应用会。当存在多类对象时，typ 参数能够帮助 JWE 应用对内容进行区分。对于一个采用 JWS 紧凑序列形式的 JWS 令牌以及一个采用 JWE 紧凑序列形式的 JWE 令牌来说，typ 参数的值为 JOSE，而对于一个采用 JWS JSON 序列形式的 JWS 令牌以及一个采用 JWE JSON 序列形式的 JWE 令牌来说，该值为 JOSE+JSON。（我们在第 7 章中讨论了 JWS 序列，而在本章后续章节中对 JWE 序列进行讨论）。typ 是 JOSE 头部中的一个可选参数。

❑ cty：JOSE 头部中的 cty 参数被用来表示 JWE 中受保护内容的媒介类型。只有在使用一个嵌套 JWT 的情况下，才建议使用该参数。我们将在本章后续章节中对嵌套 JWT 进行讨论，同时在那里对 cty 参数的定义进行进一步的解释。cty 是 JOSE 头部中的一个可选参数。

❑ crit：JOSE 头部中的 crit 参数被用来通知 JWE 接收方，JOSE 头部中存在 JWE 或 JWA 规范都未定义的定制参数。如果接收方无法理解这些定制参数，那么 JWE 令牌将被视为无效。crit 参数的值是一个名称的 JSON 数组，其中每项都代表一个定制参数。crit 是 JOSE 头部中的一个可选参数。

在上述定义的所有 13 个参数中，有 7 个与如何引用与用来对内容加密密钥进行加密的公钥相关。引用一个密钥的方法分为三种：外部引用、嵌入和密钥标识符。jku 参数和 x5u 参数属于外部引用的范畴。它们都是通过一个 URI 来引用密钥。jwk 参数和 x5c 参数属于嵌入引用的范畴。它们每一个都对如何将密钥嵌入 JOSE 头部本身做出了定义。kid 参数、x5t 参数和 x5t#s256 参数则属于密钥标识符引用的范畴。它们都对如何利用一个标识符来

○ 处理 JWT 的 Nimbus Java 语言实现方案，网址为 http://connect2id.com/products/nimbus-jose-jwt。

定位密钥做出了定义。其次，基于密钥的表示方法，所有七个参数可以进一步划分为两类：JSON Web 密钥（JSON Web Key，JWK）和 X.509。jku、jwk 和 kid 属于 JWK 这一类，而 x5u、x5c、x5t 和 x5t#s256 都属于 X.509 这一类。在一个给定 JWE 令牌的 JOSE 头部中，在一个给定的时间内，我们只需要从上述参数中选择一个使用。

 注 作为待加密的对象，JSON 负载可以在任何 JSON 值之前或之后，包含空格符或换行符。

　　JWE 规范并没有限制应用程序只能使用上述定义的 13 个头部参数。引入新头部参数的方法分为两种：公共头部名称和私有头部名称。任何想要在公共空间使用的头部参数都应该以一种抗冲突的方式引入。建议在 IANA JSON Web 签名与加密头部参数登记处，对这类公共头部参数进行注册。私有头部参数通常是在一个受限环境中使用，在这种环境下令牌颁发方和接收方都充分知晓彼此的存在。这类参数应该谨慎使用，因为存在发生冲突的风险。如果一个给定的接收方从多个令牌颁发方收到令牌，那么在使用一个私有头部的情况下，同一参数的语意可能会根据颁发方的不同而不同。在任何一种情况下，不管是一个公共头部参数还是一个私有头部参数，如果 JWE 或 JWA 规范中没有对其进行定义，那么 crit 头部参数中应该包含头部名称，正如我们之前所讨论的那样。

8.1.2　JWE 加密密钥

　　要理解 JWE 的 JWE 加密密钥区段，我们首先需要理解 JSON 负载是如何进行加密的。JOSE 头部的 enc 参数对内容加密算法进行了定义，这个算法应该是一个对称的关联数据认证加密（Authenticated Encryption with Associated Data，AEAD）算法。JOSE 头部的 alg 参数定义了用来对 CEK 进行加密的加密算法。我们也可以将这个算法称为密钥封装算法，因为它对 CEK 进行了封装。

认证加密

　　单纯的加密只能提供数据机密性。只有目标接收方可以对加密数据进行解密和查看。尽管数据不是对每个人可见的，但是任何能够访问加密数据的人都可以通过修改其比特流来伪造一条不同的消息。例如，假设 Alice 将 100 美元从自己的银行账户转到 Bob 的账户中，并且这条消息经过加密，那么处于中间位置的 Eve 就无法看到其内部的内容。但是，Eve 可以通过修改加密数据的比特流来篡改消息，比如将 100 美元篡改为 150 美元。控制交易的银行将无法检测到 Eve 在中间位置所做的这种篡改行为，会将其视为合法交易。这就是为什么说加密本身并不总是安全的，在 20 世纪 70 年代，银行业中将其视为一个问题。

　　与单纯的加密不同，认证加密能够为数据同时提供机密性、完整性和可靠性方面的保证。ISO/IEC 19772:2009 规范对六种不同的认证加密模式进行了标准化定义：GCM、OCB 2.0、CCM、密钥封装（key Wrap）、EAX 和 Encrypt-then-MAC。关联数据认证加密通过增加保护未加密额外认证数据（Additional Authenticated Data，AAD）完整性和可靠性的能力，来对这类模型进行扩展。AAD 也被称为关联数据（Associated Data，AD）。AEAD 算法需要两个输入，即待加密的明文和额外认证数据（Additional Authenticated Data，AAD），最终生成两个输出：密文和认证标签。AAD 表示需要进行认证（而不是加密）的数据。认证标签能够确保密文和 AAD 的完整性。

让我们看看以下 JOSE 头部。它使用 A256GCM 算法来进行内容加密，并使用 RSA-OAEP 来进行密钥封装：

```
{"alg":"RSA-OAEP","enc":"A256GCM"}
```

A256GCM 算法在 JWA 规范中进行了定义。它在密钥长度为 256 比特的伽罗瓦 / 计数器模式（Galois/Counter Mode，GCM）算法中使用了高级加密标准（Advanced Encryption Standard，AES）算法，它是一个供 AEAD 使用的对称密钥算法。对称密钥通常用于内容加密。对称密钥加密要比非对称密钥加密快得多。同时，非对称密钥加密不能用来对大型消息进行加密。RSA-OAEP 算法也是在 JWA 规范中进行了定义。在加密过程中，令牌颁发方会生成一个长度为 256 比特的随机密钥，并利用遵循 AES GCM 算法定义的密钥对消息进行加密。接下来，用于消息加密的密钥将利用 RSA-OAEP⊖进行加密，该算法是一个非对称加密方案。RSA-OAEP 加密方案使用的是采用优化非对称加密填充（Optimal Asymmetric Encryption Padding，OAEP）方法的 RSA 算法。最后，经过加密的对称密钥被放置在 JWE 的 JWE 加密头部区段中。

密钥管理模式

密钥管理模式定义了获取或计算内容加密密钥（Content Encryption Key，CEK）值的方法。JWE 规范采用了如下所列的五种重要的密钥管理模式，我们需要根据 JOSE 头部中所定义的 alg 参数来决定合适的密钥管理模式：

1）密钥加密：在密钥加密模式中，CEK 的值利用一个非对称加密算法进行加密。例如，如果 JOSE 头部中 alg 参数的值为 RSA-OAEP，那么对应的密钥管理算法就是使用默认参数的 RSAES OAEP。JWA 规范中定义了 alg 参数和密钥管理算法之间的这种关系。RSAES OAEP 算法选择密钥加密作为密钥管理模式，来获取 CEK 的值。

2）密钥封装：在密钥封装模式中，CEK 的值利用一个非对称密钥封装算法进行加密。例如，如果 JOSE 头部中 alg 参数的值为 A128KW，那么对应的密钥管理算法就是

⊖ RSA-OAEP 是一个公钥加密方案，该方案使用的是采用优化非对称加密填充（Optimal Asymmetric Encryption Padding，OAEP）方法的 RSA 算法。

使用默认初始值和 128 比特长度密钥的 AES 密钥封装（AES Key Wrap）算法。AES 密钥封装算法选择密钥封装作为密钥管理模式，来获取 CEK 的值。

3）直接密钥协商：在直接密钥协商模式中，CEK 的值需要基于一个密钥协商算法来决定。例如，如果 JOSE 头部中 alg 参数的值为 ECDH-ES，那么对应的密钥管理算法就是基于合并 KDF 的椭圆曲线 Diffie-Hellman 临时静态密钥协商（Elliptic Curve Diffie-Hellman Ephemeral Static Key Agreement using Concat KDF）。这种算法选择直接密钥协商作为密钥管理模式，来获取 CEK 的值。

4）采用密钥封装的密钥协商：在采用密钥封装的密钥协商模式中，CEK 的值需要基于一个密钥协商算法来决定，并且它会利用一个对称密钥封装算法进行加密。例如，如果 JOSE 头部中 alg 参数的值为 ECDH-ES+A128KW，那么对应的密钥管理算法就是基于合并 KDF 的 ECDH-ES 算法，并且 CEK 通过 A128KW 算法进行封装。这种算法选择采用密钥封装的密钥协商作为密钥管理模式，来获取 CEK 的值。

5）直接加密：在直接加密模式中，CEK 的值与令牌颁发方和接收方之间预先共享的对称密钥值相同。例如，如果 JOSE 头部中 alg 参数的值是 dir，那么直接加密就被选作密钥管理模式，来获取 CEK 的值。

8.1.3　JWE 初始向量

一些用于内容加密的加密算法，在加密过程中需要一个初始向量。初始向量是一个和密钥共同用于数据加密的随机生成数字。这种做法将会增加加密数据的随机性，从而防止出现重复的现象，哪怕是相同数据重复利用相同密钥进行加密的情况。要在令牌接收端对消息进行解密，它必须知道初始向量，因此该参数需要包含在 JWE 令牌中的 JWE 初始向量部分中。如果内容加密算法不需要一个初始向量，那么该部分的值应该保持为空。

8.1.4　JWE 密文

JWE 令牌的第四个组成部分，是 JWE 密文经过 Base64 URL 编码的值。JWE 密文是利用 CEK、JWE 初始向量以及额外认证数据值，通过头部参数 enc 所定义的加密算法对明文 JSON 负载进行加密计算得到的。enc 头部参数所定义的算法应该是一个对称的关联数据认证加密算法。用来对明文负载进行加密的 AEAD 算法，同时也允许指定额外认证数据。

8.1.5　JWE 认证标签

JWE 认证标签经过 Base64 URL 编码的值，是 JWE 令牌的最后一个组成部分。认证标签值和密文一起在 AEAD 加密过程中生成。认证标签能够确保密文和额外认证数据的完整性。

8.1.6 加密过程（紧凑序列）

我们已经对在使用紧凑序列的情况下，创建一个 JWE 令牌所需的所有要素进行了讨论。以下章节将讨论创建一个 JWE 令牌所包含的步骤。一个 JWE 令牌中有五个组成部分：第一部分由步骤 6 生成，第二部分由步骤 3 生成，第三部分由步骤 4 生成，第四部分由步骤 10 生成，而第五部分由步骤 11 生成。

1）确定算法用来确定内容加密密钥值的密钥管理模式。这个算法由 JOSE 头部中的 alg 参数进行定义。每个 JWE 令牌中只能有一个 alg 参数。

2）计算 CEK，并基于步骤 1 中所获取的密钥管理模式计算 JWE 加密密钥。CEK 后续将被用于 JSON 负载加密。JWE 令牌中只能有一个 JWE 加密密钥部分。

3）对步骤 2 所生成的 JWE 加密密钥进行 Base64 URL 编码，计算获取其值。这是 JWE 令牌的第二部分。

4）生成一个随机值，作为 JWE 初始向量。无论使用哪种序列化技术，JWE 令牌都将承载 JWE 初始向量经过 Base64 URL 编码的值。这是 JWE 令牌的第三部分。

5）如果需要进行令牌压缩，明文形式的 JSON 负载必须按照 zip 头部参数所定义的压缩算法进行压缩处理。

6）构建以 JSON 格式表示的 JSON 头部，并在对 JSON 头部进行 UTF-8 编码之后，计算其经过 Base64 URL 编码的值。这是 JWE 令牌的第一部分。

7）要对 JSON 负载进行加密，我们需要用到 CEK（已经拥有）、JWE 初始向量（已经拥有）以及额外认证数据。计算已编码 JOSE 头部（步骤 6）的 ASCII 码值，并将其作为 AAD 使用。

8）按照 enc 头部参数所定义的内容加密算法，利用 CEK、JWE 初始向量和额外认证数据，对经过压缩的 JSON 负载（来自步骤 5）进行加密。

9）enc 头部参数所定义的算法是一个 AEAD 算法，在加密过程之后，它将生成密文和认证标签。

10）计算步骤 9 所生成的密文经过 Base64 URL 编码的值。这是 JWE 令牌的第四部分。

11）计算步骤 9 所生成的认证标签经过 Base64 URL 编码的值。这是 JWE 令牌的第五部分。

12）现在，我们拥有了以以下方式构建 JWE 令牌所需的所有元素。为了表述清晰，我们引入了换行符。

BASE64URL-ENCODE（UTF8（JWE 受保护头部））

BASE64URL-ENCODE（JWE 加密密钥）

BASE64URL-ENCODE（JWE 初始向量）

BASE64URL-ENCODE（JWE 密文）

BASE64URL-ENCODE（JWE 认证标签）

8.2 JWE JSON 序列

与 JWE 紧凑序列不同,JWE JSON 序列可以根据相同的 JSON 负载,生成针对多个接收方的加密数据。JWE JSON 序列形式的最终序列化格式将一个经过加密的 JSON 负载表示为一个 JSON 对象。这个 JSON 对象包含了六个顶层元素:protected、unprotected、recipients、iv、ciphertext 和 tag。以下是一个采用 JWE JSON 序列形式进行序列化的 JWE 令牌示例:

```
{
    "protected":"eyJlbmMiOiJBMTI4Q0JDLUhTMjU2In0",
    "unprotected":{"jku":"https://server.example.com/keys.jwks"},
    "recipients":[
      {
        "header":{"alg":"RSA1_5","kid":"2011-04-29"},
        "encrypted_key":"UGhIOguC7IuEvf_NPVaXsGMoLOmwvc1GyqlIK..."
      },
      {
        "header":{"alg":"A128KW","kid":"7"},
        "encrypted_key":"6KB707dM9YTIgHtLvtgWQ8mKwb..."
      }
    ],
    "iv":"AxY8DCtDaGlsbGljb3RoZQ",
    "ciphertext":"KDlTtXchhZTGufMYmOYGS4HffxPSUrfmqCHXaI9wOGY",
    "tag":"Mz-VPPyU4RlcuYv1IwIvzw"
}
```

8.2.1 JWE 受保护头部

JWE 受保护头部是一个 JSON 对象,其中包含了必须由 AEAD 算法提供完整性保护的头部参数。所有 JWE 令牌接收方都可以使用 JWE 受保护头部中的参数。序列化 JSON 格式的 protected 参数,表示 JWE 受保护头部经过 Base64 URL 编码的值。一个 JWE 令牌在顶层只能有一个 protected 元素,而我们之前讨论的 JOSE 头部中的任何头部参数也都可以在 JWE 受保护头部中使用。

8.2.2 JWE 共享未保护头部

JWE 共享未保护头部是一个 JSON 对象,其中包含了未进行完整性保护的头部参数。序列化 JSON 格式的 unprotected 参数,表示 JWE 共享未保护头部。一个 JWE 令牌在顶层只能有一个 unprotected 元素,而我们之前讨论的 JOSE 头部中的任何头部参数也都可以在 JWE 共享未保护头部中使用。

8.2.3 JWE 各接收方未保护头部

JWE 各接收方未保护头部是一个 JSON 对象，其中包含了未进行完整性保护的头部参数。只有 JWE 令牌的一个特定接收方才能使用 JWE 各接收方未保护头部中的参数。在 JWE 令牌中，这些头部参数由参数 recipients 进行分组存放。recipients 参数表示了一个 JWE 令牌接收方的数组。每个成员由一个 header 参数和一个 encryptedkey 参数组成。

- ❑ header：recipients 参数内部的 header 参数，表示没有针对每个接收方由认证加密提供完整性保护的 JWE 头部元素值。
- ❑ encryptedkey：encryptedkey 参数表示加密密钥经过 Base64 URL 编码的值。这是用于消息负载加密的密钥。针对每个接收方，可以以不同的方式对密钥进行加密。

我们之前讨论的 JOSE 头部中的任何头部参数，也都可以在 JWE 各接收方未保护头部中使用。

8.2.4 JWE 初始向量

这个元素的含义和我们在之前章节中针对 JWE 紧凑序列的解释基本相同。JWE 令牌中的 iv 参数表示用于加密的初始向量值。

8.2.5 JWE 密文

这个元素的含义和我们在之前章节中针对 JWE 紧凑序列的解释基本相同。JWE 令牌中的 ciphertext 参数承载了 JWE 密文经过 Base64 URL 编码的值。

8.2.6 JWE 认证标签

这个元素的含义和我们在之前章节中针对 JWE 紧凑序列的解释基本相同。JWE 令牌中的 tag 参数承载了作为 AEAD 算法加密过程结果的 JWE 认证标签经过 Base64 URL 编码的值。

8.2.7 加密过程（JSON 序列）

我们已经对创建一个 JSON 序列形式的 JWE 令牌所需的所有要素进行了讨论。以下将讨论创建 JWE 令牌所包含的步骤。

1）找到算法用来确定内容加密密钥（Content Encryption Key，CEK）值的密钥管理模式。这个算法由 JOSE 头部中的 alg 参数进行定义。在使用 JWE JSON 序列的情况下，JOSE 头部由 JWE 保护头部、JWE 共享未保护头部和各接收方未保护头部所定义的所有参数共同组合构建而成。在包含于各接收方未保护头部中之后，alg 参数可以针对每个接收方进行定义。

2）计算 CEK，并基于步骤 1 中所获取的密钥管理模式计算 JWE 加密密钥。CEK 后续将被用于 JSON 负载加密。

3）计算步骤 2 所生成的 JWE 加密密钥经过 Base64 URL 编码的值。同样地，这也是针对每个接收方进行计算，并且结果值包含在各接收方未保护头部参数 encryptedkey 中。

4）针对 JWE 令牌的每个接收方，执行步骤 1 到 3。每次循环都将生成 JWE 令牌 recipients JSON 数组中的一个元素。

5）生成一个随机值作为 JWE 初始向量。无论使用哪种序列化技术，JWE 令牌都将承载 JWE 初始向量经过 Base64 URL 编码的值。

6）如果需要进行令牌压缩，明文形式的 JSON 负载必须按照 zip 头部参数所定义的压缩算法进行压缩处理。zip 头部参数的值可以在 JWE 受保护头部或 JWE 共享未保护头部中进行定义。

7）构建以 JSON 格式表示的 JWE 受保护头部、JWE 共享未保护头部和各接收方未保护头部。

8）在对 JWE 受保护头部进行 UTF-8 编码之后，计算其经过 Base64 URL 编码的值。该值由序列化 JWE 令牌中的 protected 元素表示。JWE 受保护头部是可选的，而如果存在的话就只能有一个头部。如果不存在 JWE 头部，那么 protected 元素值将为空。

9）生成一个值作为额外认证数据，并计算其经过 Base64 URL 编码的值。这是一个可选步骤，而如果选择采用该步骤，那么经过 Base64 URL 编码的 AAD 值将作为 JSON 负载加密的输入参数使用，正如步骤 10 中所做的那样。

10）要对 JSON 负载进行加密，我们需要用到 CEK（已经拥有）、JWE 初始向量（已经拥有）以及额外认证数据。计算经过编码 JWE 受保护头部（步骤 8）的 ASCII 码值，并将其作为 AAD 使用。假设步骤 9 已经完成，则 AAD 值的计算方式为 ASCII（编码 JWE 受保护头部 .BASE64URL-ENCODE（AAD））。

11）按照 enc 头部参数所定义的内容加密算法，利用 CEK、JWE 初始向量和额外认证数据（来自步骤 10），对经过压缩的 JSON 负载（来自步骤 6）进行加密。

12）enc 头部参数所定义的算法是一个 AEAD 算法，而在加密过程之后，它将生成密文和认证标签。

13）计算步骤 12 所生成的密文，这是经过 Base64 URL 编码的值。

14）计算步骤 12 所生成的认证标签，这是经过 Base64 URL 编码的值。

现在，我们拥有了构建 JSON 序列形式的 JWE 令牌所需的所有元素。

> 📖 注　W3C 组织所发布的 XML 加密规范，仅仅探讨了对一个 XML 负载进行加密的问题。如果需要对任意内容进行加密，那么首先你需要将其嵌入一个 XML 负载中，然后再进行加密。相反，JWE 规范并不仅仅局限于 JSON 格式。你可以利用 JWE 对任何内容进行加密，而无须将其封装在一个 JSON 负载中。

8.3　嵌套 JWT

在 JWS 令牌和 JWE 令牌中，负载都可以是任何内容。它可以是 JSON 格式、XML 格式或者其他任何内容。在一个嵌套 JWT 中，负载必须是 JWT 自身。换句话说，一个装入另一个 JWS 或 JWE 令牌的 JWT 构成了一个嵌套 JWT。一个嵌套 JWT 主要是用来实现嵌套签名和加密。在使用嵌套 JWT 的情况下，cty 头部参数必须存在，并且设置为值 JWT。以下列出了构建嵌套 JWT 所需的步骤，即首先利用 JWS 对负载进行签名，然后利用 JWE 对 JWS 令牌进行加密：

1）利用你所选择的负载或内容，创建 JWS 令牌。

2）基于你所使用的 JWS 序列化技术，步骤 1 将生成一个 JSON 序列形式的 JSON 对象，或者是一个紧凑序列形式的，每个元素由一个间隔符（.）相互分隔的三元素字符串。

3）对来自步骤 2 的输出内容进行 Base64 URl 编码，然后将其作为 JWE 令牌中待加密的负载来使用。

4）将 JWE JOSE 头部的 cty 头部参数值设为 JWT。

5）从 JWE 规范所定义的两种序列化技术中任选一种，来创建 JWE。

> 📖 注　在创建一个嵌套 JWT 的过程中，首选的方式是先签名再加密，而不是先加密再签名。签名将内容的所有权与签名方或令牌颁发方绑定在一起。行业普遍认可的最佳实践是对原始内容进行签名，而不是经过加密的内容。同时，在先进行签名，再对经过签名的负载进行加密的情况下，签名本身也会经过加密，这样就可以阻止中间攻击人剥离签名。由于签名及其所有相关的元数据都经过了加密，攻击者就无法通过查看消息来获取令牌颁发方的任何详细信息。在先进行加密，再对经过加密的负载进行签名的情况下，签名对于任何人都是可见的，那么攻击者也就能够将其从消息中剥离。

JWE 和 JWS 的区别

从一个应用开发人员的角度来说，确定一个给定消息是 JWE 令牌还是 JWS 令牌，并根据判断结论来开始处理流程，这可能是非常重要的。以下所列出的一些技术，能够用来区分 JWS 令牌和 JWE 令牌：

1）当使用紧凑序列形式时，JWS 令牌中由间隔符（.）分隔、经过 Base64 URL 编码的元素有三个，而 JWE 令牌中由间隔符（.）分隔、经过 Base64 URL 编码的元素有五个。

2）当使用 JSON 序列形式时，JWS 令牌和 JWE 令牌中所生成的 JSON 对象元素有所不同。例如，JWS 令牌有一个名为 payload 的顶层元素，JWE 令牌中没有，而 JWE 令牌有一个名为 ciphertext 的顶层元素，JWS 令牌中没有。

3）JWE 令牌的 JOSE 头部中有 enc 头部参数，而 JWS 令牌的 JOSE 头部中没有。

4）JWS 令牌的 JOSE 头部中，alg 参数的值为一个数字签名或 MAC 算法或为空，而在 JWE 令牌的 JOSE 头部中，同一参数为一个密钥加密、密钥封装、直接密钥协商、采用密钥封装的密钥协商或者直接加密算法。

利用 RSA-OAEP 和 AES 算法针对一个 JSON 负载生成一个 JWE 令牌

以下 Java 代码利用 RSA-OAEP 和 AES 算法生成了一个 JWE 令牌。你可以从网址 https://github.com/apisecurity/samples/tree/master/ch08/sample01 下载 Maven 工程形式的完整 Java 示例——它运行于 Java 8+ 环境。首先你需要调用方法 generateKeyPair()，并将 PublicKey(generateKeyPair().getPublicKey()) 传入方法 buildEncrypted JWT()：

```java
// 该方法将生成一个密钥对，并且对应的公钥将被用于消息加密
public static KeyPair generateKeyPair() throws NoSuchAlgorithmException {
    // 利用RSA算法来实例化KeyPairGenerator对象
    KeyPairGenerator keyGenerator = KeyPairGenerator.getInstance("RSA");
    // 将密钥长度设为1024位
    keyGenerator.initialize(1024);
    // 生成并返回密钥对
    return keyGenerator.genKeyPair();
}
// 利用所提供的公钥，该方法将被用于对一个JWT声明集合进行加密
public static String buildEncryptedJWT(PublicKey publicKey) throws
JOSEException {
    // 构建受众限制列表
    List<String> aud = new ArrayList<String>();
    aud.add("https://app1.foo.com");
    aud.add("https://app2.foo.com");
    Date currentTime = new Date();
    // 创建一个声明集合
    JWTClaimsSet jwtClaims = new JWTClaimsSet.Builder().
                // 设置颁发方的值
                issuer("https://apress.com").
```

```
                    // 设置对象的值——JWT属于该对象
                    subject("john").
                    // 设置受众限制值
                    audience(aud).
                    // 将过期时间设置为10分钟
                    expirationTime(new Date(new Date().getTime() + 1000 *
                    60 * 10)).
                    // 将有效起始时间设置为当前时间
                    notBeforeTime(currentTime).
                    // 将颁发时间设置为当前时间
                    issueTime(currentTime).
                    // 将一个已生成的UUID设为JWT标识符
                    jwtID(UUID.randomUUID().toString()).build();
        // 利用RSA-OAEP和AES/GCM来创建JWE头部
        JWEHeader jweHeader = new JWEHeader(JWEAlgorithm.RSA_OAEP,
        EncryptionMethod.A128GCM);
        // 利用RSA公钥，来创建加密器（encrypter变量）
        JWEEncrypter encrypter = new RSAEncrypter((RSAPublicKey) publicKey);
        // 利用JWE头部和JWT主体内容来创建加密JWT
        EncryptedJWT encryptedJWT = new EncryptedJWT(jweHeader, jwtClaims);
        // 对JWT进行加密
        encryptedJWT.encrypt(encrypter);
        // 对其进行序列化处理，得到经过Base64编码的文本
        String jwtInText = encryptedJWT.serialize();
        // 打印JWT的值
        System.out.println(jwtInText);
        return jwtInText;
    }
```

以下 Java 代码展示了如何调用上述两个方法：

```
KeyPair keyPair = generateKeyPair();
buildEncryptedJWT(keyPair.getPublic());
```

要创建并运行程序，请在 ch08/sample01 目录中执行以下 Maven 命令。

```
\> mvn test -Psample01
```

让我们看看如何对一个经过 RSA-OAEP 算法加密的 JWT 进行解密。你需要知道与用于消息加密的 PublicKey 相对应的 PrivateKey：

```
        public static void decryptJWT() throws NoSuchAlgorithmException,
                                    JOSEException, ParseException {
        // 生成密钥对
        KeyPair keyPair = generateKeyPair();
        // 获取私钥——用于解密消息
        PrivateKey privateKey = keyPair.getPrivate();
```

```
    // 获取公钥——用于加密消息
    PublicKey publicKey = keyPair.getPublic();
    // 获取经过加密的JWT，它的格式是经过Base64编码的文本
    String jwtInText = buildEncryptedJWT(publicKey);
    // 创建一个解密器（decrypter变量）
    JWEDecrypter decrypter = new RSADecrypter((RSAPrivateKey) privateKey);
    // 利用经过Base64编码的文本来创建加密JWT
    EncryptedJWT encryptedJWT = EncryptedJWT.parse(jwtInText);
    // 对JWT进行解密
    encryptedJWT.decrypt(decrypter);
    // 打印JOSE头部的值
    System.out.println("JWE Header:" + encryptedJWT.getHeader());
    // JWE内容加密密钥
    System.out.println("JWE Content Encryption Key: " + encryptedJWT.
    getEncryptedKey());
    // 实例化向量
    System.out.println("Initialization Vector: " + encryptedJWT.getIV());
    // 密文
    System.out.println("Ciphertext : " + encryptedJWT.getCipherText());
    // 认证标签
    System.out.println("Authentication Tag: " + encryptedJWT.getAuthTag());
    // 打印JWT主体的值
    System.out.println("Decrypted Payload: " + encryptedJWT.getPayload());
}
```

上述代码将生成与以下输出信息类似的内容：

```
JWE Header: {"alg":"RSA-OAEP","enc":"A128GCM"}
JWE Content Encryption Key: NbIuAjnNBwmwlbKiIpEzffU1duaQfxJpJaodkxDj
SC2s3tO76ZdUZ6YfPrwSZ6DU8F51pbEw2f2MK_C7kLpgWUl8hMHP7g2_Eh3y
Th5iK6Agx72o8IPwpD4woY7CVvIB_iJqz-cngZgNAikHjHzOC6JF748MwtgSiiyrI
9BsmU
Initialization Vector: JPPFsk6yimrkohJf
Ciphertext: XF2kAcBrAX_4LSOGejsegoxEfb8kV58yFJSQO_WOONP5wQo7HG
mMLTyR713ufXwannitR6d2eTDMFe1xkTFfF9ZskYj5qJ36rOvhGGhNqNdGEpsB
YK5wmPiRlk3tbUtd_DulQWEUKHqPc_VszWKFOlLQW5UgMeHndVi3JOZgiwN
gy9bvzacWazK8lTpxSQVf-NrD_zu_qPYJRisvbKI8dudv7ayKoE4mnQW_fUY-U1O
AMy-7Bg4WQE4j6dfxMlQGoPOo
Authentication Tag: pZWfYyt2kO-VpHSW7btznA
Decrypted Payload:
{
    "exp":1402116034,
    "sub":"john",
    "nbf":1402115434,
    "aud":["https:\/\/app1.foo.com "," https:\/\/app2.foo.com"],
    "iss":"https:\/\/apress.com",
    "jti":"a1b41dd4-ba4a-4584-b06d-8988e8f995bf",
    "iat":1402115434
}
```

利用 RSA-OAEP 和 AES 算法针对一个非 JSON 格式的负载生成一个 JWE 令牌

以下 Java 代码利用 RSA-OAEP 和 AES 算法，针对一个非 JSON 格式的负载生成了一个 JWE 令牌。你可以从网址 https://github.com/apisecurity/samples/tree/master/ch08/sample02 下载 Maven 工程形式的完整 Java 示例——它运行于 Java 8+ 环境。首先你需要调用方法 generateKeyPair()，并将 PublicKey(generateKeyPair().getPublicKey()) 传入方法 buildEncryptedJWT()：

```
// 该方法将生成一个密钥对，并且对应的公钥将被用于消息加密
public static KeyPair generateKeyPair() throws NoSuchAlgorithmException,
JOSEException {
    // 利用RSA算法来实例化KeyPairGenerator对象
    KeyPairGenerator keyGenerator = KeyPairGenerator.getInstance("RSA");
    // 将密钥长度设为1024位
    keyGenerator.initialize(1024);
    // 生成并返回密钥对
    return keyGenerator.genKeyPair();
}
// 利用所提供的公钥，该方法被用来对一个非JSON格式的负载进行加密
public static String buildEncryptedJWT(PublicKey publicKey) throws
JOSEException {
    // 利用RSA-OAEP和AES/GCM，来创建JWE头部
    JWEHeader jweHeader = new JWEHeader(JWEAlgorithm.RSA_OAEP,
EncryptionMethod.A128GCM);
    // 利用RSA公钥来创建加密器（encrypter变量）
    JWEEncrypter encrypter = new RSAEncrypter((RSAPublicKey) publicKey);
    // 利用一个非JSON格式的负载，来创建一个JWE对象
    JWEObject jweObject = new JWEObject(jweHeader, new Payload("Hello
world!"));
    // 对JWT进行加密
    jweObject.encrypt(encrypter);
    // 对其进行序列化处理，得到经过Base64编码的文本
    String jwtInText = jweObject.serialize();
    // 打印JWT的值
    System.out.println(jwtInText);
    return jwtInText;
}
```

要创建并运行程序，请在 ch08/sample02 目录中执行以下 Maven 命令。

```
\> mvn test -Psample02
```

生成一个嵌套 JWT

以下 Java 代码利用 RSA-OAEP 和 AES 加密算法以及 HMAC-SHA256 签名算法，

生成了一个嵌套 JWT。嵌套 JWT 通过对经过签名的 JWT 进行加密来构建。你可以从网址 https://github.com/apisecurity/samples/tree/master/ch08/sample03 下载 Maven 工程形式的完整 Java 示例——它运行于 Java 8+ 环境。首先你需要利用一个共享秘密来调用方法 buildHmacSha256SignedJWT()，然后将其输出和 generateKeyPair().getPublicKey() 一起传入方法 buildNestedJWT()：

```java
// 该方法生成一个密钥对，并且对应的公钥将被用于消息加密
public static KeyPair generateKeyPair() throws NoSuchAlgorithmException {
    // 利用RSA算法来实例化KeyPairGenerator对象
    KeyPairGenerator keyGenerator = KeyPairGenerator.getInstance("RSA");
    // 将密钥长度设为1024位
    keyGenerator.initialize(1024);
    // 生成并返回密钥对
    return keyGenerator.genKeyPair();
}
// 利用所提供的共享秘密，该方法将被用于对一个JWT声明集合进行签名
public static SignedJWT buildHmacSha256SignedJWT(String sharedSecretString)
throws JOSEException {
    // 构建受众限制列表
    List<String> aud = new ArrayList<String>();
    aud.add("https://app1.foo.com");
    aud.add("https://app2.foo.com");
    Date currentTime = new Date();
    // 创建一个声明集合
    JWTClaimsSet jwtClaims = new JWTClaimsSet.Builder().
    // 设置颁发方的值
    issuer("https://apress.com").
    // 设置对象的值——JWT属于该对象
    subject("john").
    // 设置受众限制值
    audience(aud).
    // 将过期时间设置为10分钟
    expirationTime(new Date(new Date().getTime() + 1000 * 60 * 10)).
    // 将有效起始时间设置为当前时间
    notBeforeTime(currentTime).
    // 将颁发时间设置为当前时间
    issueTime(currentTime).
    // 将一个已生成的UUID设为JWT标识符
    jwtID(UUID.randomUUID().toString()).build();
    // 利用HMAC-SHA256算法来创建JWS头部
    JWSHeader jswHeader = new JWSHeader(JWSAlgorithm.HS256);
    // 利用提供方的共享秘密来创建签名者（signer变量）
    JWSSigner signer = new MACSigner(sharedSecretString);
    // 利用JWS头部和JWT主体创建经过签名的JWT
    SignedJWT signedJWT = new SignedJWT(jswHeader, jwtClaims);
    // 利用HMAC-SHA256来对JWT进行签名
    signedJWT.sign(signer);
```

```
        // 对其进行序列化处理，得到经过Base64编码的文本
        String jwtInText = signedJWT.serialize();
        // 打印JWT的值
        System.out.println(jwtInText);
        return signedJWT;
    }
// 利用所提供的公钥，该方法将被用于对所提供的已签名JWT或JWS进行加密
public static String buildNestedJWT(PublicKey publicKey, SignedJWT signedJwt)
throws JOSEException {
        // 利用RSA-OAEP和AES/GCM来创建JWE头部
        JWEHeader jweHeader = new JWEHeader(JWEAlgorithm.RSA_OAEP,
        EncryptionMethod.A128GCM);
        // 利用RSA公钥，来创建加密器（encrypter变量）
        JWEEncrypter encrypter = new RSAEncrypter((RSAPublicKey) publicKey);
        // 通过将传递过来的SignedJWT对象作为负载来创建一个JWE对象
        JWEObject jweObject = new JWEObject(jweHeader, new Payload(signedJwt));
        // 对JWT进行加密
        jweObject.encrypt(encrypter);
        // 对其进行序列化处理，得到经过Base64编码的文本
        String jwtInText = jweObject.serialize();
        // 打印JWT的值
        System.out.println(jwtInText);
        return jwtInText;
    }
```

要创建并运行程序，请在 ch08/sample03 目录中执行以下 Maven 命令。

```
\> mvn test -Psample03
```

8.4　总结

- ❑ JWE 规范对以一种密码安全的方式，表示加密内容的方法进行了标准化。
- ❑ JWE 定义了两种表示加密负载的序列化格式：JWE 紧凑序列和 JWE JSON 序列。
- ❑ 在 JWE 紧凑序列中，一个 JWE 令牌由五个部分构成，每个部分利用一个间隔符（.）进行分隔：JOSE 头部，JWE 加密密钥，JWE 初始向量，JWE 密文以及 JWE 认证标签。
- ❑ JWE JSON 序列可以根据相同的 JSON 负载生成针对多个接收方的加密数据。
- ❑ 在一个嵌套 JWT 中，负载必须是 JWT 自身。换句话说，一个装入另一个 JWS 或 JWE 令牌的 JWT，构成了一个嵌套 JWT。
- ❑ 一个嵌套 JWT 能够用来实现嵌套签名与加密。

OAuth 2.0 协议配置

作为一个委托授权框架，OAuth 2.0 协议并不能解决企业 API 使用过程中的所有特定问题。构建于核心框架之上的 OAuth 2.0 协议配置通过创建一个安全生态系统，来使得 OAuth 2.0 协议能够适应企业级别的部署方案。OAuth 2.0 协议通过授权方式和令牌类型引入了两个扩展点。OAuth 2.0 协议配置正是构建于这种扩展性之上。本章针对令牌自省、链式 API 引用、动态客户注册和令牌废弃等方面，讨论了五种重要的 OAuth 2.0 协议配置。

9.1 令牌自省

OAuth 2.0 协议并没有针对资源服务器和授权服务器之间的通信过程定义标准 API。因此，为了在资源服务器和授权服务器之间建立联系，市面上充斥着各个厂商自行指定和维护的 API。OAuth 2.0 协议的令牌自省配置⊖解决这一问题的方式是，提出一个授权服务器所开放的标准 API（如图 9-1 所示），从而使得资源服务器能够与其交互并获取令牌元数据。

任何拥有访问令牌的一方，都可以生成一个令牌自省请求。我们可以对自省端点进行保护，最常见的选择是相互传输层安全（mutual Transport Layer Security，mTLS）协议和 OAuth 2.0 客户凭据。

⊖ 网址为 https://tools.ietf.org/html/rfc7662。

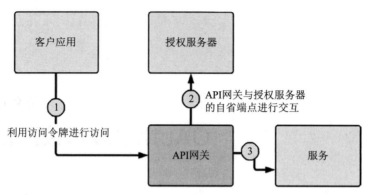

图 9-1　OAuth 2.0 协议令牌自省

```
POST /introspection HTTP/1.1
Accept: application/x-www-form-urlencoded
Host: authz.server.com
Authorization: Basic czZCaGRSa3FOMzo3RmpmcDBaQnIxS3REUmJuZlZkbUl3
                token=X3241Affw.423399JXJ&
                token_type_hint=access_token&
```

让我们来查看一下每个参数的定义：

❑ token：access_token 或 refresh_token 值。这是我们需要获取的元数据相关的令牌。

❑ token_type_hint：令牌（access_token 或 refresh_token）类型。这个参数是可选的，而此处传递的值可以优化授权服务器在生成自省响应过程中的操作。

这个请求将获得以下 JSON 格式的响应返回。以下响应消息并没有展示一个自省响应消息可能包含的所有参数：

```
HTTP/1.1 200 OK
Content-Type: application/json
Cache-Control: no-store
{
        "active": true,
        "client_id":"s6BhdRkqt3",
        "scope": "read write dolphin",
        "sub": "2309fj32kl",
        "aud": "http://my-resource/*"
}
```

让我们来查看一下你在一个自省响应中可能见到的重要参数定义：

❑ active：表示令牌是否活跃。在处于活跃状态的情况下，令牌应该没有过期或废弃。对于如何定义 active，授权服务器可以定义自己的判断标准。这是唯一一个自省响应必须包含的参数。其他所有参数都是可选的。

- ❑ client_id：授权服务器为其颁发这个令牌的客户标识符。
- ❑ scope：令牌相关的应用范围。资源服务器必须验证访问 API 所要求的范围，是否至少是令牌附加范围的一个子集。
- ❑ sub：对权限授予表示许可的用户对象标识符，或者换句话说，这个令牌所代表的用户标识符。这个标识符并不要求必须是一个可读的标识符，但是它必须始终携带一个唯一值。授权服务器可以为每对授权服务器 / 资源服务器组合生成一个唯一对象。这是由实现方案具体实施的，为了支持这一操作，授权服务器必须对资源服务器进行唯一标识。从私密性的角度来讲，授权服务器根据资源服务器来维护不同的对象标识符是有必要的，而这类标识符被称为长期别名。由于授权服务器为不同的资源服务器发放不同的别名，因此对于一个给定的用户，这些资源服务器都无法识别出这个用户所访问的其他服务。
- ❑ username：存放与对权限授予表示许可的用户相对应的可读标识符，或者换句话说，与这个令牌所代表的用户相对应的可读标识符。如果你在资源服务器端留存了任何内容，那么对于用户而言，用户名并不是合适的标识符。根据授权服务器端的实现机制，用户名的值时常会发生变化。
- ❑ aud：令牌的合法受众。理论上，这个参数应该承载了一个表示对应资源服务器的标识符。如果它与你的标识符不匹配，那么资源服务器必须立刻拒绝令牌。这个 aud 元素可以承载多个标识符，在这种情况下，你需要检查资源服务器标识符是否位于其中。同时在一些方案中，你还可以通过一个正则表达式来进行匹配，而不必进行一对一的字符串匹配。例如，http://*.my-resource.com 将与拥有标识符 http://foo.my-resource.com 和 http://bar.my-resource.com 的资源服务器相匹配。

📖 注　受众（aud）参数在网址 http://tools.ietf.org/html/draft-tschofenig-oauth-audience-OO 处提供的 OAuth 2.0 协议——受众信息互联网草案中进行了定义。这是新引入 OAuth 令牌请求流程中的参数，并且独立于令牌类型。

- ❑ exp：以从 1970 年 1 月 1 日（UTC）开始计算的秒数形式定义的令牌的过期时间。这个参数看起来是多余的，因为响应信息中已经包含了活跃（active）参数。但资源服务器可以利用这个参数来优化降低它想要与授权服务器自省端点进行交互的频率。由于对自省端点的调用是远程实施的，因此可能会存在性能方面的问题，同时也有可能会基于某些原因而发生宕机。在这种情况下，资源服务器可以利用一个缓存来存放自省响应信息，当需要重复获取同一令牌时，它可以检查缓存，而如果令牌还未过期，它就可以将令牌视为有效。同时，还应该有一个有效缓存过期时间，否则，即使授权服务器上已经将令牌废弃，资源服务器也不会知道这件事情。

❑ iat：以从 1970 年 1 月 1 日（UTC）开始计算的秒数形式定义的令牌的颁发时间。

❑ nbf：以从 1970 年 1 月 1 日（UTC）开始计算的秒数形式定义的时间，我们不应该在这个时间之前使用令牌。

❑ token_type：表示令牌类型。它可以是一个无记名令牌，一个 MAC 令牌（详见附录 G），或者是其他任何类型。

❑ iss：存放了一个表示令牌颁发方的标识符。一个资源服务器可以从多个颁发方（或授权服务器）接收令牌。如果你将令牌对象存放在资源服务器端，那么它只有和颁发方一起时才是唯一的。因此，你需要将其和颁发方存放在一起。可能会有这样一种场景，即资源服务器和一个多租户授权服务器建立连接。在这种情况下，你的自省端点是相同的，但为不同的租户发放令牌的颁发方则是不同的。

❑ jti：这是授权服务器所发放令牌的唯一标识符。jti 通常在授权服务器所发放的访问令牌是一个 JWT 或一个自包含访问令牌时使用。这个参数对于防止访问令牌重放是有用的。

在对来自自省端点的响应消息进行验证时，资源服务器应该首先检查 active 参数的值是否设为 true。然后，它应该检查响应消息中的 aud 值是否与资源服务器或资源的 aud URI 相匹配。最后，它要对范围进行验证。所请求的访问资源范围应该是自省响应消息中所返回的 scope 值的子集。如果资源服务器想要根据客户或资源所有者进行进一步的访问控制，那么它可以通过 sub 和 client_id 的值来实现。

9.2 链式授权方式

在针对 OAuth 令牌实施受众限制之后，它们就只能针对目标受众使用。你可以利用一个执行一条与某个 API 相对应受众限制规则的访问令牌来访问该 API。如果该 API 想要通过与另一个受保护 API 进行交互来构造发往客户的响应消息，那么第一个 API 必须对第二个 API 进行认证。当它这样做时，第一个 API 不能仅仅将它最初从客户处收到的访问令牌传递过去。这样的做法将无法通过第二个 API 中的受众限制验证。链式授权方式 OAuth 2.0 协议配置为解决这个问题定义了一种标准方式。

根据 OAuth 链式授权方式配置，第一个资源服务器所承载的 API 必须与授权服务器进行交互，并利用它从客户处收到的 OAuth 访问令牌来交换获取一个可以用来与第二个资源服务器所承载的另一个 API 进行交互的新令牌。

 注　网址 https://datatracker.ietf.org/doc/draft-hunt-oauth-chain 处提供了 OAuth 2.0 协议的链式授权方式配置。

链式授权方式请求必须由第一个资源服务器生成，并由该服务器发送至授权服务器。授权方式的值必须设置为 http://oauth.net/grant_type/chain，并且应该包含从客户处收到的 OAuth 访问令牌。范围（scope）参数应该以大小限定的字符串形式来表示针对第二个资源的请求范围。理论上，范围应该和原始访问令牌相关的范围相同，或是其子集。如果有任何不同，那么授权服务器可以决定是否发放访问令牌。这个决定可以根据与资源所有者进行的带外协商来实现：

```
POST /token HTTP/1.1
Host: authz.server.net
Content-Type: application/x-www-form-urlencoded
grant_type=http://oauth.net/grant_type/chain
oauth_token=dsddDLJkuiiuieqjhk238khjh
scope=read
```

这条请求将获得以下 JSON 格式的响应返回。响应消息包含了一个拥有有限寿命的访问令牌，但是它不应该包含一个更新令牌。要获取一个新的访问令牌，第一个资源服务器必须再次展示原始的访问令牌：

```
HTTP/1.1 200 OK
Content-Type: application/json;charset=UTF-8
Cache-Control: no-store
Pragma: no-cache
{
        "access_token":"2YotnFZFEjr1zCsicMWpAA",
        "token_type":"Bearer",
        "expires_in":1800,
}
```

第一个资源服务器可以利用这条响应消息中的访问令牌来与第二个资源服务器进行交互。第二个资源服务器通过与授权服务器进行交互来验证访问令牌（详见图 9-2）。

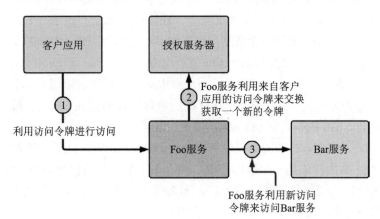

图 9-2　OAuth 2.0 协议令牌交换

在本书的第一版中，我们也对链式授权方式进行了讨论。但是从那时起，这方面的规范就没有再取得任何进展。如果现在正在使用链式授权模式，那么应该可以迁移到 OAuth 2.0 协议令牌交换规范，该方案目前仍处于草案阶段，但已经快要成为一个 RFC。在下一小节中，我们将讨论 OAuth 2.0 协议令牌交换草拟 RFC。

9.3　令牌交换

OAuth 2.0 协议令牌交换是一个目前正在 IETF 组织工作组中进行讨论的草拟提案。它所解决的问题与我们在之前章节所讨论的链式授权方式提案所关注的问题类似，只是进行了一些改进。与链式授权方式一样，当第一个资源服务器从客户应用收到一个访问令牌，以及它想要与另一个资源服务器进行交互时，第一个资源服务器通过生成以下请求来与授权服务器进行交互，并且利用其从客户应用获取的访问令牌来交换获取的一个新令牌。

```
POST /token HTTP/1.1
Host: authz.server.net
Content-Type: application/x-www-form-urlencoded
grant_type=urn:ietf:params:oauth:grant-type:token-exchange
subject_token=dsddDLJkuiiuieqjhk238khjh
subject_token_type=urn:ietf:params:oauth:token-type:access_token
requested_token_type=urn:ietf:params:oauth:token-type:access_token
resource=https://bar.example.com
scope=read
```

以上示例请求并没有包含所有可能的参数。让我们看一看在一个令牌交换请求中可能看到的重要参数：

❑ grant_type：告知令牌端点这是一个与令牌交换相关的请求，并且其值必须为 urn:ietf:params:oauth:grant-type:token-exchange。这是一个必需参数。

❑ resource：这个参数的值承载了一个指向目标资源的引用。例如，如果初始请求发往 foo API，并且它想要与 bar API 进行交互，那么 resource 参数的值承载了 bar API 端点。在一个微服务需要对另一个微服务进行认证的微服务部署环境中，这个参数也是十分有用的。OAuth 2.0 授权服务器可以对这条请求执行访问控制策略，来检查 foo API 能否访问 bar API。这是一个可选参数。

❑ audience：这个参数的值所提供的服务与 resource 参数相同，但是在这种情况下，audience 参数的值是一个目标资源引用，而不是一个纯粹的 URL 地址。如果想要针对多个目标资源使用相同的令牌，那么你可以在 audience 参数中包含一组受众值。这是一个可选参数。

❑ scope ： 表示新令牌相关的范围值。这个参数可以承载一组空间有限、大小写敏感的字符串。这是一个可选参数。

❑ requested_token_type ： 表示请求令牌的类型，可以是 urn:ietf:params:oauth:token-type:access_token、urn:ietf:params:oauth:token-type:refresh_token、urn:ietf:params:oauth:token-type:id_token, urn:ietf:params:oauth:token-type:saml1 和 urn:ietf:params:oauth:token-type:saml2 中的任何一种。这是一个可选参数，而如果选择不使用该参数，那么令牌端点可以自行决定所返回的令牌类型。如果要使用一种不在以上列表中的不同令牌类型，那么可以将自己的 URI 作为 requested_token_type。

❑ subject_token ： 承载第一个 API 所收到的初始令牌。这个参数承载了最初调用第一个 API 的实体标识符。这是一个必需参数。

❑ subject_token_type ： 表示 subject_token 的类型，可以是 urn:ietf:params:oauth:token-type:access_token、urn:ietf:params:oauth:token-type:refresh_token、urn:ietf:params:oauth:token-type:id_token、urn:ietf:params:oauth:token-type:saml1 和 urn:ietf:params:oauth:token-type:saml2 中的任何一种。这是一个必需参数。如果要使用一种不在以上列表中的不同令牌类型，那么可以将自己的 URI 作为 subject_token_type。

❑ actor_token ： 所承载的安全令牌，表示想要使用所请求令牌的实体身份。在我们的示例中，当 foo API 想要和 bar API 进行交互时，actor_token 代表的是 foo API。这是一个可选参数。

❑ actor_token_type ： 表示 actor_token 的类型，可以是 urn:ietf:params:oauth:token-type:access_token, urn:ietf:params:oauth:token-type:refresh_token, urn:ietf:params:oauth:token-type:id_token, urn:ietf:params:oauth:token-type:saml1 和 urn:ietf:params:oauth:token-type:saml2 中的任何一种。当请求中存在 actor_token 参数时，这是一个必需参数。如果要使用一种不在以上列表中的不同令牌类型，那么可以将自己的 URI 作为 actor_token_type。

上述请求将获取以下 JSON 格式的响应返回。响应消息中的 access_token 参数承载了所请求的令牌，同时 issued_token_type 参数表示其类型。响应消息中的其他参数，包括 token_type、expires_in、scope 和 refresh_token，所表示的含义与我们在第 4 章所讨论的典型 OAuth 2.0 协议令牌响应中的参数含义相同。

```
HTTP/1.1 200 OK
Content-Type: application/json
Cache-Control: no-cache, no-store

{
```

```
"access_token":"eyJhbGciOiJFUzI1NiIsImtpZCI6IjllciJ9 ",
"issued_token_type":
        "urn:ietf:params:oauth:token-type:access_token",
"token_type":"Bearer",
"expires_in":60
}
```

9.4　动态客户注册配置

根据 OAuth 2.0 协议核心规范，在进行任何交互之前，所有 OAuth 客户都应该在 OAuth 授权服务器上进行注册，并获取一个客户标识符。动态客户注册 OAuth 2.0 协议配置⊖的目标，就是以一种标准的方式来开放一个用于客户注册的端点，从而实现即时注册。

授权服务器所开放的动态注册端点可以是受保护的，也可以不是。如果是受保护的，那么它可以通过 OAuth 协议、HTTP 基本认证、相互传输层安全（mTLS）协议或者授权服务器所期望使用的任何其他安全协议来进行保护。动态客户注册配置并不在注册端点上使用任何认证协议，但是它必须通过 TLS 协议进行保护。如果授权服务器确定应该开放端点并且允许任何人进行注册，那么它可以这样做。要进行注册，客户应用必须将其所有元数据传递给注册端点：

```
POST /register HTTP/1.1
Content-Type: application/json
Accept: application/json
Host: authz.server.com
{
"redirect_uris":["https://client.org/callback","https://client.org/
callback2"],
"token_endpoint_auth_method":"client_secret_basic",
"grant_types": ["authorization_code" , "implicit"],
"response_types": ["code" , "token"],
}
```

让我们来查看一下客户注册请求中一些重要参数的定义：

❑ redirect_uris：一个由处于客户控制之下的 URI 组成的数组。在授权之后，用户将被重定向到这些 redirect_uris 中的一个。这些重定向 URI 必须通过 TLS 协议进行传输。

❑ token_endpoint_auth_method：在与令牌端点进行交互时所支持的认证方案。如果这个值是 client_secret_basic，那么客户将在 HTTP 基本认证头部中发送它的

⊖　网址为 https://tools.ietf.org/html/rfc7591。

客户 ID 和客户秘密。如果它是 client_secret_post，那么客户 ID 和客户秘密将放在 HTTP POST 报文体中。如果该值为 none，那么客户不想进行认证，这意味着它是一个公共客户端（比如在使用 OAuth 简化授权模式的情况下，或者是当你在一个单页面应用中使用授权码授权模式时）。尽管这个 RFC 文档只支持三种客户认证方式，但其他的 OAuth 配置可以引入其独有的方法。例如，一个目前 IETF 组织 OAuth 工作组正在讨论的草拟 RFC 文档，OAuth 2.0 相互 –TLS 客户认证与证书限定访问令牌就引入了一种名为 tls_client_auth 的新认证方法。这种方法指的是，请求令牌端点进行客户认证的过程通过相互 TLS 协议开展。

❑ grant_types：一个由客户所支持的授权模式组成的数组。它通常能够更好地限制客户应用只是用所需的授权模式，而不超出这个范畴。例如，如果客户应用是一个单页面应用，那么必须使用 authorization_code 授权模式。

❑ response_types：一个由来自授权服务器的预期响应类型组成的数组。在大部分情况下，grant_types 和 response_types 之间存在关联关系——如果你指定的内容存在矛盾，那么授权服务器将拒绝注册请求。

❑ client_name：一个表示客户应用的可读名称。在登录流程中，授权服务器应该向终端用户展示客户名称。这个参数必须包含足够多的信息，从而使得终端用户可以在登录流程中识别出客户应用。

❑ client_uri：一个指向客户应用的 URL 地址。在登录流程中，授权服务器应该以一种可点击的方式向终端用户展示这个 URL 地址。

❑ logo_uri：一个指向客户应用标志的 URL 地址。在登录流程中，授权服务器将向终端用户展示标志。

❑ scope：一个字符串，其中包含一个客户想要从授权服务器请求的，由空格分隔的范围值列表。

❑ contacts：一组来自客户应用端的代理。

❑ tos_uri：一个指向客户应用服务文档条款的 URL 地址。在登录流程中，授权服务器将向终端用户展示这一链接。

❑ policy_uri：一个指向客户应用隐私策略文档的 URL 地址。在登录流程中，授权服务器将向终端用户展示这一链接。

❑ jwks_uri：指向承载带有客户公钥的 JSON Web 密钥（JSON Web Key，JWK）集合文档的端点。授权服务器利用这个公钥来对任何经过客户应用签名的请求消息签名进行验证。如果客户应用不能通过一个端点来存放它的公钥，那么它可以利用参数 jwks 来分享 JWKS 文档，而不是 jwks_uri。单独一个请求中一定不能同时使用这两个参数。

❑ software_id：这个参数与 client_id 类似，但是它们之间存在一个主要区别。client_id 由授权服务器生成，并且通常用于识别应用。但 client_id 在一个应用的使用期间可能会发生改变。相反，software_id 在应用程序的整个生命周期中都是唯一的，并且能够在应用程序生命周期中唯一表示与其相关的所有元数据。

❑ software_version：由 software_id 标识的客户应用版本。

❑ software_statement：这是注册请求中的一个特殊参数，其中存放了一个 JSON Web 令牌（JWT）。这个 JWT 中包含了之前定义的所有与客户相关的元数据。假如同样的参数在 JWT 以及 software_statement 参数之外的请求中进行了定义，那么需要优先考虑 software_statement 内的参数。

根据所采用的策略，授权服务器可以自行决定是否应该处理注册过程。即使决定继续处理注册过程，授权服务器也不需要接受来自客户的所有建议参数。例如，客户可能会建议使用授权码和简化模式作为授权模式，但是授权服务器可以自行决定采用什么模式。对于 token_endpoint_auth_method 来说，情况也是如此：授权服务器可以自行决定支持什么方式。以下是一个来自授权服务器的响应消息示例：

```
HTTP/1.1 200 OK
Content-Type: application/json
Cache-Control: no-store
Pragma: no-cache
{
"client_id":"iuyiSgfgfhffgfh",
"client_secret":"hkjhkiiu89hknhkjhuyjhk",
"client_id_issued_at":2343276600,
"client_secret_expires_at":2503286900,
"redirect_uris":["https://client.org/callback","https://client.org/callback2"],
"grant_types":"authorization_code",
"token_endpoint_auth_method":"client_secret_basic",
}
```

让我们来看看每个参数的定义：

❑ client_id：为客户生成的唯一标识符。

❑ client_secret：对应于 client_id 生成的客户秘密。这个参数是可选的。例如，对于公共客户就不需要 client_secret。

❑ client_id_issued_at：从 1970 年 1 月 1 日开始计算的秒数。

❑ client_secret_expires_at：从 1970 年 1 月 1 日开始计算的秒数，或者在永不过期的情况下为 0。

❑ redirect_uris：所接受的 redirect_uris 参数。

❑ token_endpoint_auth_method：针对令牌端点所接受的认证方式。

🅝 注　动态客户注册 OAuth 2.0 协议配置在移动应用中是非常有用的。由 OAuth 协议提供保护的移动客户应用中都内嵌了客户 ID 和客户秘密。对于一个给定应用的所

有安装副本来说，这些信息都是相同的。如果一个给定的客户秘密被窃取，那么这将对所有安装副本造成影响，并且攻击者能够利用所盗窃的密钥来开发盗版客户应用。这些盗版客户应用能够在服务器上生成更多的流量，进而突破合法流量限制，从而导致拒绝服务攻击的发生。通过动态客户注册，你就不需要为一个给定应用的所有安装副本设置相同的客户 ID 和客户秘密。在安装过程中，应用可以与授权服务器注册端点进行交互，并在每次安装过程中生成一个客户 ID 和客户秘密。

9.5　令牌废弃配置

交互双方都可以实施 OAuth 令牌废弃流程。资源所有者应该能够撤销发放给一个客户的访问令牌，而客户应该能够废弃所获取的一个访问令牌或更新令牌。令牌废弃 OAuth 2.0 协议配置[⊖]解决的是后者。它在授权服务器端引入了一个标准的令牌废弃端点。要撤销一个访问令牌或更新令牌，客户必须通知废弃端点。

> **注**　在 2013 年 10 月，发生了一起针对 Buffer（一个可以用来在 Facebook、推特等平台之间进行跨境投送的社交媒体管理服务）的攻击。Buffer 利用 OAuth 协议来访问 Facebook 和推特中的用户个人资料。在检测到自己正在被攻击之后，Buffer 立即撤销了从 Facebook、推特以及其他社交媒体网站获取的所有访问密钥，这一做法有效阻止了攻击者对用户的 Facebook 和推特账户进行访问。

客户必须发起令牌废弃请求。客户可以通过 HTTP 基本认证（通过其客户 ID 和客户秘密）、利用相互 TLS 协议或利用授权服务器所建议的任何其他认证机制，来在授权服务器上进行认证，然后与废弃端点进行交互。请求消息应该由访问令牌或更新令牌，以及一个用于将令牌类型（access_token 或 refresh_token）告知授权服务器的 token_type_hint 参数构成。这个参数可能并不是必需的，但是授权服务器可以利用它来优化其搜索条件。

下面是一个请求示例：

```
POST /revoke HTTP/1.1
Host: server.example.com
Content-Type: application/x-www-form-urlencoded
Authorization: Basic czZCaGRSa3dsdZI9iuiaHk99kjkh
token=dsdOlkjkkljkkllkdsdds&token_type_hint=access_token
```

⊖　网址为 https://tools.ietf.org/html/rfc7009。

要对这条请求消息做出响应，授权服务器首先必须对客户凭据进行验证，然后再处理令牌废弃流程。如果令牌是一个更新令牌，那么授权服务器必须将所有为了实现与该更新令牌相关的授权委托而发放的访问令牌作废。如果它是一个访问令牌，那么就由授权服务器自行决定是否撤销更新令牌。在大部分情况下，典型做法是将更新令牌同时废弃。在令牌废弃流程顺利完成之后，授权服务器必须向客户发送一个 HTTP 200 状态码。

9.6 总结

❑ 构建于核心框架之上的 OAuth 2.0 协议配置通过创建一个安全生态系统，来使得 OAuth 2.0 协议能够适应企业级别的部署方案。

❑ OAuth 2.0 协议通过授权方式和令牌类型引入了两个扩展点。

❑ OAuth 2.0 协议的令牌自省配置在授权服务器上引入了一个标准的 API，从而使得资源服务器能够与其交互并获取令牌元数据。

❑ 根据 OAuth 链式授权方式配置，在第一个资源服务器上运行的 API 必须与授权服务器进行交互，并利用它从客户处收到的 OAuth 访问令牌，来交换获取一个能够用来与在第二个资源服务器上运行的另一个 API 进行交互的新令牌。

❑ OAuth 2.0 协议令牌交换是一个 IETF 组织工作组目前仍在讨论的草拟提案，它所解决的问题与链式授权方式提案类似，只是进行了一些改进。

❑ 动态客户注册 OAuth 2.0 协议配置的目标是，以一种标准的方式开放一个客户注册端点，从而实现即时注册。

❑ 令牌废弃 OAuth 2.0 协议配置在授权服务器上引入了一个标准的令牌废弃端点，来供客户执行撤销一个访问令牌或更新令牌的操作。

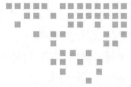

第 10 章 *Chapter 10*

通过本地移动应用访问 API

近年来，使用本地移动应用的趋势日益增长。在 21 世纪前十年间，全球互联网用户数量从 3.5 亿增长到 20 亿，手机用户数量从 7.5 亿增长到 50 亿——如今在世界人口大约 70 亿的情况下，它已经达到 60 亿。大部分在用移动设备（哪怕是最便宜的设备）都可以用于访问互联网。

我们将一个本地移动应用视为一个未信任或公共客户。一个无法保护自己密钥或凭据的客户应用，在 OAuth 协议术语中被视为一个公用客户。由于本地移动应用在一个用户拥有的设备上运行，因此对移动设备拥有完全访问权限的用户能够找到应用程序藏匿的任何密钥。这是我们在从一个本地移动应用访问受保护 API 的过程中所面临的一个严峻挑战。

本章讨论了在本地应用中使用 OAuth 2.0 协议的最佳实践、代码交换证明密钥（Proof Key for Code Exchange，PKCE），以及如何在一个无浏览器环境中保护本地应用。

10.1 移动单点登录

一个用户登录进入一个应用的平均用时是 20 秒。不必在每次访问资源时都输入口令，能够有效节省时间和提高用户工作效率，同时减少多次登录失败事件和忘记口令情况的发生。当我们使用单点登录时，用户将只需要记住和更新一个口令，并且只需要记住一组口令规律。通过初始登录，他们通常可以在一整天或一整周内访问所有的资源。

如果你向你的企业员工提供了多个可以从其移动设备访问的移动应用程序，那么要求他们分别在每个应用上重复登录是十分痛苦的。或许所有员工可以共享相同的凭据存储内容。这与以下场景类似，即 Facebook 用户通过 Facebook 凭据登录多个第三方移动应用。

通过 Facebook 的登录过程，你可以只在 Facebook 上进行一次登录，之后基于 Facebook 的登录操作自动登录其他应用。

在移动领域，本地应用的登录操作以三种不同的方式来实现：直接请求用户凭据，利用 WebView 控件以及利用系统浏览器。

1. 利用直接凭据进行登录

通过这种方式，用户直接向本地应用本身提供凭据（详见图 10-1）。应用将利用一个 API（或 OAuth 2.0 协议口令授权模式）来对用户进行认证。这种方式假定本地应用是可信的。在本地应用利用第三方身份提供方来完成登录的情况下，我们绝对不能使用这种方式。除非第三方身份提供方能够提供一个登录 API，或者支持 OAuth 2.0 协议口令授权模式，否则这种方式根本不可能实现。同时，使用这种方式的用户容易遭受网络钓鱼攻击。攻击者可以通过诱使用户安装一个与原应用外观体验完全一致的本地应用来植入一个钓鱼攻击软件，然后误导用户与其分享凭据。除了面临这种风险，在你拥有多个本地应用时，利用直接凭据进行登录并不能帮助我们营造一种单点登录的体验。你需要利用你的凭据来分别登录每个应用。

图 10-1　在大通银行的移动应用中，用户直接输入凭据来进行登录

2. 利用 WebView 控件进行登录

在一个本地应用中，本地应用开发人员利用一个 WebView 控件来嵌入浏览器，这样应用程序就可以使用网络技术，比如 HTML、JavaScript 和 CSS。在登录流程中，本地应用可以将系统浏览器载入 WebView 控件，并利用 HTTP 重定向来将用户转到相应的身份提供方。例如，如果想要在自己的本地应用中通过 Facebook 来对用户进行认证，那么首先需要将系统浏览器载入到 WebView 控件中，然后将用户重定向到 Facebook 中。在载入 WebView 控件的浏览器中所发生的事情与利用一个浏览器通过 Facebook 登录一个网络应用时所看到的流程没有什么不同。

基于 WebView 控件的方式在构建混合型本地应用方面十分常用，因为它可以提供更好的用户体验。用户不会注意到浏览器正在载入 WebView 控件。它看起来就好像所有操作都在同一个本地应用中进行。

然而同时，它也存在一些重大缺陷。载入一个本地应用 WebView 控件的浏览器中的网络会话无法在多个本地应用之间共享。例如，如果通过在一个载入 WebView 控件的浏览器上将用户重定向到 facebook.com 的方式来完成利用 Facebook 登录本地应用的操作，那么当多个本地应用都采用同样的方式时，用户将不得不反复地登录 Facebook。这是因为一个 WebView 控件中针对 facebook.com 所创建的网络会话，无法被不同本地应用的另一个 WebView 控件所共享。因此，本地应用之间的单点登录（Single Sign-On，SSO）无法通过 WebView 控件的方式来实现。

同时，基于 WebView 控件的本地应用也会使得用户更加容易遭受网络钓鱼攻击。在我们之前所讨论的同一例子中，当一个用户通过载入 WebView 控件的系统浏览器来重定向到 facebook.com 上时，无法判断其是否正在访问本地应用之外的某些内容。因此，本地应用开发人员可以通过展示某些与 facebook.com 非常相似的内容来欺骗用户，从而窃取用户的 Facebook 凭据。基于这一原因，现在大部分开发人员都抛弃了利用 WebView 控件完成登录的做法。

3. 利用一个系统浏览器进行登录

这种本地应用登录方式与使用 WebView 控件进行登录不同，本地应用需要启动系统浏览器（详见图 10-2）。系统浏览器本身就是另一个本地应用。这种方式的用户体验不如使用 WebView 控件的方式顺畅，因为在登录过程中用户需要在两个本地应用之间进行切换，但是就安全性来说，这是最好的方法。同时，这也是我们能够在移动环境中拥有单点登录体验的唯一方式。与使用 WebView 控件的方式不同，当你使用系统浏览器时，它将为用户管理一个单独的网络会话。比方说，当多个本地应用利用 Facebook 通过同一系统浏览器进行登录操作时，用户只需要在 Facebook 上进行一次登录操作。在利用系统浏览器创建了一个针对 facebook.com 域的网络会话之后，对于后续来自其他本地应用的登录请求，用户将自动登录。在下一小节中，我们将学习如何利用 OAuth 2.0 协议来安全地构建这一用例。

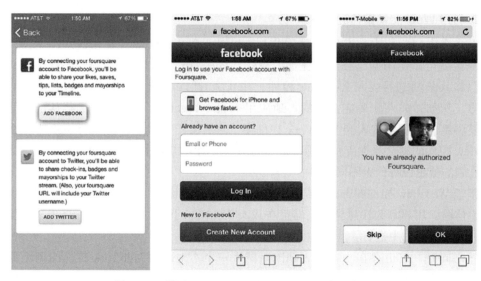

图 10-2　利用 Facebook 登录 Foursquare 本地应用

10.2　在本地移动应用中使用 OAuth 2.0 协议

OAuth 2.0 协议已经成为移动应用认证方面事实上的标准。在安全设计中，我们需要将一个本地应用视为一个笨应用。它与单页面应用非常类似。以下列出了在利用 OAuth 2.0 协议登录一个本地移动应用的过程中所发生的事件序列。

1）移动应用开发人员必须在对应的身份提供方或 OAuth 2.0 协议授权服务器上注册应用程序，并获取一个 client_id。建议采用无须客户秘密的 OAuth 2.0 协议授权码授权模式。由于本地应用是一个不可信客户，因此使用客户秘密是没有意义的。有人会在本地应用中使用简化授权模式，但是它有其内在安全问题，因而不建议使用。

2）我们选择使用 iOS 9 及以上版本系统中的 SFSafariViewController 控件，或者是安卓系统上的 Chrome 定制标签控件，而不是使用 WebView 控件。这种网络控制器能够在一个可以放置在应用程序上的控件中，提供本地系统浏览器的所有功能。然后，你可以将步骤 1 所获取的 client_id 嵌入应用中。当你将一个 client_id 嵌入一个应用时，它对于该本地应用的所有实例来说都是相同的。如果想要区分应用的每个实例（安装在不同设备上），那么我们可以按照 OAuth 2.0 协议动态用户注册配置（我们在第 9 章对其进行了详细讲解）所定义的协议，在应用启动的过程中针对每个实例动态生成一个 client_id。

3）在应用程序的安装过程中，我们需要在移动操作系统上注册一个应用程序特定 URL 模式。这个 URL 模式必须与步骤 1 中应用注册时所用的回调 URL 地址或重定向 URI 相匹配。定制 URL 模式使得移动操作系统能够将控制权从另一个外部应用（例如，从系统浏览器）移交返回给应用程序。如果在浏览器上向应用程序特定 URL 模式发送一些参数，那么移动操作系统将追踪这些内容，并利用这些参数来调用对应的本地应用。

4）当用户在本地应用上点击登录之后，我们需要启动系统浏览器，并遵循我们在第 4 章详细讲解的 OAuth 2.0 协议授权码授权模式（详见图 10-3）所定义的协议。

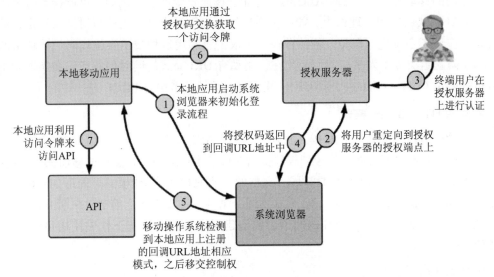

图 10-3　一次利用 OAuth 2.0 协议的典型本地移动应用登录流程

5）当用户在身份提供方上完成认证之后，浏览器将用户重定向到注册的重定向 URI，实际上该地址是一个在移动操作系统上注册的定制 URL 模式。

6）在系统浏览器上收到发往定制 URL 模式的授权码之后，移动操作系统将启动对应的本地应用并移交控制权。

7）本地应用将与授权服务器的令牌端点进行交互，并利用授权码交换获取一个访问令牌。

8）本地应用利用访问令牌来访问 API。

10.2.1　应用间通信

系统浏览器本身就是另一个本地应用。我们将定制 URL 模式作为一种应用间通信的方式使用，以接收来自授权服务器的授权码。在移动环境中可以使用的应用间通信方式分为多种：私有 URI 模式（也被称为定制 URL 模式）、声明 HTTPS URL 模式以及回环 URI 模式。

1. 私有 URI 模式

在之前的章节中，我们已经对私有 URI 模式如何工作进行了讨论。当在浏览器中发现了私有 URI 模式时，它将调用注册该 URI 模式的对应本地应用并移交控制权。根据 RFC

7595 文档[⊖]所定义的 URI 模式指导原则和注册流程，建议使用受控域名的倒序格式作为私有 URI 模式。例如，如果你拥有 app.foo.com 这一域名，那么私有 URI 模式应该是 com. foo.app。完整的私有 URI 模式可能形如 com.foo.app:/oauth2/redirect，其中只存在一个出现在模式组成部分之后的斜杠符号。

在相同的移动环境中，私有 URI 模式可能会彼此发生冲突。例如，可能会有两个注册了同一 URI 模式的应用。理论上，如果你在选择标识符时遵循了之前所讨论的约定，那么这种情况应该不会发生。但是，依然存在一个攻击者利用这种技术实施代码拦截攻击的可能。为了防止这类攻击发生，我们必须在使用私有 URI 模式的同时使用代码交换证明密钥（Proof Key for Code Exchange，PKCE）。我们将在后续章节中对 PKCE 进行讨论。

2. 声明 HTTPS URI 模式

与上一小节讨论的私有 URI 模式类似，当一个浏览器看到一个声明 HTTPS URI 模式，它并不会加载对应页面，而是将控制权移交给对应的本地应用。在支持的移动操作系统中，你可以声明一个你所控制的 HTTPS 域。完整的声明 HTTPS URI 模式可能形如 https://app. foo.com/oauth2/redirect。与私有 URI 模式不同，浏览器在重定向之前会对声明 HTTPS URI 的一致性进行验证，而基于同样的原因，我们建议在可能的情况下优先使用声明 HTTPS URI 的模式。

3. 回环接口

通过这种方式，你的本地应用将在设备本身的一个给定端口上进行监听。换句话说，你的本地应用承担了一个简单网络服务器的角色。例如，你的重定向 URI 地址将形如 http:// 127.0.0.1：5000/oauth2/redirect。由于我们当前使用的是回环接口（127.0.0.1），因此当浏览器看到这个 URL 地址时，它将会把控制权移交给正在监听移动设备 5000 端口的服务。这种方式所面临的挑战是，如果在移动设备上有任何其他应用正在使用同样的端口，那么你的应用可能无法在所有设备的同一端口上运行。

10.2.2 代码交换证明密钥

作为一种在移动环境中抵御代码拦截攻击（在第 14 章中将介绍更多细节）的方式，代码交换证明密钥（Proof Key for Code Exchange，PKCE）在 RFC 7636 文档中进行了定义。正如我们在之前章节中所讨论的，当你利用定制 URL 模式来从 OAuth 授权服务器获取授权码时，可能会发生进入一个不同应用的情况，该应用在移动设备上所注册的定制 URL 模式与原应用相同。为了达到窃取代码的目的，攻击者可能会进行下述操作。

当授权码误入错误的应用时，它可以利用授权码来交换获取一个访问令牌，之后访问

⊖　网址为 https://tools.ietf.org/html/rfc7595#section-3.8。

相应的 API。由于我们在移动环境中使用的是没有客户秘密的授权码，并且原应用的客户 id 号是公开的，因此毫无疑问，攻击者可以通过与授权服务器的令牌端点进行交互，来利用代码交换获取一个访问令牌。

让我们看看 PKCE 如何防范代码拦截攻击（详见图 10-4）。

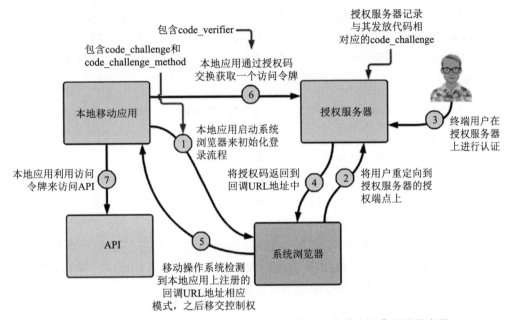

图 10-4　一个使用 OAuth 2.0 协议和 PKCE 的本地移动应用典型登录流程

1）在将用户重定向到授权服务器上之前，本地移动应用会生成一个名为 code_verifier 的随机值。code_verifier 值的最小长度必须为 43 个字符，最大长度必须为 128 个字符。

2）接下来，应用必须计算 code_verifier 在无填充情况下的 SHA256 值，并对结果进行 Base64 URL 编码（详见附录 E）表示。由于 SHA256 散列算法的结果始终是一个 256 比特长度的散列值，因此当你对其进行 Base64 URL 编码时，始终会存在一个由 "＝" 号表示的填充内容。根据 PKCE RFC 文档，我们需要去除该填充内容——而该值，即经过 SHA256 散列计算、Base64 URL 编码处理以及去除填充的 code_verifier，被称为 code_challenge。

3）现在，当本地应用发起授权码请求并将用户重定向到授权服务器上时，它必须以如下方式构建包含 code_challenge 和 code_challenge_method 查询参数的请求 URL 地址。code_challenge_method 包含了散列算法的名称。

```
https://idp.foo.com/authorization?client_id=FFGFGOIPI7898778&s
copeopenid&redirect_uri=com.foo.app:/oauth2/redirect&response_
type=code&code_challenge=YzfcdAoRg7rAfj9_Fllh7XZ6BBl4PIHC-
xoMrfqvWUc&code_challenge_method=S256"
```

4）在发放授权码的同时，授权服务器必须记录应用所提供的、与所发放授权码相对应的 code_challenge。一些授权服务器可能会将 code_challenge 嵌入代码本身。

5）在本地应用获取授权码之后，它可以通过与授权服务器的令牌端点进行交互，利用代码来交换获取一个访问令牌。但是当遵循 PKCE 规范时，你必须在发送令牌请求的同时发送 code_verifier（与 code_challenge 对应）。

```
curl -k --user "XDFHKKJURJSHJD" -d "code=XDFHKKJURJSHJD&grant_
type=authorization_code&client_id=FFGFGOIPI7898778
&redirect_uri=com.foo.app:/oauth2/redirect&code_
verifier=ewewewoiuojslkdjsd9sadoidjalskdjsdsdewewewoiuojslkd
jsd9sadoidjalskdjsdsd" https://idp.foo.com/token
```

6）如果攻击者的应用获取了授权码，那么由于只有原应用知道 code_verifier，因此它仍无法利用代码交换获取一个访问令牌。

7）在授权服务器收到带有 code_verifier 的令牌请求之后，它将计算得到其经过 SHA256 散列计算、Base64 URL 编码处理以及去除填充的值，并比较计算结果与记录的 code_challenge。如果二者匹配，那么它将发放访问令牌。

10.3 无浏览器应用

到目前为止，我们只对能够启动网络浏览器的移动设备进行了讨论。目前另一个日益增长的需求是，从运行在输入限制以及无网络浏览器的设备（比如智能 TV、智能扬声器、打印机等）上的应用调用受 OAuth 协议保护的 API。在本节中，我们将讨论如何利用 OAuth 2.0 协议设备授权模式，从无浏览器应用上访问 OAuth 2.0 协议保护的 API。在任何情况下，设备授权模式都不会取代我们之前所讨论的与运行于有浏览器的移动设备上的本地应用相关的任何方式。

OAuth 2.0 设备授权

OAuth 2.0 协议设备授权模式⊖的相关文档是，IETF 组织 OAuth 协议工作组所发布的 RFC 8628。根据这份 RFC 文档，一个使用设备授权模式的设备必须满足以下要求：

❑ 设备已经连接互联网或能够访问授权服务器的网络。

⊖ 网址为 https://tools.ietf.org/html/rfc8628。

- ❏ 设备能够发送 HTTPS 请求。
- ❏ 设备能够向用户展示（或者相反，与用户进行通信）一个 URI 和代码序列。
- ❏ 用户拥有一台附属设备（例如，个人计算机或智能手机），可以在该设备上处理请求。

让我们通过一个示例（见图 10-5）来看看设备授权模式的工作原理。假设我们拥有一个在智能 TV 上运行的 YouTube 应用，并且需要智能 TV 以我们的身份来访问 YouTube 账户。在这种情况下，YouTube 同时承担了 OAuth 授权服务器和资源服务器的角色，而在智能 TV 上运行的 YouTube 应用是 OAuth 客户应用程序。

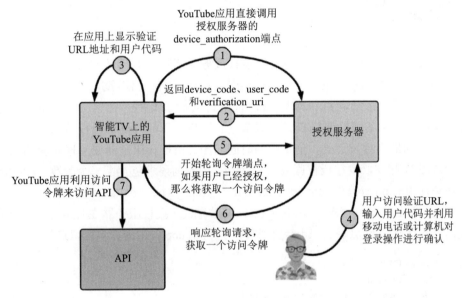

图 10-5　使用 OAuth 2.0 协议的无浏览器应用典型登录流程

1）用户远程打开 TV，并通过点击 YouTube 应用，来将其 YouTube 账户与应用关联起来。

2）在智能 TV 上运行的 YouTube 应用拥有一个内嵌的 client ID，并将在 HTTPS 上向授权服务器发送一个直接的 HTTP 请求。

```
POST /device_authorization HTTP/1.1
Host: idp.youtube.com
Content-Type: application/x-www-form-urlencoded

client_id=XDFHKKJURJSHJD
```

3）作为对上述请求的响应，授权服务器将返回一个 device_code、一个 user_code 以及一个验证 URI。device_code 和 user_code 都拥有一个与其相关的过期时间，它是通过

expires_in 参数与客户应用沟通确定的（以秒为单位）。

```
HTTP/1.1 200 OK
Content-Type: application/json
Cache-Control: no-store
{
  "device_code": "GmRhmhcxhwAzkoEqiMEg_DnyEysNkuNhszIySk9eS",
  "user_code": "WDJB-MJHT",
  "verification_uri": "https://youtube.com/device",
  "verification_uri_complete":
            "https://youtube.com/device?user_code=WDJB-MJHT",
  "expires_in": 1800,
  "interval": 5
}
```

4）YouTube 客户应用通知用户访问授权服务器所提供的验证 URI（来自上述响应消息），并利用所提供的用户代码（来自上述响应消息）来确认授权请求。

5）现在，用户必须利用一个附属设备来访问验证 URI。在这一操作正在进行时，YouTube 应用将通过不断轮询授权服务器来查看用户是否已经确认授权请求。客户在轮询之前应该等待的最小时长，或者是轮询的时间间隔，由授权服务器在上述响应消息中通过 interval 参数来指定。发往授权服务器令牌端点的轮询请求包含了三个参数。grant_type 参数的值必须为 urn：ietf：params：oauth：grant_type：device_code，这样授权服务器才能知道如何处理这一请求。device_code 参数存放了授权服务器在其第一个响应消息中所发放的设备代码，而 client_id 参数则携带了 YouTube 应用的客户标识符。

```
POST /token HTTP/1.1
Host: idp.youtube.com
Content-Type: application/x-www-form-urlencoded

grant_type=urn%3Aietf%3Aparams%3Aoauth%3Agrant-type%3Adevice_code
&device_code=GmRhmhcxhwAzkoEqiMEg_DnyEysNkuNhszIySk9eS
&client_id=459691054427
```

6）用户访问授权服务器所提供的验证 URI，输入用户代码，并对授权请求进行确认。

7）在用户确认授权请求之后，授权服务器将对步骤 5 中的请求做出如下响应。这是来自一个 OAuth 2.0 协议授权服务器令牌端点的标准响应。

```
HTTP/1.1 200 OK
Content-Type: application/json;charset=UTF-8
Cache-Control: no-store
Pragma: no-cache
{
        "access_token":"2YotnFZFEjr1zCsicMWpAA",
```

```
"token_type":"Bearer",
"expires_in":3600,
"refresh_token":"tGzv3JOkFOXG5Qx2TlKWIA",
}
```

8）现在，YouTube 应用可以利用这个访问令牌来以用户的身份访问 YouTube API。

10.4　总结

❑ OAuth 2.0 协议中有多种授权模式，然而，当从一个本地移动应用利用 OAuth 2.0 协议访问 API 时，建议使用授权码授权模式，同时配合使用代码交换密钥（Proof Key for Code Exchange，PKCE）。

❑ PKCE 能够保护本地应用免受代码拦截攻击。

❑ 无浏览器设备（比如智能 TV、智能扬声器、打印机等）的应用正在日趋流行。

❑ OAuth 2.0 协议设备授权模式，为一个无浏览器设备使用 OAuth 2.0 协议和访问 API 定义了一个标准流程。

OAuth 2.0 协议令牌绑定

大部分 OAuth 2.0 协议部署环境都依赖于无记名令牌。无记名令牌类似于"现金"。如果我从你那里偷了 10 美元，我可以在星巴克用它买一杯咖啡——没有任何问题。我不需要证明我拥有这张 10 美元的钞票。与现金不同，如果我用的是自己的信用卡，就需要证明所有权。我需要证明我拥有它。我需要签字来对交易过程进行授权，并将根据信用卡上的签名进行确认。无记名令牌类似于现金，一旦被盗，攻击者就可以利用它来仿冒原所有者。而信用卡类似于所有权证明（Proof of Possession，PoP）令牌。

OAuth 2.0 协议建议，客户、授权服务器和资源服务器之间的所有交互过程都使用传输层安全（Transport Layer Security，TLS）协议。这种做法能够使得 OAuth 2.0 协议模型非常简单，而不包含任何复杂的密码学组件，但同时，它承担了无记名令牌相关的所有风险，没有任何二级防御措施。另外，并不是每个人都完全被 OAuth 2.0 协议无记名令牌的想法说服——仅信任底层的 TLS 协议通信。我曾经遇到过一些仅仅因为无记名令牌而不愿意使用 OAuth 2.0 协议的人——他们大部分来自金融界。

一个攻击者可以利用以下任意一种方法来尝试窃听从授权服务器到客户之间进行传输的授权码 / 访问令牌 / 更新令牌（详细内容请参考第 4 章）：

❑ 浏览器（公共客户）中安装的恶意软件。

❑ 浏览器历史（公共客户 /URI 区段）。

❑ 拦截客户与授权服务器或者资源服务器之间的 TLS 协议通信过程——利用 TLS 协议层的漏洞，比如心脏出血（Heartbleed）漏洞和 Logjam 漏洞。

❑ TLS 协议是点到点（而不是端到端）的——一个能够访问代理服务器的攻击者能够轻松地记录所有令牌。同时，在很多生产部署环境中，TLS 协议连接会在边界处终止，而从那往后，通信使用的可能是一个新的 TLS 协议连接，或者是一个明文 HTTP 连接。在任何一种情况下，一旦令牌离开了信道，它就不再安全了。

11.1　令牌绑定简介

OAuth 2.0 协议令牌绑定方案通过密码学的方式将安全令牌绑定到 TLS 协议层上，来抵御令牌导出和重放攻击。它依赖于 TLS 协议——由于它将令牌绑定到 TLS 协议连接上，因此任何窃取令牌的人都无法在一个不同的信道上使用该令牌。

我们可以将令牌绑定协议划分为三个主要阶段（详见图 11-1）。

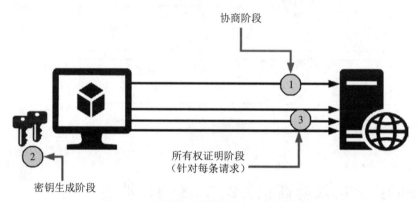

图 11-1　令牌绑定协议中的三个主要阶段

1. 令牌绑定协商

在协商阶段，客户和服务器会对在它们之间进行令牌绑定所用的一系列参数进行协商。这一过程将独立于应用层协议——因为它在 TLS 协议握手过程中发生（详见附录 C）。我们将在下一节中进行更多与之相关的讨论。这个令牌绑定协商过程在 RFC 8472 文档中进行了定义。记住，我们在这个阶段只对元数据进行协商，而不考虑任何密钥。

2. 密钥生成

在密钥生成阶段，客户将根据协商阶段所协商的参数生成一个密钥对。针对与之交互的每台主机，客户都将生成一个密钥对（在大部分情况下）。

3. 所有权证明

在所有权证明阶段，客户利用密钥生成阶段所生成的密钥来证明所有权。在协商确定密钥之后，在密钥生成阶段，客户通过对从 TLS 协议连接中导出的密钥素材（Exported Keying Material，EKM）进行签名来证明密钥的所有权。根据 RFC 5705 文档，一个应用程序可以从 TLS 协议主密钥中获取应用程序特定的额外密钥素材（详见附录 C）。RFC 8471 文档定义了令牌绑定消息的结构，其中包含了签名和其他密钥素材，但是它并没有定义如何将令牌绑定消息从客户端承载传输到服务器上。更高层次的协议负责对其进行定义。RFC 8473 文档定义了如何在一个 HTTP 协议连接上承载令牌绑定消息（详见图 11-2）。

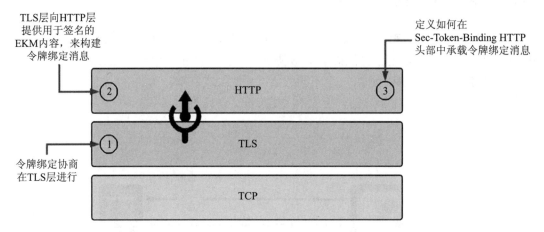

图 11-2　一个令牌绑定流程中各层的职责

11.2　令牌绑定协议协商相关的 TLS 协议扩展

要将安全令牌绑定到 TLS 协议连接上，客户和服务器需要首先协商确定令牌绑定协议（稍后我们将对其进行讨论）版本和令牌绑定密钥相关的参数（签名算法、长度）。这是通过一个新的 TLS 协议扩展实现的，而无须在 TLS 协议 1.2 版本以及更早版本中引入额外的网络往返交互过程。

令牌绑定协议版本反映了令牌绑定协议（RFC 8471）所定义的协议版本，以及由同一规范本身所定义的密钥参数。

客户利用令牌绑定 TLS 协议扩展来表示所支持的最高令牌绑定协议版本和密钥参数。这个过程在 TLS 协议握手过程中的 Client Hello 消息中。为了支持令牌绑定规范，客户端和服务器都应该支持令牌绑定协议协商扩展。

服务器利用令牌绑定 TLS 协议扩展来表示对令牌绑定协议的支持，以及选择协议版本和密钥参数。在满足所需条件的情况下，支持令牌绑定并接收到一条包含令牌绑定扩展的 Client Hello 消息的服务器，将在 Server Hello 消息中包含令牌绑定扩展。

如果 Server Hello 消息中包含令牌绑定扩展，并且客户端支持服务器所选择的令牌绑定协议版本，就意味着版本和密钥参数已经在客户端和服务器之间协商通过，并且应该在 TLS 协议连接建立的过程中保持不变。如果客户端不支持服务器所选择的令牌绑定协议版本，那么连接将在不进行令牌绑定的情况下继续进行。

每当一个新的 TLS 协议连接在客户端和服务器之间进行协商（TLS 握手过程）时，令牌绑定协商也同时进行。尽管 TLS 协议连接会重复进行协商，但令牌绑定操作（稍后你将学到更多与此相关的内容）将持续进行，它们包含了一个给定客户和服务器之间的多条 TLS 协议连接和 TLS 协议会话。

实际上，Nginx（网址 https://github.com/google/ngx_token_binding）和 Apache（网址 https://github.com/zmartzone/mod_token_binding）服务器都已经提供了对令牌绑定的支持。一个以 Java 语言实现的令牌绑定协议协商 TLS 协议扩展可以在 https://github.com/pingidentity/java10-token-binding-negotiation 中查看。

11.3　密钥生成

令牌绑定协议规范（RFC 8471）定义了与密钥生成相关的参数。以下这些参数需要在协商阶段进行协商确定。

- ❑ 如果在协商阶段选择使用 rsa2048_pkcs1.5 密钥参数，那么签名利用 RFC 3447 文档所定义的，以 SHA256 作为散列函数的 RSASSA-PKCS1-v1_5 签名方案来生成。
- ❑ 如果在协商阶段选择使用 rsa2048_pss 密钥参数，那么签名利用 RFC 3447 文档所定义的，以 SHA256 作为散列函数的 RSASSA-PSS 签名方案来生成。
- ❑ 如果在协商阶段选择使用 ecdsap256 密钥参数，那么签名通过按照 ANSI.X9-62.2005 和 FIPS.186-4.2013 所定义的，使用 Curve P-256 和 SHA256 的 ECDSA 算法来生成。

如果是一个浏览器充当客户端，那么浏览器本身需要针对服务器的主机名生成并维护密钥。你可以从网址 www.chromestatus.com/feature/5097603234529280 处看到这种 Chrome 浏览器特性开发组件的状态。其次，令牌绑定并不仅仅是针对浏览器的，它在所有客户和服务器之间的交互过程中都是十分有用的——不管客户是胖（thick）型还是瘦（thin）型。

11.4　所有权证明

令牌绑定是由一个用户代理（或客户）通过在与服务器建立的每个 TLS 协议连接上，针对每个目标服务器生成一个公钥／私钥对［可能通过一个安全硬件模块，比如可信平台模块（Trusted Platform Module，TPM）］，向服务器提供公钥以及证明对应私钥的所有权来建立的。所生成的公钥在客户和服务器之间的令牌绑定 ID 中表示。在服务器端，验证过程分两步进行。

首先，收到令牌绑定消息的服务器需要验证消息中的密钥参数是否与协商确定的令牌绑定参数相匹配；之后，对令牌绑定消息中所包含的签名进行验证。所有的密钥参数和签名都内嵌于令牌绑定消息中。

令牌绑定消息结构在令牌绑定协议规范（RFC 8471）中进行了定义。一个令牌绑定消息可以拥有多个令牌绑定模块（详见图 11-3）。一个给定的令牌绑定模块包含令牌绑定 ID、令牌绑定类型［提供型（provided）或者引用型（referred），稍后我们将对其进行讨论］、扩展内容以及针对从 TLS 层导出的密钥素材（Exported Keying Material，EKM）、令牌绑定类型和密钥参数拼接内容的签名。令牌绑定 ID 表示通过令牌绑定协商过程协商确定的公钥和密钥参数。

在客户和服务器之间建立 TLS 协议连接之后，EKM 将在客户端和服务器端保持一致。因此，为了对签名进行验证，服务器可以从底层 TLS 协议连接中提取 EKM，并使用令牌绑定消息本身内嵌的令牌绑定类型和密钥参数。签名将通过内嵌的公钥进行验证（详见图 11-3）。

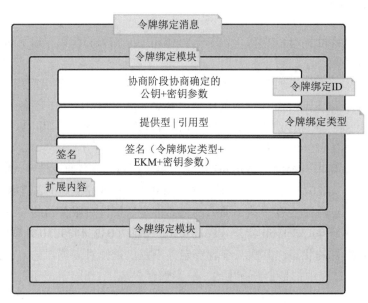

图 11-3　令牌绑定消息结构

如何将令牌绑定消息从客户端传送到服务器上，并没有在令牌绑定协议规范中进行定义，而是定义于 HTTP 令牌绑定规范（或 RFC 8473）中。换句话说，核心的令牌绑定规范允许更高层次的协议自行决定这方面的操作方式。HTTP 令牌绑定规范引入了一个名为 Sec-Token-Binding 的新 HTTP 头部，它负责承载令牌绑定消息经过 Base64 URL 编码的值。Sec-Token-Binding 头部域绝对不能包含于 HTTP 响应消息中，只能在一条 HTTP 请求消息中包含一次。

在令牌绑定消息被认定为有效之后，下一步就是确保对应 HTTP 连接所承载的安全令牌与其绑定。HTTP 上可以传输不同的安全令牌，例如，cookie 和 OAuth 2.0 协议令牌。在使用 OAuth 2.0 协议的情况下，OAuth 2.0 协议令牌绑定规范（网址为 https://tools.ietf.org/html/draft-ietf-oauth-token-binding-08）中定义了授权码、访问令牌和更新令牌与 HTTP 连接的绑定方式。

11.5　针对 OAuth 2.0 协议更新令牌的令牌绑定

让我们看看针对 OAuth 2.0 协议更新令牌的令牌绑定是如何工作的。与授权码和访问令牌不同，一个更新令牌只在客户和授权服务器之间使用。在 OAuth 2.0 协议授权码授权模式中，客户授权获取授权码，然后通过与 OAuth 2.0 协议授权服务器进行交互，来利用其交换获取一个访问令牌和一个更新令牌（详情请参考第 4 章）。以下流程假定客户已经获取了授权码（详见图 11-4）。

图 11-4　OAuth 2.0 协议更新授权模式

1）客户和授权服务器之间的连接必须在 TLS 协议上。

2）在 TLS 协议握手阶段本身支持 OAuth 2.0 协议令牌绑定的客户，与同样支持 OAuth 2.0 协议令牌绑定的授权服务器一起协商确定所需的参数。

3）在 TLS 协议握手阶段完成之后，OAuth 2.0 协议客户将生成一个私钥和一个公钥，并将利用私钥对来自底层 TLS 协议连接的导出密钥素材（Exported Keying Material，EKM）进行签名，进而构建令牌绑定消息。（准确来说，客户将对 EKM+ 令牌绑定类型 + 密钥参数进行签名。）

4）经过 Base64 URL 编码的令牌绑定消息将作为 Sec-Token-Binding HTTP 头部的值添加到客户和 OAuth 2.0 协议授权服务器之间的连接中。

5）客户将向令牌端点发送一条带有 Sec-Token-Binding HTTP 头部的标准 OAuth 请求。

6）授权服务器将对包含签名的 Sec-Token-Binding 头部值进行验证，并且记录与所发放更新令牌相对应的令牌绑定 ID（同样包含在令牌绑定消息中）。为了实现整个过程无状态，授权服务器可以将令牌绑定 ID 的散列值包含在更新令牌中，这样它就不需要分别对其进行记录 / 存储了。

7）随后，OAuth 2.0 协议客户尝试利用更新令牌来与同一令牌端点进行交互，从而更新访问令牌。现在，客户必须使用与之前相同的密钥对来生成令牌绑定消息，并且再次将其经过 Base64 URL 编码的值包含在 Sec-Token-Binding HTTP 头部中。令牌绑定消息所携带的令牌绑定 ID 必须与最初发放更新令牌场景中的相同。

8）现在，OAuth 2.0 协议授权服务器必须验证 Sec-Token-Binding HTTP 头部，之后需要确保绑定消息中的令牌绑定 ID 与同一请求中更新令牌所关联的原令牌绑定 ID 相同。这一检查过程将确保更新令牌无法在原始令牌绑定之外使用。在授权服务器决定将令牌绑定 ID 散列值嵌入更新令牌中的情况下，它必须计算 Sec-Token-Binding HTTP 头部中令牌绑定 ID 的散列值，并将其与更新令牌中所嵌入的值进行比较。

9）如果有人窃取了更新令牌，并且渴望在原始令牌绑定之外使用它，那么他还不得不窃取与客户和服务器之间的连接相对应的密钥对。

令牌绑定分为两类——我们所讨论的与更新令牌相关的内容，被称为提供型令牌绑定。当令牌交换直接在客户和服务器之间发生时，通常使用这类令牌绑定。另一类被称为引用型令牌绑定，通常在请求准备递交给不同服务器的令牌（如访问令牌）时使用。访问令牌在客户和授权服务器之间的连接中发放，但是在客户和资源服务器之间的连接中使用。

11.6 针对 OAuth 2.0 协议授权码 / 访问令牌的令牌绑定

让我们看看在使用授权码授权模式的情况下，令牌绑定针对访问令牌是如何工作的。在 OAuth 2.0 协议授权码授权模式下，客户首先通过浏览器（用户代理）获取授权码，然后通过与 OAuth 2.0 协议授权服务器进行交互，利用它来交换获取一个访问令牌和一个更新令牌（详见图 11-5）。

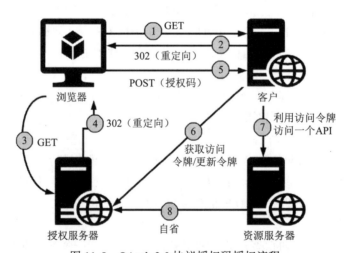

图 11-5　OAuth 2.0 协议授权码授权流程

1）当终端用户在浏览器上点击 OAuth 2.0 协议客户应用上的登录链接时，浏览器必须向客户应用（在一个网络服务器上运行）发送一条 HTTP GET 请求，并且浏览器必须首先与 OAuth 2.0 协议客户建立一条 TLS 协议连接。在 TLS 协议握手阶段，支持 OAuth 2.0 协议令牌绑定的浏览器，会与同样支持 OAuth 2.0 协议令牌绑定的客户应用共同协商确定所需的参数。在 TLS 协议握手阶段完成之后，浏览器将生成一对密钥（针对客户域），并利用私钥对来自底层 TLS 协议连接的导出密钥素材（Exported Keying Material，EKM）进行签名，进而构建令牌绑定消息。经过 Base64 URL 编码的令牌绑定消息将作为 Sec-Token-Binding HTTP 头部值，添加到浏览器和 OAuth 2.0 协议客户之间的连接中，即 HTTP GET 请求。

2）作为对步骤 1 的响应（假设所有的令牌绑定验证工作都已完成），客户将向浏览器发送一条 302 响应消息，来请求将用户重定向到 OAuth 2.0 协议授权服务器上。同样在响应消息中，客户将包含设为真（true）的 HTTP 头部 Include-Referred-Token-Binding-ID。这个参数会通知浏览器，在发往授权服务器的请求中包含浏览器和客户之间建立的令牌绑定 ID 号。同时，客户应用将在请求中包含两个额外的参数：code_challenge 和 code_challenge_method。针对 OAuth 2.0 协议的代码交换证明密钥（Proof Key for Code Exchange，PKCE）规范或 RFC 7636 文档中定义了这些参数。在使用令牌绑定的情况下，这两个参数将被设为静态值：code_challenge=referred_tb 以及 code_challenge_method=referred_tb。

3）在 TLS 协议握手阶段，浏览器会与授权服务器协商确定所需参数。在 TLS 握手阶段完成之后，浏览器将生成一对密钥（针对授权服务器域），并利用私钥对来自底层 TLS 协议连接的导出密钥素材进行签名，进而构建令牌绑定消息。客户将向授权端点发送带有 Sec-Token-Binding HTTP 头部的标准 OAuth 协议请求。现在，这个 Sec-Token-Binding HTTP 头部会包含两个令牌绑定模块（在一个令牌绑定消息中，详见图 11-3），其中一个对应于浏览器和授权服务器之间的连接，而另一个对应于浏览器和客户应用（引用型绑定）。

4）授权服务器通过浏览器，将用户重定向到 OAuth 客户应用上，同时带有授权码。所发放的授权码与引用型令牌绑定中的令牌绑定 ID 号相对应。

5）浏览器将向客户应用发送一条 POST 报文，其中同样包含了来自授权服务器的授权码。浏览器所使用的令牌绑定 ID 号将与它本身和客户应用之间所建立的 ID 号相同，并且浏览器向消息中添加了 Sec-Token-Binding HTTP 头部。

6）在客户应用获取了授权码（并且假定 Sec-Token-Binding 验证成功）之后，它将与授权服务器的令牌端点进行交互。

在此之前，客户必须与授权服务器建立一个令牌绑定。同时，令牌请求也将包含 code_verifier 参数（在 PKCE RFC 文档中定义），其中将包含服务器所提供的客户和浏览器之间的令牌绑定 ID 号，同时它也是与授权码相关的令牌绑定 ID 号。由于授权服务器所发放的访问令牌将针对一个受保护资源使用，因此客户必须将自己和资源服务器之间的令牌绑定作为一个引用型绑定包含在这个令牌绑定消息中。一旦收到令牌请求，OAuth 2.0

协议授权服务器就必须对 Sec-Token-Binding HTTP 头部进行验证，之后需要确保 code_verifier 参数中的令牌绑定 ID 与发放时授权码附带的原始令牌绑定 ID 相同。这个检查操作将确保代码无法在原始令牌绑定之外使用。然后，授权服务器将发放一个与引用型令牌绑定关联的访问令牌，以及一个与客户和授权服务器之间的连接绑定的更新令牌。

7）现在，客户应用会通过传递访问令牌来调用资源服务器中的一个 API。这个操作将实现客户和资源服务器之间的令牌绑定。

8）现在，资源服务器将与授权服务器的自省端点进行交互，它将返回访问令牌附带的绑定 ID，因此资源服务器可以检查它是否是自己和客户应用之间所使用的同一绑定 ID。

11.7　TLS 协议终止

很多生产部署环境都会引入一个反向代理，它能够终止 TLS 协议连接。这个代理可以是一个位于客户和服务器之间的 Apache 或 Nginx 服务器。连接在反向代理处终止之后，服务器并不知道 TLS 协议层发生的事情。要确保安全令牌绑定在进入 TLS 协议连接上，服务器必须知道令牌绑定 ID。使用 TLS 终止反向代理的 HTTPS 令牌绑定规范草案（网址 https://tools.ietf.org/html/draft-ietf-tokbind-ttrp-09）对如何将绑定 ID 作为 HTTP 头部从反向代理传递给后端服务器的过程进行了标准化。该规范引入了 Provided-Token-Binding-ID 和 Referred-Token-Binding-ID HTTP 头部（详见图 11-6）。

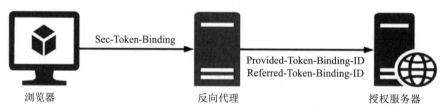

图 11-6　反向代理将 Provided-Token-Binding-ID 和 Referred-Token-Binding-ID HTTP 头部传递给后端服务器

11.8　总结

- ❑ OAuth 2.0 协议令牌绑定方案通过以密码学的方式将安全令牌绑定到 TLS 协议层上来抵御令牌导出和重放攻击。
- ❑ 令牌绑定依赖于 TLS 协议，由于它将令牌绑定到 TLS 协议连接本身，因此任何窃取令牌的人都无法在一个不同的信道上使用该令牌。

❑ 我们可以将令牌绑定协议划分为三个主要阶段：协商阶段、密钥生成阶段和所有权证明阶段。

❑ 在协商阶段，客户和服务器会对在它们之间进行令牌绑定所用的一系列参数进行协商。

❑ 在密钥生成阶段，客户将根据协商阶段所协商的参数生成一个密钥对。

❑ 在所有权证明阶段，客户利用密钥生成阶段所生成的密钥来证明所有权。

API 联合访问

Quocirca 公司（分析研究公司）所进行的一项研究证实，目前在很多业务中，与企业应用进行交互的外部用户比内部用户更多。在欧洲，58% 的业务都是直接与来自其他企业的用户和顾客进行交易。仅仅在英国，这个数字就达到了 65%。

通过观察近代历史你会发现，如今大部分企业都是通过合并、并购和合股来实现发展的。根据 Dealogic 公司的分析，仅仅在英国，合并收购的总额在 2013 年前三季度总计达到了 8.651 千亿美元。这与之前年份的同期相比增长了 39%，并且达到了自 2008 年以来前三季度总额的最高值。这对于保护 API 意味着什么？你需要具备整合处理跨边界多种安全系统的能力。

12.1　启用联合功能

在 API 安全的语境中，联合指的是在不同的身份管理系统或不同的企业之间传递用户身份的过程。让我们从一个简单用例开始讲解，即你拥有一个向自己的合作伙伴开放的 API。你应该如何对来自不同合作伙伴，要求访问该 API 的用户进行认证？这些用户归属于外部的合作伙伴，并且由他们进行管理。HTTP 基本认证无法在这样的场景中使用。你无法访问外部用户的凭据，同时你的合作伙伴也不会向在其防火墙之外的外部用户开放一个 LDAP 或数据库连接。在联合场景中，也无法直接请求提供用户名和口令。OAuth 2.0 协议能够解决这一问题吗？要访问一个通过 OAuth 协议进行保护的 API，客户必须出示一个由 API 所有者或 API 信任的实体所发放的访问令牌。来自外部合作伙伴的用户必须首先在 API 信任的 OAuth 授权服务器上进行认证，然后获取一个访问令牌。理论上，API 信任的授权服务器所在的域应该与 API 的相同。

授权码授权模式和简化授权模式都无法指定在授权服务器上如何对用户进行认证。这应该由授权服务器自行决定。如果用户邻近授权服务器，那么它可以使用用户名和口令，或者是任何其他直接认证协议。如果用户来自一个外部实体，那么你必须使用一些代理认证方法。

12.2　代理认证

在使用代理认证的情况下，在进行认证时，本地授权服务器（其所在的域和 API 相同）不需要每次对来自外部合作伙伴的每一个单独的用户表示信任。相反，它可以信任一个位于指定合作伙伴域的代理（详见图 12-1）。每个合作伙伴都应该拥有一个负责对自己的用户进行认证（可能是通过直接认证方式）的可信代理，然后以一种可信可靠的方式，将认证结果传递给本地 OAuth 授权服务器。在实践中，一个在用户（在我们的场景中，指的是合作伙伴员工）的主域中运行的身份提供方将担任可信代理的角色。

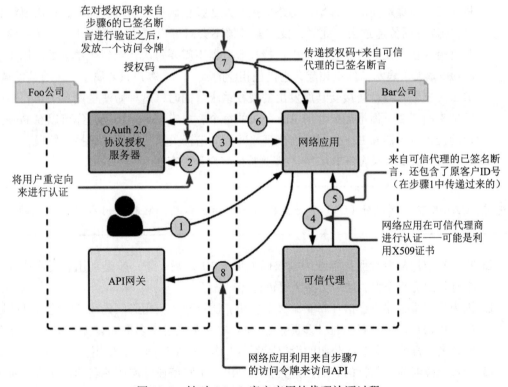

图 12-1　针对 OAuth 客户应用的代理认证过程

来自合作伙伴的代理与本地 OAuth 授权服务器之间（或者是两个联合域之间）的信任关系必须在带外建立。换句话说，它必须通过双方的提前协商来建立。在大部分情况下，不同实体之间的信任都是通过 X509 证书来建立的。让我们来简要分析一个代理认证的应用示例。

回顾一下 OAuth 协议原理，在联合场景中，你需要处理四个实体：资源所有方、资源服务器、授权服务器和客户应用。所有实体可以在同一个域中，或者分属于不同的域。

让我们先从最简单的场景开始分析。资源所有方（用户）、资源服务器（API 网关）和授权服务器在一个单独的域中，而客户应用（网络应用）在一个不同的域中。例如，作为一名 Foo 公司员工，你想要访问 Bar 公司托管的网络应用（详见图 12-1）。在你登录位于 Bar 公司的网络应用之后，它需要以你的身份访问一个 Foo 公司托管的 API。以 OAuth 协议术语来描述的话，你是资源所有方，而 API 在资源服务器上托管。你和 API 都来自 Foo 域。Bar 公司所托管的网络应用则是 OAuth 客户应用。

图 12-1 展示了一个 OAuth 客户应用是如何完成代理认证过程的。

❑ 来自 Foo 公司的资源所有方（用户）访问位于 Bar 公司的网络应用（步骤 1）。

❑ 为了对用户进行认证，网络应用将用户重定向到位于 Foo 公司的 OAuth 授权服务器上，同时 Foo 公司也是资源所有方的主域（步骤 2）。要使用 OAuth 协议授权码授权模式，在重定向的过程中，网络应用在发送授权码授权请求的同时，还需要将其客户 ID 一同传递过去。此时，授权服务器不会对客户应用进行认证，而是只验证其是否存在。在一个联合场景中，授权服务器不需要每次都对每个单独的应用（或 OAuth 客户）表示信任；相反，它信任相应的域。一个客户只要属于一个可信的域，那么授权服务器就会接受其所发出的授权请求。同时，这种做法也避免了用户注册所带来的耗费。你不需要注册 Bar 公司的每个客户应用——相反，你可以在 Foo 公司的授权服务器和 Bar 公司可信代理之间建立信任关系。在授权码授权阶段，授权服务器只需要记录客户 ID。它不需要验证客户是否存在。

📷 **注** OAuth 客户标识符（ID）不会被视为一个秘密信息。它对任何人都是可见的。

❑ 在客户应用从授权服务器获得授权码（步骤 3）之后，下一步是利用它交换获取一个有效的访问令牌。这一步骤需要进行客户认证。

❑ 因为授权服务器不会信任每个单独的应用，所以网络应用必须先在位于它自己的域中的可信代理上进行认证（步骤 4），并获取一个经过签名的断言（步骤 5）。这个已签名断言可以在 Foo 公司的授权服务器上作为一个证明令牌使用。

❑ 授权服务器验证断言的签名，并且如果是由一个它信任的实体签名的，那么将向客户应用返回对应的访问令牌（步骤 6 和步骤 7）。

❑ 客户应用可以以资源所有方的身份，利用访问令牌来访问 Foo 公司中的 API（步骤

8），或者是通过与 Foo 公司的一个用户端点进行交互来获取用户的更多相关信息。

 注　根据牛津英文字典的解释，断言的定义是"关于事实或信念的，自信而有力的陈述"。这里的事实或信念是，带来这个断言的实体是可信代理上一个经过认证的实体。如果断言没有经过签名，那么任何中间人都可以篡改它。在可信代理（或断言方）利用其私钥对断言进行签名之后，没有任何中间人可以对其进行篡改。如果它遭到篡改，那么在签名验证阶段，任何篡改行为都可以在授权服务器上被检测到。我们可以利用可信代理的对应公钥来对签名进行验证。

12.3　安全断言标记语言

作为一款 OASIS 标准，安全断言标记语言（Security Assertion Markup Language，SAML）的作用是以一种基于 XML 格式的数据形式，在相关方之间交换认证、授权一级身份相关的数据。SAML 1.0 在 2002 年正式接受成为一款 OASIS 标准，而在 2003 年，SAML 1.1 被采纳为一款 OASIS 标准。同时，许可联盟向 OASIS 组织提供了自己的身份联合框架。通过融合 SAML 1.1 标准、许可联盟的身份联合框架和 Shibboleth 1.3 协议，SAML 2.0 在 2005 年成为一个 OASIS 标准。SAML 2.0 标准有四个基本要素：

❑ 断言：Authentication、Authorization 以及 Attribute 断言。

❑ 协议：用于打包 SAML 断言的 Request 和 Response 元素。

❑ 绑定元素：关于如何在相关方之间传输 SAML 消息。其中两个例子是 HTTP 绑定和 SOAP 绑定。如果可信代理利用一条 SOAP 消息来传输 SAML 断言，那么它必须使用 SOAP 绑定来实现 SAML 协议。

❑ 配置：关于如何将断言、协议和绑定整合起来，从而适应一个特定的应用场景。SAML 2.0 标准网络单点登录（Single Sign-On，SSO）配置为通过 SAML 标准在不同服务提供方之间建立 SSO 流程定义了一个标准的方式。

 注　网址 http://blog.facilelogin.com/2011/11/depth-of-saml-saml-summary.html 处的博客文章对 SAML 标准进行了总体概述。

12.4　SAML 2.0 客户认证

要利用针对 OAuth 2.0 协议的 SAML 2.0 配置来实现客户认证，你可以在访问令牌请求中使用设为值 urn：ietf：params：oauth：client-assertion-type：saml2-bearer 的参数 client_assertion_type（详见图 12-1 中的步骤 6）。OAuth 流程从步骤 2 开始。

现在，让我们深入分析一下每个步骤。以下展示了一条由 Bar 公司网络应用发起的授权码授权请求消息示例：

```
GET /authorize?response_type=code
            &client_id=wiuo879hkjhkjhk3232
            &state=xyz
            &redirect_uri=https://bar.com/cb
HTTP/1.1
Host: auth.foo.com
```

这条消息将得到以下响应，其中会包含所请求的授权码：

```
HTTP/1.1 302 Found
Location: https://bar.com/cb?code=SplwqeZQwqwKJjklje&state=xyz
```

到目前为止，这都是正常的 OAuth 协议授权码授权流程。现在，网络应用必须通过与自己域中的可信代理进行交互来获取一个 SAML 断言。这一步骤在 OAuth 协议的范畴之外。因为这一过程是机对机认证（从网络应用到可信代理），所以你可以利用基于 SOAP 格式的 WS-Trust 协议，或者是任何其他类似于 OAuth 2.0 协议令牌代理配置（我们在第 9 章对其进行了讨论）的协议来获取 SAML 断言。网络应用不需要在每次用户登录时进行这一操作，它可以是由 SAML 断言生命周期所控制的一次性操作。以下是一个从可信代理获取的 SAML 断言示例：

```
<saml:Assertion >
    <saml:Issuer>bar.com</saml:Issuer>
    <ds:Signature>
      <ds:SignedInfo></ds:SignedInfo>
      <ds:SignatureValue></ds:SignatureValue>
      <ds:KeyInfo></ds:KeyInfo>
    </ds:Signature>
    <saml:Subject>
        <saml:NameID>18982198kjk2121</saml:NameID>
        <saml:SubjectConfirmation>
        <saml:SubjectConfirmationData
                NotOnOrAfter="2019-10-05T19:30:14.654Z"
                Recipient="https://foo.com/oauth2/token"/>
        </saml:SubjectConfirmation>
    </saml:Subject>
    <saml:Conditions
        NotBefore="2019-10-05T19:25:14.654Z"
        NotOnOrAfter="2019-10-05T19:30:14.654Z">
```

```
            <saml:AudienceRestriction>
                <saml:Audience>
                    https://foo.com/oauth2/token
                </saml:Audience>
            </saml:AudienceRestriction>
        </saml:Conditions>
        <saml:AuthnStatement AuthnInstant="2019-10-05T19:25:14.655Z">
            <saml:AuthnContext>
                <saml:AuthnContextClassRef>
                    urn:oasis:names:tc:SAML:2.0:ac:classes:unspecified
                </saml:AuthnContextClassRef>
            </saml:AuthnContext>
        </saml:AuthnStatement>
    </saml:Assertion>
```

要在一个 OAuth 流程中利用这个 SAML 断言来对客户进行认证，它必须遵循以下规则：

- 断言在标识令牌发放实体的 Issuer 元素中，必须拥有一个唯一标识符。在本例中，即为 Bar 公司的代理。
- 断言在唯一标识客户应用（网络应用）的 Subject 元素中，必须拥有一个 NameID 元素。这个元素在授权服务器上被视为客户应用的客户 ID。
- SubjectConfirmation 方法必须设为 urn：oasis：names：tc：SAML：2.0：cm：bearer。
- 如果断言发布方对客户进行认证，那么断言必须拥有一个单独的 AuthnStatement。

 注　WS-Trust 是一个 SOAP 消息安全方面的 OASIS 标准。在 WS-Security 标准之上构建的 WS-Trust 标准，为在两个可信域之间交换封装在一个令牌（SAML）中的身份信息定义了一个协议。网址 http://blog.facilelogin.com/2010/05/ws-trust-with-fresh-banana-service.html 处的博客文章从整体角度讲解了 WS-Trust 标准。最新的 WS-Trust 规范在以下网址提供：http://docs.oasis-open.org/ws-sx/ws-trust/v1.4/errata01/ws-trust-1.4-errata01-complete.html。

在客户网络应用从可信代理获取 SAML 断言之后，它必须对断言进行 Base64 URL 编码处理，并在向授权服务器发送访问令牌请求的同时发送该编码结果。在以下的 HTTP POST 消息示例中，client_assertion_type 被设为 urn：ietf：params：oauth：client-assertion-type：saml2-bearer，并且 client_assertion 参数被设为经过 Base64 URL 编码（详见附录 E）的 SAML 断言值：

```
POST /token HTTP/1.1
Host: auth.foo.com
Content-Type: application/x-www-form-urlencoded
grant_type=authorization_code&code=SplwqeZQwqwKJjklje
&client_assertion_type=urn:ietf:params:oauth:client-assertion-type:saml2-
bearer
&client_assertion=HdsjkkbKLew...[omitted for brevity]...OT
```

在授权服务器收到访问令牌请求之后，它会对 SAML 断言进行验证。如果它是有效的（由可信方进行签名），那么授权服务器会将访问令牌和更新令牌一同发放。

12.5　OAuth 2.0 协议 SAML 授权模式

之前的章节讲解了如何利用一个 SAML 断言来对一个客户应用进行认证。这是一个在 OAuth 协议上下文中的联合应用场景。在这种情况下，可信代理在 Bar 公司内部运行，同时客户应用也在其中运行。让我们考虑以下应用场景，即资源服务器（API）、授权服务器和客户应用都在同一个域（Bar 公司）中运行，而用户来自一个外部的域（Foo 公司）。这里，终端用户利用一个 SAML 断言在网络应用上进行认证（详见图 12-2）。一个在用户域中的可信代理（SAML 身份提供方）负责发放这个断言。客户应用利用这个断言来与本地授权服务器进行交互，从而获取一个访问令牌，进而以登录用户的身份来访问一个 API。

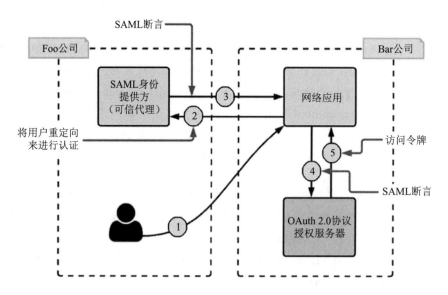

图 12-2　使用 OAuth 2.0 协议 SAML 授权模式的代理认证

图 12-2 展示了使用 OAuth 2.0 协议 SAML 授权模式的代理认证工作原理。

❑ 前三个步骤在 OAuth 协议的范畴之外。资源所有方首先通过 SAML 2.0 协议 Web SSO 流程登录属于 Bar 公司的网络应用。

❑ 网络应用通过将用户重定向到 Foo 公司 SAML 身份提供方上，来发起 SAML 2.0 协议 Web SSO 流程。

❑ 用户在 SAML 身份提供方上进行认证之后，SAML 身份提供方会创建一个 SAML 响应消息（其中封装了断言），并将其发送返回给网络应用（步骤 3）。网络应用会对 SAML 断言里的签名进行验证，并且如果是一个可信的身份提供方对其进行签名，那么就会允许用户登录网络应用。

❑ 在用户登录网络应用之后，网络应用必须通过与其自己内部的授权服务器进行交互，来利用 SAML 断言交换获取一个访问令牌（步骤 4 和步骤 5）。在针对 OAuth 2.0 协议客户认证与授权的 SAML 2.0 配置规范（RFC 7522）中，定义了完成这项工作的方式。

以下是一条从网络应用发往授权服务器的 POST 消息示例。这里，grant_type 值必须为 urn：ietf：params：oauth：grant-type：saml2-bearer，assertion 参数的值必须设置为经过 Base64 URL 编码的 SAML 断言：

📖 **注**　在 SAML 无记名授权模式中不会发放更新令牌。访问令牌的生命周期，不应该大幅超过 SAML 无记名断言的生命周期。

```
POST /token HTTP/1.1
Host: auth.bar.com
Content-Type: application/x-www-form-urlencoded
grant_type=urn:ietf:params:oauth:grant-type:saml2-bearer
&assertion=QBNhbWxwOl...[omitted for brevity]...OT4
```

该请求在授权服务器上进行验证。SAML 断言再次通过其签名进行验证，而如果是由一个可信身份提供方对其进行签名，那么授权服务器将发放一个有效的访问令牌。

SAML 无记名授权模式下所发放的访问令牌范围，应该在资源所有方带外进行设置。这里的带外，指的是当使用 SAML 授权模式时，资源所有方就一个给定资源相关的范围，与资源服务器 / 授权服务器进行提前协商。客户应用可以在授权请求中包含一个范围参数，但范围参数的值必须是资源所有方在带外所定义范围的子集。如果在授权请求中没有包含范围参数，那么访问令牌会继承带外设置的范围。

我们所讨论的联合应用场景，都假设资源服务器和授权服务器在同一个域中运行。如果不是这种情况，那么在客户尝试访问资源时，资源服务器必须通过调用一个授权服务器所开放的 API 来对访问令牌进行验证。如果授权服务器支持 OAuth 协议自省规范（我们在第 9 章对其进行了讨论），那么资源服务器可以通过与自省端点进行交互，来对令牌是否活跃以及令牌相关范围进行查看。之后，资源服务器可以检查令牌是否具有访问资源所需的范围。

12.6　OAuth 2.0 协议 JWT 授权模式

RFC 7523 文档中定义的 OAuth 2.0 协议 JSON Web 令牌（JSON Web Token，JWT）通过定义其独有的授权模式和客户认证机制，来对 OAuth 2.0 协议核心规范进行了扩展。OAuth 2.0 协议中的权限授予，是一种针对 OAuth 2.0 协议客户为了访问资源，而从资源所有方所获取临时凭据的抽象表示。OAuth 2.0 协议核心规范定义了四种授权模式：授权码模式、简化模式、资源所有者口令模式以及客户凭据模式。每种授权模式都以独特的方式，对资源所有方将其所拥有资源的代理访问权限授予一个 OAuth 2.0 协议客户的方式进行了定义。我们在本章所讨论的 JWT 授权模式定义了如何利用一个 JWT 交换获取一个 OAuth 2.0 协议访问令牌。除了 JWT 授权模式，RFC 7523 文档还定义了一种在 OAuth 2.0 协议客户与一个 OAuth 2.0 协议授权服务器进行交互的过程中对其进行认证的方式。OAuth 2.0 协议并没有定义客户认证的具体方式，尽管在大部分情况下，我们都会使用带有客户 id 号和客户秘密的 HTTP 基本认证方式。RFC 7523 文档定义了一种利用 JWT 对 OAuth 2.0 协议客户进行认证的方式。

JWT 授权模式假设客户拥有一个 JWT。这个 JWT 可以是自己颁发的，也可以是从一个身份提供方获取的。根据 JWT 的签名方，我们可以区分 JWT 是自己颁发的还是身份提供方颁发的。客户会对自己颁发的 JWT 进行自行签名，而身份提供方会对其颁发的 JWT 进行签名。不管在哪种情况下，OAuth 授权服务器都必须信任 JWT 的颁发方。以下展示了一条 JWT 授权请求示例，其中 grant_type 参数的值被设为 urn：ietf：params：oauth：grant-type：jwt-bearer。

```
POST /token HTTP/1.1
Host: auth.bar.com
Content-Type: application/x-www-form-urlencoded
grant_type=urn%3Aietf%3Aparams%3Aoauth%3Agrant-type%3Ajwt-bearer&assertion=
eyJhbGciOiJFUzI1NiIsImtpZCI6IjE2InO.
eyJpc3Mi[...omitted for brevity...].
J9l-ZhwP[...omitted for brevity...]
```

针对 OAuth 2.0 协议客户认证与授权的断言框架规范，即 RFC 7521 文档，定义了 JWT 授权请求中的参数，如下所列：

❑ grant_type：作为一个必需参数，该参数定义了授权服务器所能理解的断言格式。grant_type 的值是一个绝对的 URI，并且必须为 urn：ietf：params：oauth：grant-type：jwt-bearer。

□ assertion：作为一个必需参数，该参数存放的是令牌。例如，在使用 JWT 授权模式的情况下，assertion 参数将存放经过 Base64 URL 编码的 JWT，并且它必须只包含一个单独的 JWT。如果在断言中存在多个 JWT，那么授权服务器将拒绝授权请求。

□ scope：这是一个可选参数。与在授权码和简化授权模式中不同，JWT 授权模式没有方法获取资源所有方对一个请求范围的许可。在这种情况下，授权服务器将通过一种带外机制来建立资源所有方的许可。如果授权请求携带了一个 scope 参数的值，那么它或者应该与带外建立的范围准确匹配，或者是小于该范围。

注　在 JWT 授权模式下，OAuth 授权服务器将不会发放更新令牌。如果访问令牌过期，那么 OAuth 客户必须获取一个新的 JWT（如果 JWT 已经过期的话），或者是利用同一个有效的 JWT 来获取一个新的访问令牌。访问令牌的生命周期应该与对应 JWT 的生命周期相匹配。

12.7　JWT 授权模式应用

JWT 授权模式有多种应用。让我们来查看一种常见的应用场景，即终端用户或资源所有方通过 OpenID Connect 协议（见第 6 章）登录一个网络应用，然后网络应用需要以登录用户的身份访问一个通过 OAuth 2.0 协议进行保护的 API。图 12-3 展示了与本应用场景相关的重要交互过程。

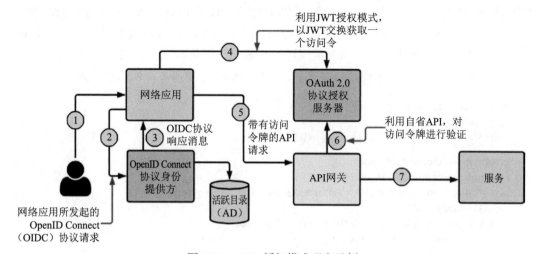

图 12-3　JWT 授权模式现实示例

以下依次列出了图 12-3 所展示的所有交互过程：

❑ 终端用户访问网络应用（步骤 1）。

❑ 在步骤 2 中，用户重定向到 OpenID Connect 协议服务器上，并在与其相连的活跃目录（AD）上进行认证。在通过认证之后，用户带着一个授权码重定向返回到网络应用上（假设我们正在使用的是 OAuth 2.0 协议授权码授权模式）。

❑ 网络应用直接与 OpenID Connect 协议服务器进行交互，并利用来自之前步骤的授权码来交换获取一个 ID 令牌和一个访问令牌。ID 令牌本身就是一个经过 OpenID Connect 协议服务器签名的 JWT（步骤 3）。

❑ 现在，网络应用需要以登录用户的身份调用一个 API。它会与 API 所信任的 OAuth 授权服务器进行交互，并利用 JWT 授权模式以来自步骤 3 的 JWT 交换获取一个 OAuth 访问令牌。OAuth 授权服务器对 JWT 进行验证，从而确保它是由一个可信身份提供方进行签名的。在本例中，OAuth 授权服务器信任 OpenID Connect 协议身份提供方（步骤 4）。

❑ 在步骤 5 中，网络应用利用来自步骤 4 的访问令牌来调用 API。

❑ 负责托管 API 的应用服务器通过与发放访问令牌的 OAuth 授权服务器进行交互，来对访问令牌进行验证（步骤 6）。

12.8 JWT 客户认证

OAuth 2.0 协议核心规范并没有定义在 OAuth 授权服务器上对 OAuth 客户进行认证的具体方法。大部分情况下，我们使用的都是带有 client_id 和 client_secret 的 HTTP 基本认证。RFC 7523 文档定义了一种利用 JWT 对 OAuth 客户进行认证的方法。JWT 客户认证并不局限于某种特定的授权模式，它可以在任何一种 OAuth 授权模式中使用。OAuth 2.0 协议还有另一个优点——OAuth 授权模式与客户认证是相互解耦的。以下展示了一条在使用 JWT 客户认证的授权码授权模式下，发往 OAuth 授权服务器的请求示例。

```
POST /token HTTP/1.1
Host: auth.bar.com
Content-Type: application/x-www-form-urlencoded

grant_type=authorization_code&
code=n0esc3NRze7LTCu7iYzS6a5acc3f0ogp4&
client_assertion_type=urn%3Aietf%3Aparams%3Aoauth%3Aclient-assertion-
type%3Ajwt-bearer&
client_assertion=eyJhbGciOiJSUzI1NiIsImtpZCI6IjIyIn0.
eyJpc3Mi[...omitted for brevity...].
cC4hiUPo[...omitted for brevity...]
```

在发往令牌端点的 OAuth 请求中，RFC 7523 文档利用三个额外的参数来完成客户认证，即 client_assertion_type、client_assertion 和 client_id（可选）。针对 OAuth 2.0 协议认证与授权的断言框架规范，即 RFC 7521，定义了这些参数。以下列出了参数及其定义：

- ❑ client_assertion_type：作为一个必需参数，该参数定义了 OAuth 授权服务器所能理解的断言格式。client_assertion_type 的值是一个绝对的 URI。对于 JWT 客户认证来说，该参数的值必须为 urn：ietf：params：oauth：client-assertion-type：jwt-bearer。
- ❑ client_assertion：作为一个必需参数，该参数存放的是令牌。例如，在使用 JWT 客户认证的情况下，client_assertion 参数将存放经过 Base64 URL 编码的 JWT，并且它必须只包含一个单独的 JWT。如果在断言中存在多个 JWT，那么授权服务器将拒绝授权请求。
- ❑ client_id：这是一个可选参数。理论上，client_assertion 本身内部必须包含 client_id。如果该参数携带了一个值，那么它必须与 client_assertion 内部的 client_id 值相匹配。在请求中包含 client_id 参数可能是有用的，这样授权服务器就无须先对断言进行解析，即可确定客户身份。

12.9　JWT 客户认证应用

JWT 客户认证被用于利用 JWT 在 OAuth 授权服务器上对一个客户进行认证，而无须使用带有 client_id 和 client_secret 的 HTTP 基本认证。为什么有人会选择 JWT 客户认证，而不选择 HTTP 基本认证？

让我们来看一个示例。假设我们拥有两家公司，名为 foo 和 bar。foo 公司托管了一组 API，而 bar 公司有一批正在针对这些 API 开发应用程序的开发人员。和大部分我们在本书中讨论的 OAuth 协议示例一样，为了访问 foo 的 API，bar 公司必须在 foo 公司中进行注册，从而获取 client_id 和 client_secret。由于 bar 公司开发了多款应用（一款网络应用，一款移动应用，一款多客户应用），因此从 foo 公司获取的同一组 client_id 和 client_secret 需要在多个开发人员之间共享。因为任意一位开发人员可能把秘密信息传递给任何人，甚至可能误用这些信息，所以这种做法存在一定风险。为了解决这个问题，我们可以使用 JWT 客户认证。与 bar 公司开发人员共享 client_id 和 client_secret 的做法不同，bar 公司可以创建一个密钥对（一个公钥和一个私钥），利用公司证书颁发机构（Certificate Authority，CA）的密钥对公钥进行签名，然后将其分发给自己的开发人员。现在，每个开发人员将拥有经过公司 CA 签名的公司内部公钥和私钥，而不再拥有共享的 client_id 和 client_secret。在与 foo 公司的 OAuth 授权服务器进行交互时，应用程序将使用 JWT 客户认证，此时将使用其自己的私钥对 JWT 进行签名，而令牌将包含对应的公钥。以下代码片段展示了一个与上述准则匹配的解码 JWS 头部和负载示例。第 7 章对 JWS 及其与 JWT 的关联关系进行了详细讲解。

```
{
  "alg": "RS256"
  "x5c": [
          "MIIE3jCCA8agAwIBAgICAwEwDQYJKoZIhvcNAQEFBQ......",
          "MIIE3jewlJJMddds9AgICAwEwDQYJKoZIhvUjEcNAQ......",
          ]
}
{
  "sub": "3MVG9uudbyLbNPZN8rZTCj6IwpJpGBv49",
  "aud": "https://login.foo.com",
  "nbf": 1457330111,
  "iss": "bar.com",
  "exp": 1457330711,
  "iat": 1457330111,
  "jti": "44688e78-2d30-4e88-8b86-a6e25cd411fd"
}
```

foo 公司的授权服务器首先需要利用附带的公钥（即上述代码片段中的 x5c 参数值）对 JWT 进行验证，然后需要检查对应公钥是否是由 Bar 公司证书颁发机构进行签名的。如果情况属实，那么它就是一个有效的 JWT，并且将成功完成客户认证。同时需要注意的是，JWT 的对象会被设为针对 Bar 公司所创建的原始 client_id 值。

然而，我们仍然需要面对一个问题。在某个开发人员辞职或者是发现证书被误用的情况下，我们应该如何撤销属于他的证书？为了实现这个目标，授权服务器必须根据 client_id 维护一份证书撤销列表（Certificate Revocation List，CRL）。换句话说，每个 client_id 可以维护自己的证书撤销列表。要撤销一个证书，客户（在本例中指的是 bar 公司）必须与授权服务器承载的 CRL API 进行交互。为了支持这个模型，CRL API 是一个必须在 OAuth 授权服务器上承载的定制 API。这个 API 必须通过 OAuth 2.0 协议客户凭据授权模式进行保护。在它收到一条 CRL 更新请求之后，它将更新与调用 API 的客户相对应的 CRL，并且每次在进行客户认证时，授权服务器必须在 CRL 上检查 JWT 中的公共证书。如果它找到一个匹配条目，那么请求过程应该立刻终止。同时，在一个特定客户的 CRL 被更新时，所有使用一个被撤销公共证书的访问令牌和更新令牌都必须同时被撤销。如果你担心支持 CRL 所带来的开销，那么你可以使用短期证书，并且不再考虑撤销问题。图 12-4 展示了 foo 和 bar 公司之间的交互过程。

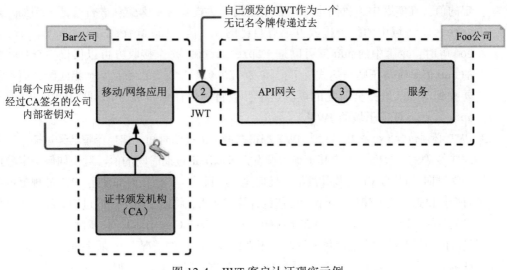

图 12-4　JWT 客户认证现实示例

12.10　JWT 解析验证

在 JWT 授权模式和客户认证中，OAuth 授权服务器都必须对 JWT 进行解析和验证。以下列出了令牌验证准则：

- ❏ JWT 中必须包含 iss 参数。iss 参数表示 JWT 的颁发方。这个参数被视为一个大小写敏感的字符串值。理论上，这个参数表示声明集合的断言方。如果谷歌公司发放了 JWT，那么 iss 的值应该是 accounts.google.com。这个参数为接收方指明了 JWT 的颁发方是谁。

- ❏ JWT 中必须包含 sub 参数。令牌颁发方或断言方为一个特定实体发放 JWT，而 JWT 内嵌的声明集合通常代表这个由 sub 参数标识的实体。sub 参数的值是一个大小写敏感的字符串值。对于 JWT 客户认证来说，sub 参数的值必须存放对应的 client_id，而对于授权来说，它将是作为访问令牌请求目标的已授权访问器或资源服务器。

- ❏ JWT 必须包含 aud 参数。令牌颁发方向由 aud 参数表示的一个目标接收方或一组接收方发放 JWT。接收方或接收组应该知道如何对 JWT 进行解析和验证。在进行任何验证检查之前，令牌接收方必须首先查看特定 JWT 是否是发放给它使用的，如果不是，则应该立刻拒绝。aud 参数的值可以是一个大小写敏感的字符串值，也可以是一个字符串数组。在发放令牌之前，令牌颁发方应该知道令牌的目标接收方（或接收组）是谁，同时 aud 参数的值必须是在令牌颁发方和接收方之间提前协商确

定的值。在实践中，我们也可以利用正则表达式来对令牌受众进行验证。例如，当
apress.com 域中的每个接收方都有自己的 aud 值：foo.apress.com、bar.apress.
com 等时，令牌中的 aud 值可以是 *.apress.com。每个接收方可以仅仅检查令牌中
的 aud 值是否与正则表达式（？：[a-zA-Z0-9]*|*）.apress.com 相匹配，而不需
要找到与 aud 值完全匹配的项。这个参数将确保任何接收方都可以使用一个拥有
apress.com 任何子域的 JWT。

❑ JWT 必须包含 exp 参数。每个 JWT 都将携带一个过期时间。如果令牌已经过期，那么
JWT 令牌的接收方必须将其拒绝。颁发方可以决定过期时间的值。对于如何决定最佳
令牌过期时间，JWT 规范并没给出任何建议或指导。其他在内部使用 JWT 的规范负责
自行提供这方面的建议。exp 参数值的计算方法为，将以秒为单位的过期时间（从令牌
发放时间开始），加上从 1970-01-01T00：00：00Z UTC 到当前时间的时长。如果令牌颁
发方的时钟与接收方的时钟不同步（不考虑各自时区的情况下），那么对过期时间的验
证可能会失败。为了解决这个问题，每个接收方可以加上几分钟作为时钟偏移。

❑ JWT 可能包含 nbf 参数。换句话说，这并不是一个必需参数。如果 nbf 参数的值大
于当前时间，那么令牌接收方应该将其拒绝。JWT 无法在 nbf 参数所指定的值之前
使用。nbf 参数值的计算方法为，将以秒为单位的起始时间（从令牌发放时间开始
计算），加上从 1970-01-01T00:00:00Z UTC 到当前时间的时间段长度。

❑ JWT 可能包含 iat 参数。JWT 中的 iat 参数表示令牌颁发方所计算的 JWT 发放时
间。iat 参数值是在发放令牌时，从 1970-01-01T00:00:00Z UTC 到当前时间的秒数。

❑ JWT 必须经过数字签名，或者携带一个其颁发方所定义的消息认证码（Message
Authentication Code，MAC）。

12.11　总结

❑ 身份联合，是指跨边界传递用户身份。这些边界可能是在不同的企业，或者是同一
企业内部的不同身份管理系统之间。

❑ SAML 2.0 授权模式和 JWT 授权模式这两种 OAuth 2.0 协议配置，都着重关注针对
API 安全构建联合使用场景。

❑ 在 RFC 7522 文档定义的 OAuth 2.0 协议 SAML 配置扩展了 OAuth 2.0 协议核心规
范的功能。基于 SAML 断言，它引入了一种新的授权模式，以及一种对 OAuth 2.0
协议客户进行认证的方式。

❑ 在 RFC 7523 文档定义的 OAuth 2.0 协议 JSON Web 令牌（JSON Web Token，JWT）
配置扩展了 OAuth 2.0 协议核心规范的功能。基于 JWT，它引入了一种新的授权模
式，以及一种对 OAuth 2.0 协议客户进行认证的方式。

第 13 章 *Chapter 13*

用户管理访问

OAuth 2.0 协议针对访问代理引入了一个授权框架。它使得 Bob 能够在不分享自己 Facebook 凭据的情况下，授权一个第三方应用对自己的 Facebook 涂鸦墙进行读取访问。用户管理访问（User-Managed Access，UMA）协议将这一模型扩展到了另一个层次，即 Bob 不仅可以授权一个第三方应用进行访问，而且可以向使用同一个第三方应用的 Peter 授权。

UMA 协议是一个 OAuth 2.0 协议配置。OAuth 2.0 协议将资源服务器和授权服务器分离开来。UMA 协议则更进一步：它使得你可以从一个中央授权服务器控制一组分布式资源服务器。同时，资源所有方可以在授权服务器上定义一组策略，我们会在一个客户获得一个受保护资源的访问授权时，对这些策略进行评估。这种做法不需要由资源所有方来决定是否允许来自任意客户或请求方的访问请求。授权服务器可以根据资源所有方所定义的策略来进行决断。

我们在本章中所讨论的 UMA 协议的最新版本是 UMA 2.0。如果你想了解更多有关 UMA 协议发展历程的知识，那么请查阅附录 D。

13.1 应用示例

假设你在大通银行、美国银行和富国银行里有多个银行账户。你雇佣了财务经理 Peter，他通过一款个人财务管理（Personal Financial Management，PFM）应用管理你的所有银行账户，通过定期推送来自多个银行账户的资讯，该应用能够帮助使用者更好地规划财务预算并理解整体金融态势。这里，你需要授予 Peter 受限的访问权限，使其能够利用 PFM 应用来访问你的银行账户。我们假设所有银行都在 API 上开放了它们的功能，并且

PFM 利用银行业务 API 来获取数据。

让我们从比较高的层面上看一下 UMA 对这个问题的解决方法（详见图 13-1）。首先，你需要在所有银行都信任的授权服务器上定义一个访问控制策略。这个授权策略可能会规定，Peter 应该被赋予通过 PFM 应用读取访问富国、大通和美国银行账户的权限。之后，你还需要向授权服务器上引入每个银行，这样每当 Peter 试图访问你的账户时，每个银行都可以通过与授权服务器进行交互来探询 Peter 是否允许进行这些操作。对于 Peter 来说，为了通过 PEM 应用访问一个银行账户，PFM 应用首先需要与授权服务器进行交互，并以 Peter 的身份获取一个令牌。在这一过程中，在发放令牌之前，授权服务器要对你定义的访问控制策略进行评估。

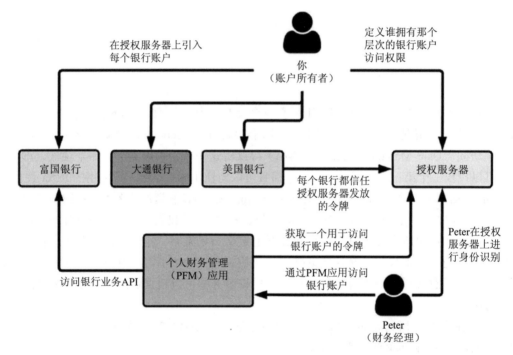

图 13-1　通过一个个人财务管理应用，一个账户所有者将他／她的账户管理权限授予一名财务经理

让我们来看看另一个例子。假设你拥有一份谷歌文档。除了来自 foo 和 bar 公司管理组的人员，你不想与任何人分享这份文档（详见图 13-2）。让我们看一下这个过程是如何通过 UMA 协议实现的。

首先，你要拥有一个谷歌公司信任的授权服务器，这样每当有人想要访问你的谷歌文档时，谷歌会通过与授权服务器进行交互来查看这个人是否有权这样做。同时，你还要在授权服务器上定义一个策略，来规定来自 foo 和 bar 公司的管理人员可以访问你的谷歌文档。

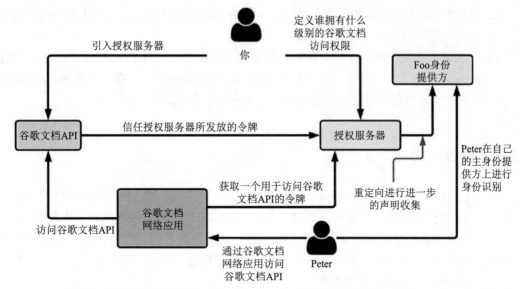

图 13-2　一个谷歌文档所有者利用特定角色来将谷歌文档的访问权限授予来自不同公司的第三方

当某人（假设是 Peter）试图访问你的谷歌文档时，谷歌会将你重定向到授权服务器上。之后，授权服务器会将 Peter 重定向到 Foo 身份提供方（或者是 Peter 的主身份提供方）处。Foo 身份提供方将对 Peter 进行认证，并且将 Peter 的角色作为一个声明发送给授权服务器。现在，由于授权服务器知道 Peter 的角色以及 Peter 所属的公司，如果 Peter 属于一个管理人员角色，那么它将向谷歌文档应用发放一个令牌，该应用可以利用这一令牌，通过谷歌文档 API 来获取对应的谷歌文档。

13.2　UMA 2.0 协议角色

除了我们在第 4 章中针对 OAuth 2.0 协议所讨论的四种角色（资源所有方、资源服务器、客户和授权服务器）之外，UMA 协议还引入了一个新的角色。以下列出了 UMA 协议所包含的所有五种角色：

- ❑ 资源所有方：在上述两个应用场景中，你就是资源所有方。在第一个场景中，你拥有银行账户，而在第二个应用场景中，你拥有谷歌文档。
- ❑ 资源服务器：这是承载受保护资源的地方。在上述第一个应用场景中，每个银行都是一个资源服务器，而在第二个应用场景中，托管谷歌文档 API 的服务器就是资源服务器。
- ❑ 客户：这是想要以资源所有方的身份访问资源的应用程序。在上述第一个应用场景中，个人财务管理（Personal Financial Management，PFM）应用就是客户，而在第二个应用场景中，它是谷歌文档网络应用。

❑ 授权服务器：这是承担安全令牌服务（Security Token Service，STS）的角色，向客户应用发放 OAuth 2.0 协议访问令牌的实体。

❑ 请求方：这是 UMA 协议中新引入的角色。在上述第一个应用场景中，财务经理 Peter 就是请求方，而在第二个应用场景中，作为 Foo 公司管理人员的 Peter 就是请求方。请求方能够以资源所有方的身份通过一个客户应用访问资源。

13.3 UMA 协议

定义 UMA 协议的 Kantara Initiative 组织发布了两个规范。核心规范被称为针对 OAuth 2.0 协议授权的 UMA 2.0 准予规范。而另一个，UMA 2.0 协议联合授权规范，是可选的。

一种授权模式，是 OAuth 2.0 协议架构中的一个扩展点。UMA 2.0 授权模式通过扩展 OAuth 2.0 协议来支持请求方角色，并且定义了客户应用想要从授权服务器获取一个代表请求方身份的访问令牌应该遵循的流程。

让我们通过之前所讨论的第一个应用场景来逐步分析 UMA 2.0 协议的工作原理：

1）首先，账户所有者必须将其每个银行都引入授权服务器中。这里，我们可能会采用 OAuth 2.0 协议授权码授权模式，并向大通银行提供一个访问令牌。UMA 协议用一个特殊的名称来称呼这个令牌：保护 API 访问令牌（Protection API Access Token，PAT）。

2）大通银行利用所提供的访问令牌（或者 PAT）在授权服务器上对其资源进行注册。以下是一条进行资源注册的 cURL 命令示例。以下命令中的 $PAT 是一个保护 API 访问令牌的占位符。这里，我们将账户所有者的账户作为资源进行注册。

```
\> curl -v -X POST -H "Authorization:Bearer $PAT"
-H "Content-Type: application/json" -d '{"resource_
scopes":["view"], "description":"bank account details",
"name":"accounts/1112019209", "type":"/accounts"}'
https://as.uma.example.com/uma/resourceregistration
```

3）通过个人财务管理（Personal Financial Management，PFM）应用，Peter 尝试在没有令牌的情况下访问大通银行账户。

```
\> curl -X GET https://chase.com/apis/accounts/1112019209
```

4）由于来自 PFM 应用的请求中没有令牌，因此银行 API 将响应返回一个 401 HTTP 错误码，同时返回授权服务器的端点以及一个许可票据。这个许可票据代表了 PFM 应用对大通银行 /accounts API 进行 GET 请求访问所需要的许可层次。换句话说，PFM 应用应该从所提供的授权服务器中获取一个带有给定许可票据中所提供许可的访问令牌。

5）要生成许可票据，大通银行必须与授权服务器进行交互。根据以下 cURL 命令，大通银行还会将 resource_id 和 resource_scope 传递过去。许可 API 通过 OAuth 2.0 协议进行保护，因此大通银行必须通过传递一个有效的访问令牌来访问它。对于我们在步骤 1 提供给大通银行的这个令牌，UMA 协议用一个特殊的名称来称呼：保护 API 访问令牌（Protection API Access Token，PAT）。

```
\> curl -v -X POST -H "Authorization:Bearer $PAT" -H
"Content-Type: application/json" -d '[{"resource_id":"
accounts/1112019209","resource_scopes":["view"]}]'
https://as.uma.example.com/uma/permission
{"ticket":"1qw32s-2q1e2s-1rt32g-r4wf2e"}
```

6）现在，大通银行将向 PFM 应用发送以下 401 响应消息。

```
HTTP/1.1 401 Unauthorized
WWW-Authenticate: UMA realm="chase" as_uri="https://as.uma.
example.com" ticket="1qw32s-2q1e2s-1rt32g-r4wf2e "
```

7）客户应用或 PFM 现在必须与授权服务器进行交互。到此刻，我们可以假设 Peter 或请求方已经登录客户应用。如果这一登录过程是通过 OpenID Connect 协议实现的，那么 PFM 将拥有一个代表 Peter 的 ID 令牌。在以下 cURL 命令中，PFM 将 ID 令牌（作为 claim_token 参数）和从大通银行获取的许可票据（作为 ticket 参数）传递给授权服务器。claim_token 是请求中的一个可选参数，如果该参数存在，那么必须同时存在用于定义 claim_token 格式的 claim_token_format 参数。在以下 cURL 命令中，使用的是一个 ID 令牌格式的 claim_token 参数，它甚至可以是一个 SAML 令牌。这里的 $APP_CLIENTID 和 $APP_CLIENTSECRET 分别表示 OAuth 2.0 协议客户 ID 号和客户秘密，当你在 OAuth 2.0 协议授权服务器上注册自己的应用（PFM）时，你会获取这两个参数。$IDTOKEN 是 OpenID Connect 协议 ID 令牌的占位符，而 $TICKET 是许可票据的占位符。grant_type 参数的值必须设为 urn：ietf：params：oauth：grant-type：uma-ticket。以下 cURL 命令只是一个例子，它并没有包含所有的可选参数。

```
\> curl -v -X POST --basic -u $APP_CLIENTID:$APP_
CLIENTSECRET
   -H "Content-Type: application/x-www-form-urlencoded;
   charset=UTF-8" -k -d
   "grant_type=urn:ietf:params:oauth:grant-type:uma-ticket&
   claim_token=$IDTOKEN&
claim_token_format=http://openid.net/specs/openid-
connect-core-1_0.html#IDToken&
ticket=$TICKET"
https://as.uma.example.com/uma/token
```

8）作为对上述请求的响应，客户应用会获取一个 UMA 协议称为请求方令牌

（Requesting Party Token，RPT）的访问令牌，而在授权服务器返回访问令牌之前，它将在内部通过评估账户所有者（或资源所有方）定义的任意授权策略来查看 Peter 是否拥有访问对应银行账户的权限。

```
{
  "token_type":"bearer",
  "expires_in":3600,
  "refresh_token":"22b157546b26c2d6c0165c4ef6b3f736",
  "access_token":"cac93e1d29e45bf6d84073dbfb460"
}
```

9）现在，应用会利用来自之前步骤的 RPT 尝试访问大通银行账户。

```
\> curl -X GET -H "Authorization: Bearer
cac93e1d29e45bf6d84073dbfb460" https://chase.com/apis/
accounts/1112019209
```

10）现在，大通银行 API 将通过与自省（详见第 9 章）端点进行交互来验证所提供的 RPT，并且在令牌有效的情况下响应返回对应的数据。如果自省端点受到安全保护，那么大通银行 API 必须通过在 HTTP 授权头部中传递 PAT 来进行认证。

```
\> curl -H "Authorization:Bearer $PAT" -H 'Content-Type:
application/x-www-form-urlencoded' -X POST --data "token=
cac93e1d29e45bf6d84073dbfb460" https://as.uma.example.com/
uma/introspection

HTTP/1.1 200 OK
Content-Type: application/json
Cache-Control: no-store
{
  "active": true,
  "client_id":"s6BhdRkqt3",
  "scope": "view",
  "sub": "peter",
  "aud": "accounts/1112019209"
}
```

11）一旦大通银行确认令牌有效并且其中存放了所有所需的范围，那么它将向客户应用（PFM）响应返回所请求的数据。

注 本书作者利用开源 WSO2 身份服务器向 UMA 协议工作组提交完成的一个 UMA 2.0 协议演示记录，在以下网址中提供：www.youtube.com/watch?v=66aGc5AV7P4。

13.4　交互声明收集

在之前的章节中，在步骤 7 中，我们假设请求方已经登录客户应用，并且客户应用已经获取了请求方的声明（比如 ID 令牌或 SAML 令牌格式的声明）。客户应用将 `claim_token` 参数中的这些声明，以及许可票据一起传递给授权服务器的令牌端点。从客户应用发往授权服务器的请求是一条直接请求。在客户应用发现自己所拥有的声明不足以满足授权服务器根据其策略进行授权决断所需的情况下，客户应用可以选择使用交互声明收集。在进行交互声明收集的过程中，客户应用将请求方重定向到 UMA 协议授权服务器上。这是我们在本章开头第二个应用场景（即与外部公司共享谷歌文档）中所讨论的内容。以下是一条客户应用所生成的，用于将请求方重定向到授权服务器上的请求示例。

```
Host: as.uma.example.com
GET /uma/rqp_claims?client_id=$APP_CLIENTID
&ticket=$TICKET
&claims_redirect_uri=https://client.example.com/redirect_claims
&state=abc
```

以上请求示例是一条会流经浏览器的 HTTP 重定向消息。这里的 `$APP_CLIENTID` 是你在 UMA 协议授权服务器上注册自己的应用时所获取的 OAuth 2.0 协议客户 id 号，而 `$TICKET` 是一个客户应用从资源服务器上所获取许可票据的占位符（详见之前小节中的步骤 6）。指向客户应用中所托管端点的 `claim_redirect_uri` 值表示响应消息发送返回的目标授权服务器。

授权服务进行声明收集的方法在 UMA 协议规范的范畴之外。理论上，这一过程可以通过再次将请求方重定向到其自己的主身份提供方上并取回所请求的声明来实现（详见图 13-2）。在声明收集完成之后，授权服务器会让用户带着一个许可票据重定向返回到 `claim_redirect_uri` 端点处（如下所示）。针对这个许可票据，授权服务器将追踪它所收集的所有声明。

```
HTTP/1.1 302 Found
Location: https://client.example.com/redirect_claims?
ticket=cHJpdmFjeSBpcyBjb25OZXhOLCBjb25Ocm9s&state=abc
```

现在，客户应用将带着上述许可票据与授权服务器的令牌端点进行交互，从而获取一个请求方令牌（Requesting Party Token，RPT）。这一过程和我们在之前小节中对步骤 7 所讨论的内容类似，但是在这里，我们不会发送一个 `claim_token` 参数。

```
\> curl -v -X POST --basic -u $APP_CLIENTID:$APP_CLIENTSECRET
  -H "Content-Type: application/x-www-form-urlencoded;
  charset=UTF-8" -k -d
  "grant_type=urn:ietf:params:oauth:grant-type:uma-ticket&
  ticket=$TICKET"
  https://as.uma.example.com/uma/token
```

作为对上述请求的响应，客户应用会获取一个 UMA 协议称为请求方令牌（Requesting Party Token，RPT）的访问令牌，而在授权服务器返回访问令牌之前，它将在内部通过评估账户所有者（或资源所有方）定义的任意授权策略来查看 Peter 是否拥有访问对应银行账户的权限。

```
{
  "token_type":"bearer",
  "expires_in":3600,
  "refresh_token":"22b157546b26c2d6c0165c4ef6b3f736",
  "access_token":"cac93e1d29e45bf6d84073dbfb460"
}
```

13.5 总结

- ❑ 用户管理访问（User-Managed Access，UMA）协议是一个在 OAuth 2.0 协议核心规范上层以一个配置的形式构建的新兴标准。
- ❑ UMA 的厂商实现仍然很少，但它承诺在不久的将来获得广泛认可。
- ❑ 定义 UMA 协议的 Kantara Initiative 组织发布了两个规范。核心规范被称为针对 OAuth 2.0 协议授权的 UMA 2.0 准予规范。而另一个，UMA 2.0 协议联合授权规范，是可选的。
- ❑ 除了 OAuth 2.0 协议中所使用的四个角色（授权服务器、资源服务器、资源所有方和客户应用）之外，UMA 协议引入了一个名为请求方的新角色。

OAuth 2.0 协议安全

如你所知，OAuth 2.0 协议是一个授权框架。作为一个框架，它为应用开发人员提供了多种选择。应用开发人员需要根据自己的使用场景以及想要如何使用 OAuth 2.0 协议来自行选择合适的选项。一些指导文档可以帮助你以一种安全的方式使用 OAuth 2.0 协议。IETF 组织 OAuth 协议工作组所发布的 OAuth 2.0 协议威胁模型与安全意见（RFC 6819）在 OAuth 2.0 协议规范中的安全相关内容之上，基于一个综合的威胁模型针对 OAuth 2.0 协议定义了额外的安全考量。截止本书写作时，OAuth 2.0 协议当前最佳安全实践文档还是一份草拟提案，它具体讨论了在 RFC 6819 文档发布之后新出现的 OAuth 2.0 协议相关威胁。同时，为了构建金融级别的应用，OpenID 基金会下的金融级别 API（Financial-grade API，FAPI）工作组已经针对如何以一种安全的方式使用 OAuth 2.0 协议发布了一系列指导文件。在本章中，我们将仔细分析 OAuth 2.0 协议所面临的一些潜在攻击，并对这些风险的抵御方法进行讨论。

14.1 身份提供方混淆

尽管 OAuth 2.0 协议主要关注的是访问代理，但人们仍在对其进行研究，以期它能够实现登录功能。这就是在 Facebook 上进行登录的工作原理。而且，在 OAuth 2.0 协议上层构建的 OpenID Connect 协议（详见第 6 章）也是利用 OAuth 2.0 协议实现认证的合适方法。一份最近由一家在身份与访问管理领域领先的厂商所完成的研究证实，在最近几年进行的最新企业级开发过程中，大部分都选择采用使用 SAML 2.0 标准的 OAuth 2.0/OpenID Connect 协议。总而言之，OAuth 2.0 协议安全是一个热点话题。在 2016 年，Daniel Fetter、

Ralf Küsters 和 Guido Schmitz 对 OAuth 2.0 协议安全进行了研究，并就此发表了一篇论文。⊖ 身份提供方混淆是论文中着重强调的一种攻击方式。身份提供方实际上是发放 OAuth 2.0 协议令牌的实体或者 OAuth 2.0 协议授权服务器，我们在第 4 章对其进行了讨论。

让我们来尝试理解一下身份提供方混淆的攻击原理（详见图 14-1）：

1）这种攻击在一个能够针对登录提供多个身份提供方（Identity Provider，IdP）选项的 OAuth 2.0 协议客户应用上发生。让我们假设有两个身份提供方，分别是 foo.idp 和 evil.idp。我们假设，客户应用并不知道 evil.idp 是恶意的。当然，也可能是这样的场景，即 evil.idp 是一个可能本身处于攻击威胁之下的真实身份提供方。

2）受害者在浏览器上选择了 foo.idp，而攻击者拦截了相关请求，并将选择篡改为 evil.idp。在这里我们假设浏览器和客户应用之间的通信没有通过 TLS 协议进行保护。OAuth 2.0 协议规范并没有对这方面进行讨论，它完全由网络应用开发人员自行决定。由于在这个流程中没有传输机密数据，因此大部分时间网络应用开发人员可能并不会考虑使用 TLS 协议。同时，过去几年在 TLS 协议实现（大部分情况下指的是 OpenSSL）中也发现了一些漏洞。因此，即使采用了 TLS 协议，攻击者也有可能利用这样的漏洞来拦截浏览器和客户应用（网络服务器）之间的通信。

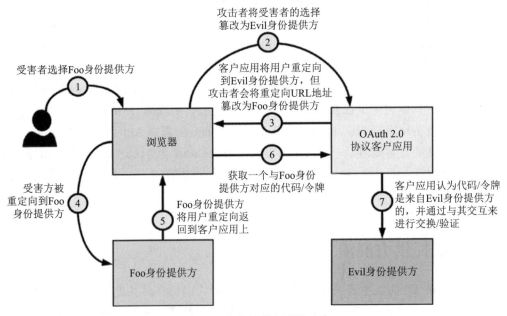

图 14-1　身份提供方混淆攻击

3）由于攻击者篡改了用户所选择的身份提供方，因此客户应用认为用户所选择的就是

⊖　A Comprehensive Formal Security Analysis of OAuth 2.0, https://arxiv.org/pdf/1601.01229.pdf

evil.idp（尽管用户选择了 foo.idp），并将用户重定向到 evil.idp 上。客户应用只能收到对通信进行拦截的攻击者所发送的请求。

4）攻击者拦截了重定向消息，并将其篡改为前往 foo.idp。重定向的工作原理是，网络服务器（在本例中指的是客户应用）向浏览器发送返回一条带有 302 状态码的响应消息，同时带有一个 HTTP Location 头部字段。如果浏览器和客户应用之间的通信不是在 TLS 协议上进行的，那么这条响应消息就是没有受到保护的，即使 HTTP Location 头部字段包含了一个 HTTPS URL 地址。由于我们之前已经假设攻击者可以拦截浏览器和客户应用之间的通信，那么攻击者就可以将响应消息中的 Location 头部字段篡改为前往 foo.idp——即原始选择——并且不惊动用户。

5）客户应用获取代码或令牌（根据授权模式），并且现在将通过与 evil.idp 交互来对其进行验证。授权服务器（或身份提供方）将向在客户应用中的回调 URL 地址发送返回授权码（在使用代码授权模式的情况下）。仅仅通过查看授权码，客户应用并不能确定代码属于哪个身份提供方。因此我们假设，它通过某些会话变量来记录身份提供方，因此根据步骤 3，客户应用认为返回授权码的是 evil.idp，并通过与 evil.idp 交互来对令牌进行验证。

6）evil.idp 会从 foo.idp 获得用户的访问令牌或授权码。如果使用的是简化授权模式，那么获取的将会是访问令牌，否则就是授权码。在移动应用中，大多时候人们常常将相同的客户 ID 号和客户秘密嵌入所有实例中——因此一个对自己的手机拥有底层访问权限的攻击者可以找到这些关键信息，并且之后可以利用授权码来获取访问令牌。

没有记录显示，上述攻击已经在现实世界中成功实施，但同时，我们也无法完全将其否定。有几个选项可以阻止这样的攻击发生，而我们的建议是使用选项 1，因为它非常简单直接，并且毫不费力地解决问题。

1）每个身份提供方分别拥有单独的回调 URL 地址。利用这种方法，客户应用能够知晓响应消息所归属的身份提供方。合法的身份提供方将始终关注与客户应用相关的回调 URL 地址，并将使用该地址。同时，客户应用还会将回调 URL 地址的值与浏览器会话关联起来，并且在用户重定向返回之后，将通过与浏览器会话中的回调 URL 地址值进行匹配，来查看它是否位于正确的位置（或者是正确的回调地址）。

2）按照 IETF 组织草拟规范 "OAuth 2.0 协议身份提供方混淆防御方案"（网址为 https://tools.ietf.org/html/draft-ietf-oauth-mix-up-mitigation-01）中定义的解决步骤进行操作。这个规范建议授权服务器在向客户发送返回授权响应消息的同时，发送一组防御数据。授权服务器向客户提供的防御数据包含了一个用于识别授权服务器的颁发方标识符，以及一个用于确认响应来自正确的授权服务器并且针对给定客户的客户 id 号。利用这种方法，OAuth 2.0 协议客户可以对它获取响应的来源授权服务器进行验证，并且基于此识别令牌端点或用于令牌验证的端点。

14.2　跨站请求伪造

　　一般而言，跨站请求伪造攻击（Cross-Site Request Forgery，CSRF）会诱使一个已登录的受害者浏览器向一个存在漏洞的网络应用发送一条伪造的 HTTP 请求消息，该消息中包含了受害者会话 cookie 以及任何其他自动包含的认证信息。利用这样的攻击行为，攻击者能够迫使受害者的浏览器生成请求，而存在漏洞的应用会认为这是来自受害者的合法请求。OWASP（Open Web Application Security Project，开放网络应用安全工程）组织在其 2017年度报告中将这种攻击视为网络应用中的重大安全风险之一。

　　让我们看看在 OAuth 2.0 协议中如何利用 CSRF 来对一个存在漏洞的网络应用展开攻击（详见图 14-2）：

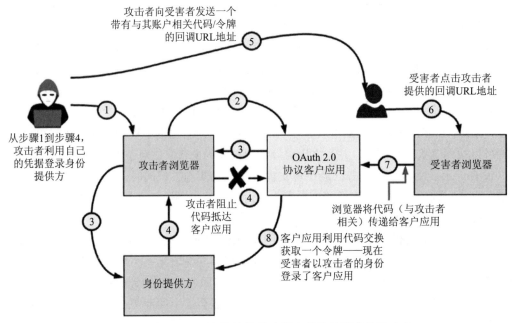

图 14-2　在 OAuth 2.0 协议代码流程中的跨站请求伪造攻击

　　1）攻击者在对应的身份提供方上，尝试利用自己的账户登录目标网站（OAuth 2.0 协议客户）。这里我们假设攻击者在对应 OAuth 2.0 协议客户应用所信任的身份提供方上拥有一个有效账户。

　　2）攻击者阻断了转向目标网站的重定向过程，并截取了授权码。目标网站不会看到代码。在 OAuth 2.0 协议中，授权码的使用只能是一次性的。假如 OAuth 2.0 协议客户应用看到了它并利用其交换获取了一个访问令牌，那么它就不再有效——因此攻击者必须确保授权码绝对没有传递给客户应用。由于授权码发往客户的过程需要流经攻击者的浏览器，因此可以轻易阻断这一过程。

3）攻击者针对目标站点构造回调 URL 地址，并诱使受害者点击它。实际上，它可能和攻击者从步骤 2 中复制出来的回调 URL 地址相同。这里，攻击者可以将链接发送到受害者的电子邮箱中，或者以某种方法诱使受害者点击链接。

4）受害者点击链接，并使用与攻击者相关的账户登录了目标网站，并且填入其信用卡信息。由于授权码属于攻击者，因此受害者是使用攻击者的账户登录目标网站的。这是很多网站在利用 OAuth 2.0 协议对用户进行认证时所遵循的模式。Facebook 网站的登录流程也以同样的方式完成。在网站获取授权码之后，它将与授权服务器进行交互并利用它交换获取一个访问令牌。之后利用访问令牌，网站通过与授权服务器上的另一个端点进行交互来找到用户信息。在这种情况下，由于代码属于攻击者，因此授权服务器所返回的信息将与攻击者相关——因此，受害者是通过攻击者的账户登录目标网站的。

5）攻击者同样利用有效凭据登录目标网站，并利用受害者的信用卡来购买商品。

以上攻击可以通过采用以下最佳实践来进行抵御：

❑ 使用一个短期的授权码。让授权码很快过期，能够使得攻击者只能在很短的时间内实施一次攻击。例如，领英网站所发放的授权码在 30 秒内就会过期。理论上，授权码的生命周期应该只有几秒。

❑ 按照 OAuth 2.0 协议规范的定义，使用 state 参数。这是为了从总体上抵御 CSRF 攻击所使用的重要参数之一。客户应用必须生成一个随机数（或者是一个字符串），并将其包含在授权请求中，一起传递给授权服务器。此外，在将用户重定向到授权服务器上之前，客户应用必须将所生成的 state 值添加到当前用户会话（浏览器会话）中。根据 OAuth 2.0 协议规范，授权服务器在向 redirect_uri（向客户应用）发送授权码的同时，必须返回相同的 state 值。客户必须利用存放在用户当前会话中的值来对授权服务器所返回的 state 值进行验证，如果不匹配，那么它将拒绝继续执行流程。回顾攻击过程，当用户点击攻击者精心构造的、发往受害者的链接时，它不会携带与之前生成并附加到受害者会话上的 state 参数（或者很有可能，受害者的会话中根本没有 state 值）相同的值，或者攻击者不知道如何生成完全相同的 state 值。因此，攻击无法成功实施，并且客户应用将拒绝请求。

❑ 使用 PKCE（Proof Key for Code Exchange，代码交换证明密钥）。引入 PKCE（RFC 7636）的目的是保护 OAuth 2.0 协议客户应用免受授权码拦截攻击，这种攻击主要是针对本地移动应用。同时，在 code_verifier 参数附加到用户浏览器会话上之后，使用 PKCE 也将保护用户免受 CSRF 攻击。我们在第 10 章对 PKCE 进行了详细讨论。

14.3　令牌重用

授权服务器向一个客户应用发放 OAuth 2.0 协议令牌，使其能够以资源所有方的身份对资源进行访问。这个令牌由客户使用，并且资源服务器将确保其有效性。假如一个攻击者所控制的资源服务器想要通过重用发送给它的令牌来冒充原始客户访问另一个资源，会怎么样呢？这里基本的假设是，存在多个信任同一个授权服务器的资源服务器。例如，在一个微服务部署环境中，可能存在多个通过 OAuth 2.0 协议进行保护的微服务，它们都信任同一个授权服务器。

在资源服务器端，我们如何确定所提供的令牌只能用于访问它呢？一种方法是对访问令牌的范围进行适当的划定。范围由资源服务器进行定义，并且对授权服务器进行更新。如果我们针对对应的资源服务器利用统一资源名称（Uniform Resource Name，URN）对每个范围进行限定，那么在所有的资源服务器之间就不会存在任何重叠范围，并且每个资源服务器都知道如何唯一识别与之对应的范围。在接受一个令牌之前，它应该检查所发放的令牌是否带有其已知的范围。

这种方法并不能完全解决问题。如果客户决定利用单独一个访问令牌（带有所有范围）来访问所有的资源，那么一个恶意客户仍然可以通过冒充原始客户，利用访问令牌来访问另一个资源。要解决这个问题，客户可以首先获取一个带有所有范围的访问令牌，然后它可以按照 OAuth 2.0 协议令牌交换规范（我们在第 9 章对其进行了讨论），利用访问令牌交换获取多个带有不同范围的访问令牌。一个给定的资源服务器只能看到一个访问令牌，该令牌拥有只与特定资源服务器相关的范围。

让我们来看看另一个令牌重用的例子。这里假设你通过 Facebook 登录了一个 OAuth 2.0 协议客户应用。现在，客户拥有一个用于访问 Facebook 用户信息端点和查看用户身份的访问令牌。这个客户应用处于一个攻击者的控制之下，而且现在攻击者试图利用相同的访问令牌来访问另一个采用简化授权模式的客户应用，如下所示。

```
https://target-app/callback?access_token=<access_token>
```

利用上述 URL 地址，攻击者能够以原始用户的身份登录客户应用，除非目标客户应用在适当的位置上进行了充分的安全检查。该如何解决这个问题？我们有多个选择：

❑ 不要使用 OAuth 2.0 协议来进行认证，而是使用 OpenID Connect 协议。授权服务器（通过 OpenID Connect 协议）所发放的 ID 令牌包含一个名为 aud（audience，受众）的元素——它的值是与客户应用相对应的客户 ID 号。在接受用户之前，每个应用都应该确保 aud 的值已知。如果攻击者试图重放 ID 令牌，那么由于受众验证在第二个客户应用上将会失败（因为第二个应用希望得到的是一个不同的 aud 值），因此重放操作将无法成功实施。

❑ Facebook 登录过程没有采用 OpenID Connect 协议，因此上述攻击可能会针对一个实现不够完善的 Facebook 应用实施。Facebook 引入了一些选项来应对上述威胁。一种方法是利用未入档的 API https://graph.facebook.com/app?Access_token=<access_token> 来获取访问令牌元数据。这个接口将在一个 JSON 格式的消息中返回对应访问令牌的颁发目标应用详细信息。如果它不是你的，那么就拒绝请求。

❑ 利用授权服务器的标准令牌自省端点来获取令牌元数据。响应消息将包含于 OAuth 2.0 协议应用相对应的 `client_id`，如果它不属于你，那么就拒绝登录请求。

令牌重用还有另一种攻击场景，更确切地说，我们应该称其为令牌误用。当简化授权模式在一个单页面应用（Single-Page Application，SPA）上使用时，访问令牌对于终端用户是可见的——因为它就在浏览器上。这是一个合法用户——因此，让用户看到访问令牌并不是什么大问题。但问题是用户可能会从浏览器（或者是应用）中取出访问令牌，并自动进行或通过脚本进行一些 API 调用操作，这将会在服务器上生成更多在正常场景中无法预料的负载。同时，进行 API 调用也会占用资源。大部分客户应用都会进行一个节流限制，这就意味着一个给定应用在一分钟或一些固定的时间段内只能进行 n 次调用。如果一个用户试图利用脚本来调用 API，那么这样的操作可能会耗尽应用的整个节流限制份额，这将对同一应用的其他用户造成不良影响。要解决这样的问题，建议采用由用户和应用共同引入节流限制策略的方法，而不仅仅是由应用引入。在使用这种方法的情况下，如果一个用户想要耗尽自己的节流限制份额，那么尽管这样做好了！另一种解决方案是，使用我们在第 11 章所讨论的令牌绑定。利用令牌绑定，访问令牌会与底层的 TLS 协议连接进行绑定，因此用户无法将其导出并在其他任何地方使用。

14.4　令牌泄露 / 导出

90% 以上的 OAuth 2.0 协议部署环境都是基于无记名令牌的，其中不仅包括公开 / 互联网级别的环境，而且对于企业级的也是如此。无记名令牌的用法就和使用现金一样。当你通过现金支付的方式从星巴克购买一杯咖啡时，没有人关心你是如何获取这张十美元钞票的，或者说你是否是其真正的所有者。OAuth 2.0 协议无记名令牌与此类似。如果有人从线路上提取了令牌（就好像从你的口袋里偷出了十美元钞票），他就可以像其原始所有者那样使用它，这毫无疑问！

无论何时使用 OAuth 2.0 协议，都要使用 TLS 协议，这不仅仅是一个建议，而是一个必选项。尽管采用了 TLS 协议，但攻击者仍然可以利用多种技术来实施中间人攻击。在很多时候，攻击者可以利用 TLS 协议实现方案中的漏洞来窃听由 TLS 协议保护的通信信道。利用 2015 年 5 月所发现的 Logjam 攻击，一个中间人攻击者能够将存在漏洞的 TLS 协议连接降级为 512 比特出口级别的密码强度。这就使得攻击者可以对连接上传输的任何数据进行读取和修改。

我们需要考虑，将以下事项作为防止攻击者访问令牌的预防措施：

❑ 始终在 TLS 协议（使用 TLS 协议 1.2 版本或以上）之上。

❑ 修补客户端、授权服务器和资源服务器上所有 TLS 协议层的漏洞。

❑ 令牌值的长度应该大于等于 128 比特，并且由一个高密码强度随机或伪随机数序列构造而成。

❑ 绝对不能以明文形式存储令牌，而是经过添加盐值的散列计算处理。

❑ 绝对不能将访问 / 更新令牌写入日志。

❑ 在 TLS 协议桥接模式之上使用 TLS 协议隧道模式。

❑ 根据令牌泄露相关的风险、底层访问授权的持续时间以及一个攻击者猜测或生成一个有效令牌所需的时间，来确定每个令牌的生命周期。

❑ 防止出现授权码重用，仅能一次性使用。

❑ 使用一次性的访问令牌。在 OAuth 2.0 协议简化授权模式中，访问令牌是以一个 URI 区段的形式出现的，它将保存在浏览器历史中。在这种情况下，它可以通过从客户应用上利用其交换获取一个新的访问令牌（即一个 SPA）来实现立刻失效。

❑ 使用高强度的客户凭据。大部分应用仅仅利用客户 ID 号和客户秘密来实现客户应用在授权服务器上的认证。客户可以利用 SAML 或 JWT 断言来进行认证，而不是通过线上传递凭据。

除了上述措施，我们还可以通过密码学手段，将 OAuth 2.0 协议访问 / 更新令牌和授权码绑定到一个给定 TLS 协议信道上，这样一来，这些信息就无法导出以及在其他地方使用了。IETF 组织令牌绑定工作组曾经发布了一些用于解决这一方面问题的规范。

我们在第 11 章所讨论的令牌绑定协议允许客户 / 服务器应用创建跨多个 TLS 协议会话和连接的，唯一标识的长期 TLS 协议绑定。随后，应用能够通过密码学手段将安全令牌绑定到 TLS 协议层，从而阻止令牌导出和重放攻击发生。为了保护隐私，令牌绑定标识符只能在 TLS 协议上传输，并且随时可以由用户进行重置。

OAuth 2.0 协议令牌绑定规范（我们在第 11 章对其进行了讨论）定义了如何对访问令牌、授权码和更新令牌应用令牌绑定。这个流程将通过密码学方式，将 OAuth 令牌与一个客户的令牌绑定密钥对绑定在一起，而该密钥对的所有权会在令牌使用的目标 TLS 协议连接上进行证明。令牌绑定的应用能够保护 OAuth 令牌免受中间人、令牌导出以及重放攻击。

14.5 开放重定向器

作为资源服务器端（或者是 OAuth 2.0 协议客户应用）托管的一个端点，开放重定向器会在一条请求中以查询参数的形式接收一个 URL 地址，然后会将用户重定向到该 URL 地址上。攻击者可以通过篡改从资源服务器发往授权服务器的授权请求中的 redirect_uri 来包含一个指向他所拥有端点的开放重定向器 URL 地址。要完成这一操作，攻击者必须拦截受害者浏览器和授权服务器，或者是受害者浏览器和资源服务器之间的通信信道（详见图 14-3）。

在请求抵达授权服务器以及完成认证之后，用户将被重定向到所提供的 redirect_uri，该地址同时携带了指向攻击者端点的开放重定向器查询参数。要检测对 redirect_uri 的任何修改，授权服务器可以根据一个预先注册的 URL 地址来进行检查。然而，一些授权服务器实现可能只关注 URL 地址的域部分，而没有进行完全的一对一匹配。因此，对查询参数的任何修改都将被忽视。

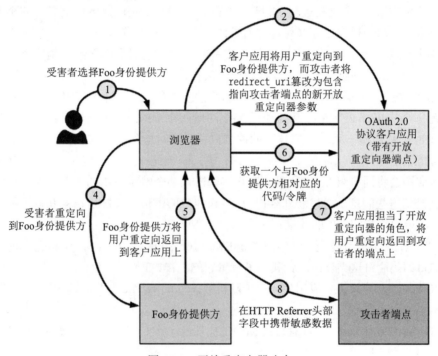

图 14-3　开放重定向器攻击

在用户重定向到开放重定向器端点之后，它会再次将用户重定向到开放重定向器查询参数所定义的值（URL 地址）上——这会将其带到攻击者的端点上。在这条发往攻击者端点的请求中，HTTP Referrer 头部字段可能携带了一些机密数据，其中包括授权码（授权服务器将其以查询参数的形式发送给客户应用）。

抵御开放重定向攻击的方式如下：

❏ 在授权服务器上对 redirect_uri 进行严格的验证。这一过程可以是完全的一对一匹配，也可以是正则匹配。

❏ 在开放重定向器上对重定向 URL 地址进行验证，确保你只能重定向到自己拥有的域。

❏ 利用第 4 章所讨论的 JWT 保护授权请求或推送授权请求（Pushed Authorization

Request，PAR）来保护授权请求的完整性，这样一来攻击者就无法通过篡改请求实现在 redirect_uri 中包含开放重定向器查询参数。

14.6 代码拦截攻击

代码拦截攻击可能在一个本地移动应用中发生。来自本地应用的 OAuth 2.0 协议授权请求应该只能通过外部用户代理（主要是用户浏览器）来实现。针对本地应用的 OAuth 2.0 协议规范（我们在第 10 章对其进行了讨论）详细讲解了需要关注这方面问题的安全和合用理由，以及本地应用和授权服务器对这方面最佳实践的实现方式。

在一个移动环境中实现单点登录的方式是，从你的应用中启动系统浏览器，然后从浏览器上发起 OAuth 2.0 协议流程。在授权码（从授权服务器）返回到浏览器上的 redirect_uri 上之后，应该有一种将其传递到本地应用上的方式。这个过程应该由移动操作系统考虑，因此每个应用都必须在移动操作系统上注册一个 URL 模式。当请求抵达这个特定的 URL 地址时，移动操作系统将把自己的控制权移交给对应的本地应用。但是这里存在的风险是，可能会有多个应用注册了同一个 URL 模式，因此一个恶意应用有可能获取授权码。由于很多应用会将同一组客户 ID 号和客户秘密嵌入某个特定应用的所有实例中，因此攻击者也能够找到这些信息。通过获知客户 ID 号和客户秘密，以及之后访问获取授权码，恶意应用现在可以以终端用户的身份获取一个访问令牌。

我们在第 10 章详细讨论 PKCE（Proof Key for Code Exchange，代码交换证明密钥），引入它的目的是应对这类攻击。让我们来看看它的工作原理：

1）OAuth 2.0 协议客户应用生成一个随机数（code_verifier），并计算其 SHA256 散列结果，该结果被称为 code_challenge。

2）OAuth 2.0 协议客户应用在授权请求中，将 code_challenge 和散列方法发送给授权服务器。

3）授权服务器记录 code_challenge（针对所发放的授权码），并响应返回代码。

4）客户将 code_verifier 和授权码一起发送给令牌端点。

5）授权服务器计算所提供 code_verifier 的散列值，并将其与存储的 code_challenge 进行匹配。如果不匹配，则拒绝请求。

利用这种方法，一个只能访问授权码的恶意应用无法在不知道 code_verifier 值的情况下，利用其交换获取一个访问令牌。

14.7 简化授权模式中的安全缺陷

OAuth 2.0 协议简化授权模式（详见图 14-4）现在已经废弃。单页面应用和本地移动应用通常使用这种模式，但是再也没有其他应用了。在这两种场景中，建议使用授权码授权模式。在简化授权模式中确定存在一些安全缺陷（如下所列），而 IETF 组织 OAuth 工作组正式宣布应用不应该再使用简化授权模式：

❑ 在简化授权模式中，访问令牌以一个 URI 区段的形式抵达，并在网络浏览器地址栏中（图 14-4 中的步骤 5）出现。由于网络浏览器在地址栏中的任何内容都会作为浏览器历史保存下来，因此任何能够访问浏览器历史的人都可以窃取令牌。

❑ 由于访问令牌会出现在网络浏览器地址栏中，因此从对应网页发起的 API 调用将在 HTTP Referrer 头部字段中，携带地址栏中整个带有访问令牌的 URL 地址。这一过程将允许外部的 API 端点（通过查看 HTTP Referrer 头部字段）得到访问令牌，并且可能将其误用。

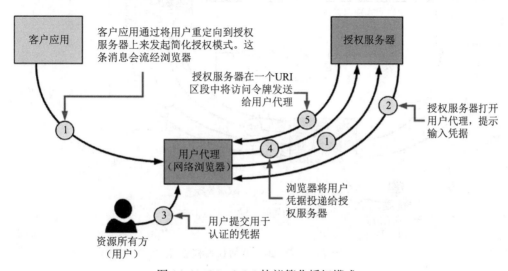

图 14-4　OAuth 2.0 协议简化授权模式

14.8　谷歌文档网络钓鱼攻击

在 2017 年 5 月，一名攻击者利用一个名为谷歌文档的伪造 OAuth 2.0 协议应用作为媒介，针对谷歌用户实施了一次大规模网络钓鱼攻击。首批目标是媒体公司和公关（Public Relations，PR）事务所。它们拥有大量的社会关系——攻击者利用从它们的联系列表中提取的电子邮箱地址来扩大攻击规模。它在一个小时内呈病毒性扩散——在谷歌将应用下架之前。

在这次攻击中，攻击者利用的是 OAuth 2.0 协议中的一个缺陷，还是谷歌公司对该协议的实现方式中的缺陷呢？我们可以采取某些改善措施来防止此类攻击发生吗？

　　如今，几乎你在网络上看到的所有应用，使用的都是 OAuth 2.0 协议中的授权码授权流程。攻击者通过利用用户已知的应用名称（谷歌文档）对其进行欺骗，来对图 14-5 中的步骤 3 实施攻击。同时，攻击者利用一个与谷歌在文档分享过程中所用电子邮件形似的电子邮件模板来诱使用户点击链接。任何仔细查看电子邮件乃至许可界面的人，都可以察觉某些钓鱼行为正在发生——但很不幸的是，很少有人关注这些。

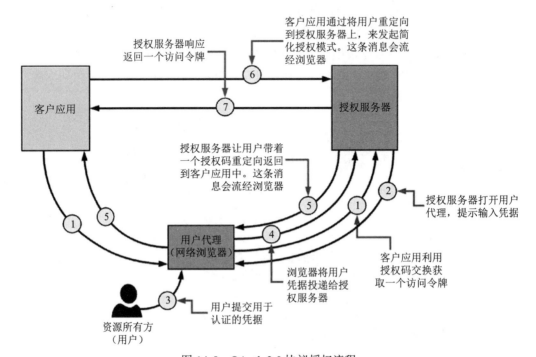

图 14-5　OAuth 2.0 协议授权流程

　　这既不是 OAuth 2.0 协议的缺陷，也不是谷歌对其实现方面的问题。网络钓鱼是网络空间中的一种严重威胁。这是否意味着除了适当的用户培训，就没有其他方法能够阻止此类攻击了呢？未来，谷歌可以做一些基础性工作来阻止此类攻击发生。通过观察许可界面我们看到，"谷歌文档"是此处用于获取用户信任的关键词。当在谷歌中创建一个 OAuth 2.0 协议应用时，你可以随意选择任何名称。这个信息能够帮助攻击者对用户进行误导。谷歌可以轻易地过滤已知名称，并且阻止应用开发人员通过选择名称来欺骗用户。

　　另一个重要问题是，谷歌不会再许可页面上显示应用程序的域名（仅仅显示应用名称）。在许可页面上突出显示域名，能够提示用户正在前往的目标位置。同时，应用程序的图标也会误导用户。在这里，攻击者故意选择谷歌驱动图标。如果这些 OAuth 应用在公开发布之前都能经过一个审批流程，那么就能阻止这类不幸事件的发生。Facebook 已经采用了这样的一个流程。当你创建一个 Facebook 应用时，起初只有应用程序所有者可以登录——要将其公开发布，它必须经过一个审批流程。

G 套件（G Suite）在企业中得到了广泛应用。谷歌能够赋予域管理员对白名单更多的控制权限，即域用户可以利用企业凭据访问哪些应用。这种做法能够防止用户遭受网络钓鱼攻击，以及在未察觉的情况下将公司重要文档的访问权限分享给第三方应用。

针对谷歌公司的网络钓鱼攻击，对于评估和思考在不同的 OAuth 流程中应该如何应用网络钓鱼防御技术来说，是一个很好的警示。例如，谷歌 Chrome 浏览器安全团队在针对无效证书设计 Chrome 警告页面时付出了相当多的努力。哪怕是选择颜色、文本对齐方式以及显示图标方面，他们都进行了大量的调查研究。当然，在与网络钓鱼作斗争方面，谷歌公司将提出更多更聪明的想法。

14.9　总结

❑ OAuth 2.0 协议已经成为满足现实生产应用场景需求的访问代理方面事实上的标准。围绕该协议构建了一个巨大的生态系统——在大量应用的情况下。

❑ 无论何时使用 OAuth 协议，你应该确保遵循安全最佳实践，并且始终使用经过验证的库和产品，这些产品已经充分考虑到执行最佳实践。

❑ IETF 组织 OAuth 协议工作组所发布的 OAuth 2.0 协议威胁模型与安全意见（RFC 6819），在 OAuth 2.0 协议规范中的安全相关内容之上，基于一个综合的威胁模型针对 OAuth 2.0 协议定义了额外的安全考量。

❑ 截止本书写作时，OAuth 2.0 协议当前最佳安全实践文档还是一份草拟提案，它具体讨论了在 RFC 6819 文档发布之后新出现的 OAuth 2.0 协议相关威胁。

❑ 为了构建金融级别的应用，OpenID 基金会下的金融级别 API（Financial-grade API，FAPI）工作组已经针对如何以一种安全的方式使用 OAuth 2.0 协议发布了一系列指导文件。

第 15 章

模式与实践

本章将介绍一系列用于解决某些最常见企业安全问题的 API 安全模式。

15.1　利用可信子系统进行直接认证

假设一个中等规模的企业拥有很多 API。当受到公司防火墙保护时，公司员工可以通过一个网络应用来访问这些 API。所有用户数据都存放在微软活跃目录（Active Directory，AD）中，而网络应用会直接连接到活跃目录上来对用户进行认证。网络应用会通过将登录用户的标识符传递给后端 API，来获取用户相关数据。

问题并不复杂，而图 15-1 展示了解决方案。你需要采用某种直接认证模式。用户认证在前端网络应用上进行，而在用户通过认证之后，网络应用就需要访问后端 API。这里的关键之处在于，网络应用会将登录用户的标识符传递给 API。这就意味着，网络应用需要以一种用户能够感知的方式来调用 API。

由于网络应用和 API 在同一个可信域，因此我们只在网络应用上对终端用户进行认证，而后端 API 会信任从网络应用传递给它们的任何数据。这被称为可信子系统模式。网络应用承担了可信子系统的角色。在这种情况下，保护 API 的最佳方式是通过相互传输层安全（mutual Transport Layer Security，mTLS）协议。网络应用所生成的所有请求都由 mTLS 协议进行保护，因此只有网络应用能够访问 API（详见第 3 章）。

有人因为 TLS 协议增加的开销而抵触使用它，并且依赖于构建一个受控环境，在该环境中，网络应用和承载 API 的容器之间的安全性在网络层得到控制。网络层安全必须保证，只有网络应用服务器能够与承载 API 的容器进行交互。这被称为信任网络模式，而随着时间的推移，它已经成为一种反面模式。与信任网络模式相反的，是零信任网络。在零信任网络模式中，我们不会信任网络。当对网络不信任时，我们需要确保在靠近资源（或者说在我们的示例中，指的是 API）的地方进行安全检查。这里，利用 mTLS 协议来保护 API 是最理想的解决方案。

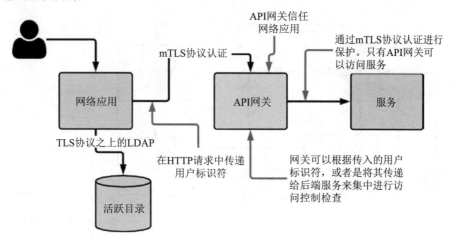

图 15-1　利用可信子系统模式实现直接认证

15.2　利用代理访问控制实现单点登录

假设一个中等规模的企业拥有很多 API。在公司防火墙的保护下，公司员工可以通过一个网络应用来访问这些 API。所有用户数据都存放在微软活跃目录中，而所有的网络应用都连接在一个身份提供方上，该身份提供方支持利用安全断言标记语言（Security Assertion Markup Language，SAML）2.0 标准对用户进行认证。网络应用需要以登录用户的身份来访问后端 API。

这里的关键之处在于最后一句话："网络应用需要以登录用户的身份来访问后端 API。"这表明需要一个访问授权协议，即 OAuth 2.0 协议。然而，用户并不直接向网络应用展示他们的凭据——他们通过一个采用 SAML 2.0 标准的身份提供方进行认证。

在这种情况下，你需要找到一种利用网络应用通过 SAML 2.0 Web SSO 协议获取的 SAML 令牌来交换获取一个 OAuth 访问令牌的方法；OAuth 2.0 协议 SAML 授权模式规范（详见第 12 章）定义了这种方法。在网络应用收到 SAML 令牌之后（如图 15-2 的步骤 3 中所示），它必须通过与 OAuth 2.0 协议授权服务器进行交互，利用 SAML 令牌来交换获取一个访问令牌。

授权服务器必须信任 SAML 2.0 协议身份提供方。在网络应用获取访问令牌之后，它可以利用该令牌来访问后端 API。OAuth 2.0 协议 SAML 授权模式并不会提供更新令牌。

OAuth 2.0 协议授权服务器所发放访问令牌的生命周期必须和授权过程中所用 SAML 令牌的生命周期相互匹配。

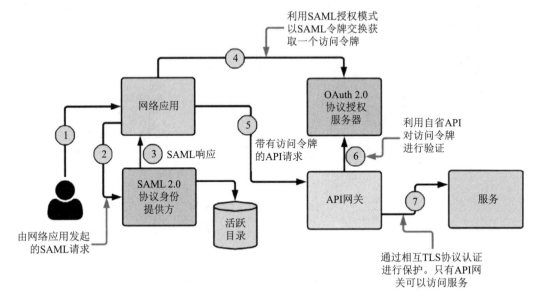

图 15-2　利用代理访问控制模式实现单点登录

在用户利用一个有效 SAML 令牌登录网络应用之后，网络应用将从那时起为用户创建一个会话，并且它并不关注 SAML 令牌的生命周期。这种做法可能会导致一些问题。比方说，SAML 令牌已经过期，但用户仍然在网络应用中拥有一个有效的浏览器会话。因为 SAML 令牌已经过期了，所以你希望的是在用户登录时所获取的对应 OAuth 2.0 协议访问令牌同时也过期。这时，如果网络应用视图访问一个后端 API，那么由于访问令牌已经过期，因此请求将被拒绝。在这种场景中，网络应用必须将用户重定向返回到 SAML 2.0 协议身份提供方，获取一个新的 SAML 令牌，然后利用该令牌来交换获取一个新的访问令牌。如果 SAML 2.0 协议身份提供方上的会话仍然存在，那么这个重定向过程可以对终端用户透明。

15.3　利用集成 Windows 身份认证实现单点登录

假设一个中等规模的企业拥有很多 API。在公司防火墙的保护下，公司员工可以通过一个网络应用来访问这些 API。所有用户数据都存放在微软活跃目录中，而所有的网络应用都连接在一个 SAML 2.0 协议身份提供方上来对用户进行认证。网络应用需要以登录用户的身份来访问后端 API。所有用户都在一个 Windows 域中，而在登录工作站之后，就不应该要求他们在任何时候为任何其他应用提供凭据。

　　这里的关键之处在于"所有用户都在一个 Windows 域中，而在登录工作站之后，就不应该要求他们在任何时候为任何其他应用提供凭据。"

　　你需要对我们在使用通过代理访问控制模式（第二种模式）实现的单点登录（Single Sign-On，SSO）的过程中所提供的解决方案进行扩展。在那种情况下，用户利用其活跃目录用户名和口令来登录 SAML 2.0 协议身份提供方。在这里，这是不可接受的。相反，你可以利用集成 Windows 认证（Integrated Windows Authentication，IWA）来保护 SAML 2.0 协议身份提供方。当你将 SAML 2.0 协议身份提供方配置为使用 IWA 时，那么在用户被重定向到身份提供方处进行认证之后，身份提供方将自动对用户进行认证。与在利用代理访问控制模式实现 SSO 的情况一样，一条 SAML 响应将被传递给网络应用。流程的剩余部分保持不变。

15.4　利用代理访问控制实现身份代理

　　假设一个中等规模的企业拥有很多 API。企业员工以及来自可信方的员工可以通过网络应用来访问这些 API。所有内部的用户数据都存放在微软活跃目录中，而所有的网络应用都连接在一个 SAML 2.0 协议身份提供方上来对用户进行认证。网络应用需要以登录用户的身份来访问后端 API。

　　这种应用场景是对使用通过代理访问控制模式实现 SSO 过程的一种扩展。这里的关键之处在于"企业员工以及来自可信方的员工，可以通过网络应用来访问这些 API。"现在，你必须跨越公司域的边界。图 15-2 中的所有部分都保持不变。唯一需要做的是更改 SAML 2.0 协议身份提供方处的认证机制（详见图 15-3）。

　　不管终端用户在哪个域，客户网络应用只信任自己域中的身份提供方。内部和外部用户首先会被重定向到内部（或本地）SAML 身份提供方上。本地身份提供方应该为用户提供相关选项来选择是使用他们的用户名和口令进行认证（针对内部用户），还是他们对应的域。之后，身份提供方可以将用户重定向到在外部用户主域中运行的对应身份提供方。这时，外部身份提供方会向内部身份提供方返回一条 SAML 响应。

　　外部身份提供方对这个 SAML 令牌进行签名。如果签名有效，而且来自一个可信的外部身份提供方，那么内部身份提供方将向调用应用程序发放一个由自己签名的新 SAML 令牌。之后，流程将按照如图 15-2 所示的方向继续。

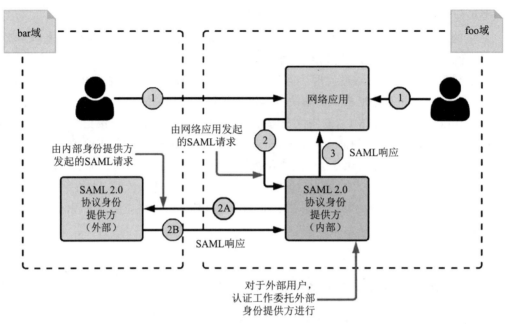

图 15-3　利用代理访问控制模式实现身份代理

> **注**　采用这种方法的一个好处是，内部应用只需要信任自己的身份提供方。身份提供方负责处理和域外其他身份提供方之间的信任代理问题。在这个场景中，外部身份提供方同样采用 SAML 标准，但并不能期望总是如此。还有支持其他协议的身份提供方。在这种情况下，内部身份提供方必须能够在不同协议之间转换身份断言。

15.5　利用 JSON Web 令牌实现代理访问控制

　　假设一个中等规模的企业拥有很多 API。在位于公司防火墙后面的时候，公司员工可以通过网络应用来访问这些 API。所有用户数据都存放在微软活跃目录中，而所有的网络应用都连接在一个 OpenID Connect 协议身份提供方上来对用户进行认证。网络应用需要以登录用户的身份来访问后端 API。

　　同时，这个应用场景也是对通过代理访问控制模式实现 SSO 的一种扩展。这里的关键之处在于"所有的网络应用都连接在一个 OpenID Connect 协议身份提供方上来对用户进行认证。"你需要利用一个 OpenID Connect 协议身份提供方来替换图 15-2 中所示的 SAML 身份提供方（如图 15-4 所示）。同时，这也就意味着需要一个访问授权协议（OAuth）。

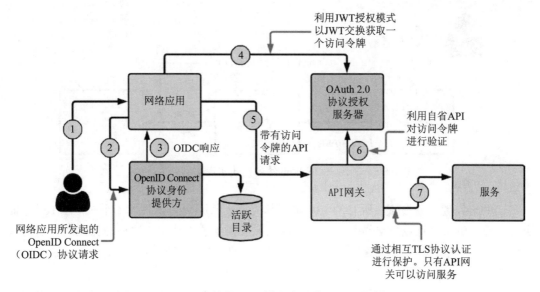

图 15-4　利用 JWT 模式实现代理访问控制

　　然而在这种情况下，用户并不直接向网络应用出示自己的凭据；相反，他们通过一个 OpenID Connect 协议身份提供方进行认证。因此，你需要找到一种利用 OpenID Connect 协议认证过程中收到的 ID 令牌交换获取一个 OAuth 访问令牌的方式，这种方式在 OAuth 2.0 协议 JWT 授权模式规范（第 12 章）中进行了定义。当网络应用在步骤 3 中收到 ID 令牌（该令牌同时也是一个 JWT）之后，它必须通过与 OAuth 2.0 协议授权服务器进行交互，来利用它交换获取一个访问令牌。授权服务器必须信任 OpenID Connect 协议身份提供方。当网络应用获取访问令牌时，它就可以利用该令牌来访问后端 API。

> **注** 当能够在获取 ID 令牌的同时获取一个访问令牌时，为什么有人会利用在 OpenID Connect 协议交互过程中得到的 ID 令牌来交换获取一个访问令牌？当 OpenID Connect 协议服务器和 OAuth 授权服务器相同时，并不需要进行这一操作。否则，你必须采用 OAuth 2.0 协议 JWT 无记名授权模式，并利用 ID 令牌交换获取一个访问令牌。访问令牌颁发者必须信任 OpenID Connect 协议身份提供方。

15.6　利用 JSON Web 签名实现不可否认性

　　假设金融行业中的一家中等规模企业需要通过一个移动应用来向其顾客开放一个 API（如图 15-5 所示）。一个主要的需求是，所有的 API 调用都应该支持不可否认性。

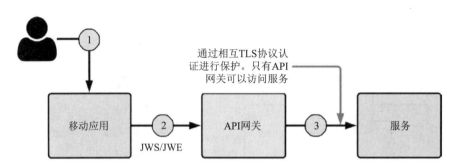

图 15-5 利用 JSON Web 签名模式实现的不可否认性

这里的关键之处在于"所有的 API 调用都应该支持不可否认性"。当一个 API 通过证明自己的身份来进行业务交易时，你之后应该无法拒绝或否认它。这种确保无法否认的特性称为不可否认性。总体说来，你进行一次操作，那么就永远拥有它的记录（详细内容请参考第 2 章）。

不可否认性应该以一种不可伪造的方式提供数据来源和完整性证明，第三方可以随时对其进行验证。在发起交易之后，为了保证交易的完整性且便于后续验证，其任何内容，包括用户身份、日期、时间以及交易细节，在传输期间都不应该被修改。不可否认性必须确保交易在提交和确认之后，在不被修改的情况下记录下来。

日志必须存档并妥善保护，以防止未授权修改。无论何时出现否认纠纷，我们都可以通过检索交易日志以及其他日志或数据来对发起方、日期、时间、交易历史等信息进行验证。不可否认性是通过签名的方式实现的。我们应该利用一个只有终端用户知道的密钥来对每条消息进行签名。

在本例中，金融机构必须向它的每个客户发放一个密钥对，该密钥对需要由处于其控制下的证书颁发机构进行签名。它应该只存储相应的公共证书，而不包含私钥。用户可以在其移动设备上安装私钥，并使其对移动应用程序可用。移动应用所生成的所有 API 调用都必须由用户私钥进行签名，并由金融机构的公钥进行加密。

要对消息进行签名，移动应用可以使用 JSON Web 签名（参考第 7 章）；而要进行加密，它可以使用 JSON Web 加密（参考第 8 章）。当针对同一个负载同时使用签名和加密时，为了实现合法接受，必须首先对消息进行签名，然后再对经过签名的负载进行加密。

15.7 链式访问代理

假设一家出售瓶装水的中等规模公司拥有一个可以用来对一个注册用户消耗的水量进行更新的 API（Water API）。任何注册用户都可以通过任何客户应用访问 API。它可以是一个安卓应用、一个 iOS 应用乃至一个网络应用。

公司只负责提供 API——任何人都可以开发客户应用来使用它。Water API 的所有用户数据都存放在微软活跃目录中。客户应用应该无法直接访问 API，进而获取用户的相关信息。只有 Water API 的注册用户可以对其进行访问。这些用户应该只能看到自己的信息。同时，针对一个用户所做的每一次更新操作，Water API 必须对 MyHealth.org 网站上维护的用户状态监控记录进行更新。同时，用户在 MyHealth.org 网站上还拥有一个个人记录，而该网站也开放了一个 API（MyHealth API）。Water API 必须通过以用户的身份调用 MyHealth API 来对用户记录进行更新。

总而言之，一个移动应用会以终端用户的身份访问 Water API，然后 Water API 必须以终端用户的身份访问 MyHealth API。Water API 和 MyHealth API 在两个独立的域中。这就表明需要一个访问代理协议。

同样，这里的关键之处在于"Water API 必须同时对 MyHealth.org 网站上维护的用户状态监控记录进行更新。"这个问题有两种解决方案。在第一个解决方案中，终端用户必须从 MyHealth.org 网站获取一个针对 Water API 的访问令牌（Water API 充当了 OAuth 客户的角色），Water API 必须在内部根据用户名称来存储令牌。无论何时用户通过一个移动应用向 Water API 发送一条更新请求，WaterAPI 会首先更新自己的记录，然后找到与终端用户对应的 MyHealth 访问令牌，并利用它访问 MyHealth API。如果使用这种方法，Water API 将承担存储 MyHealth API 访问令牌的开销，并且它应该在需要时刷新访问令牌。

第二种解决方案如图 15-6 所示。它是围绕 OAuth 2.0 协议令牌代理配置（参考第 9 章）构建的。要以终端用户的身份访问 Water API，移动应用必须携带一个有效的访问令牌。在步骤 3 中，Water API 通过与自己的授权服务器进行交互来对访问令牌进行验证。之后在步骤 4 中，Water API 利用它从移动应用获取的访问令牌来交换获取一个 JWT 访问令牌。作为一个特殊的访问令牌，JWT 访问令牌忽视了一些有意义的数据，并且由 Water API 所在域中的授权服务器进行签名。JWT 包含了终端用户的本地标识符（与 Water API 相对应），及其在 MyHealth 域中的映射标识符。终端用户必须允许在 Water API 所在域中执行此操作。

在步骤 6 中，Water API 利用 JWT 访问令牌来访问 MyHealth API。MyHealth API 通过与自己的授权服务器进行交互，来对 JWT 访问令牌进行验证。它会对签名进行验证，如果它是由一个可信实体签名的，那么访问令牌将被视为有效。

因为 JWT 包含了来自 MyHealth 域的映射用户名称，所以它可以找到对应的本地用户记录。然而这将会引发一个安全问题。如果你允许用户利用映射的 MyHealth 标识符对 Water API 所在域中自己的个人资料进行更新，那么他们可以将其映射到任何用户标识符上，而这会导致安全漏洞。为了避免这一问题发生，账户映射步骤必须通过 OpenID Connect 协议认证进行保护。当用户想要添加 MyHealth 账户标识符时，Water API 域将发起 OpenID Connect 协议认证流程，并收到对应的 ID 令牌。之后，账户映射过程将通过 ID 令牌中的用户标识符来完成。

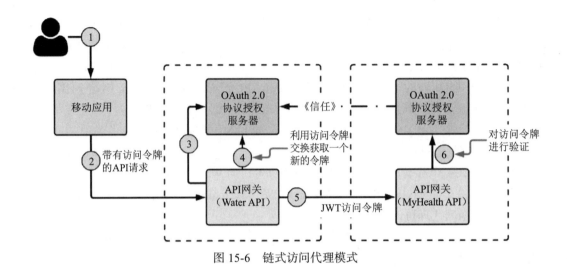

图 15-6　链式访问代理模式

15.8　可信主访问代理

假设一个大型企业拥有很多 API。API 在不同的部门中进行托管，而由于不同部署环境中供应商的不兼容性，每个部门都运行了自己的 OAuth 2.0 协议授权服务器。在受公司防火墙保护时，不管属于哪个部门，公司员工都可以通过网络应用来访问这些 API。

所有用户数据都存储在中央活跃目录中，而所有网络应用都连接到一个中央 OAuth 2.0 协议授权服务器（该服务器同时支持 OpenID Connect 协议）来对用户进行认证。网络应用需要以登录用户的身份访问后端 API。这些 API 可能来自不同的部门，其中每个部门都有自己的授权服务器。同时，公司还拥有一个中央 OAuth 2.0 协议授权服务器，而拥有一个中央授权服务器所发放访问令牌的员工，必须能够访问任何部门中的任何 API。

这种应用场景也是对使用通过代理访问控制模式实现 SSO 过程的一种扩展版本。你拥有一个主 OAuth 2.0 协议授权服务器以及一组次级授权服务器。利用一个主授权服务器所发放的访问令牌，我们应该能够访问任何处于次级授权服务器控制之下的 API。换句话说，利用返回给网络应用的访问令牌（如图 15-7 中的步骤 3 所示），我们应该能够访问任何 API。

为了让这一过程成为可能，你需要使访问令牌实现自包含。理论上，你应该将一个带有 iss（issuer，颁发者）字段的 JWT 作为访问令牌。在步骤 4 中，网络应用利用访问令牌对 API 进行访问，而在步骤 5 中，API 通过与自己的授权服务器进行交互来验证令牌。授权服务器可以通过查看 JWT 头部来检查这个令牌的颁发者是自己还是一个不同的服务器。如果是主授权服务器发放了这个令牌，那么次级授权服务器可以通过与主授权服务器的

OAuth 自省端点进行交互来获取更多令牌相关信息。自省响应消息具体说明了令牌是否活跃，并确定了令牌相关范围。利用自省响应消息，次级授权服务器可以构造一条扩展访问控制标记语言（eXtensible Access Control Markup Language，XACML）请求消息，并访问一个 XACML 策略决策点（Policy Decision Point，PDP）。如果 XACML 响应消息被判定为允许，那么网络应用可以访问 API。然而，不管 XACML 多么强大，它在定义访问控制策略方面有一点复杂。你也可以关注开放政策代理（Open Policy Agent，OPA）项目，该项目最近在创建细粒度访问控制策略方面相当流行。

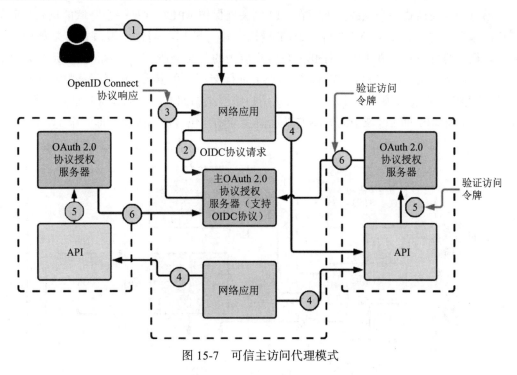

图 15-7　可信主访问代理模式

15.9　利用代理访问控制实现资源安全令牌服务

假设一个国际组织拥有一些 API，而 API 用户分布在不同的地区。每个地区都独立于其他地区运作。目前，客户和 API 都不安全。你需要在不对 API 或客户端进行任何更改的情况下保护 API。

解决方案是基于软件工程中的一个简单理论提出来的：引入一个间接层可以解决任何问题。你需要引入两个拦截器。其中一个位于客户所在区域中，客户所生成的所有不安全消息都将被拦截。另一个拦截器位于 API 所在区域中，所有 API 请求都将被拦截。除了这个拦截器之外，其他组件都无法以不安全的方式来访问 API。

我们可以在网络层执行这一限制策略。外界生成的任何请求都只有通过 API 拦截器才能抵达 API 的路径。可能你会在同一台物理主机中部署 API 拦截器和 API。这个组件也可以被称为策略执行点（Policy Enforcement Point，PEP）或 API 网关。PEP 会对所有传入 API 请求的安全性进行验证。客户所在区域中拦截器的作用是向客户所生成的非安全消息中添加必要的安全参数，并将其发送给 API。利用这种方式，你就可以在不对客户或 API 端进行更改的请求下保护 API。

不过，你还面临一个挑战。如何在 API 网关处保护 API？这是一个跨域的场景，而最直接的选择就是采用 OAuth 2.0 协议 JWT 授权模式。图 15-8 阐释了解决方案是如何实现的。拦截器组件将在步骤 1 中，捕获来自客户应用的非安全请求。之后，它必须与自己的安全令牌服务（Security Token Service，STS）进行交互。在步骤 2 中，拦截器利用 OAuth 2.0 协议客户凭据授权模式，使用一个默认用户账号来访问 STS。STS 将对请求进行认证，并发放一个将 API 所在区域中的 STS 作为令牌受众的自包含访问令牌（即一个 JWT）。

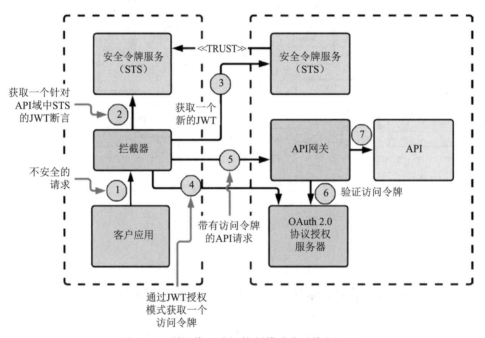

图 15-8　利用代理访问控制模式实现资源 STS

在步骤 3 中，客户侧的拦截器遵循我们在第 9 章所讨论的 OAuth 2.0 协议令牌代理配置，利用 JWT 令牌对 API 所在区域中的 STS 进行认证，并获取一个新的 JWT 令牌。新 JWT 的受众，是在 API 所在区域中运行的 OAuth 2.0 协议授权服务器。在发放新的 JWT 之前，API 所在区域中的 STS 必须对其签名进行验证，检查它的签名方是否是一个可信实体。

要实现这一过程，API 所在区域中的 STS 必须信任客户端的 STS。OAuth 2.0 协议授权服务器只信任自己的 STS。这就是需要步骤 4 的原因。步骤 4 发起 OAuth 2.0 协议 JWT 授权模式流程，客户拦截器将利用 API 所在区域的 STS 所发放的 JWT 来交换获取一个访问令牌。之后在步骤 5 中，它利用这个访问令牌来访问 API。

API 所在区域中的 PEP 会拦截请求，并通过访问授权服务器来对访问令牌进行验证。如果令牌有效，那么 PEP 将允许请求抵达 API（步骤 7）。

15.10　以线上无凭据的方式实现代理访问控制

假设一个公司想要向其员工开放一个 API。然而，用户凭据绝对不能进行线上传递。这是一个简单的问题，它拥有一个同样简单的解决方案。OAuth 2.0 协议无记名令牌和 HTTP 基本认证，都是在线上携带用户凭据。尽管这两种方法都会采用 TLS 协议进行保护，但某些公司仍然会对在通信信道上传送用户凭据表示担忧——或者换句话说，线上传送无记名令牌。

你有几个选择：可以选择使用 HTTP 摘要认证，或者是 OAuth 2.0 协议 MAC 令牌（附录 G）。使用 OAuth 2.0 协议 MAC 令牌是一种更好的方法，因为访问令牌是针对每个 API 生成的，而必要时用户也可以在不修改口令的情况下撤销令牌。然而，OAuth 2.0 协议 MAC 令牌配置尚未成熟。另一种方法是我们在第 11 章所讨论的带有令牌绑定的 OAuth 2.0 协议。尽管我们在那里使用的是无记名令牌，但通过令牌绑定，我们可以将令牌绑定到底层的 TLS 协议信道上，这样一来就没有人能够将令牌导出，并在其他任何地方使用。

为了解决这一问题，IETF 组织 OAuth 工作组还针对几个草拟提案进行了讨论。OAuth 2.0 相互 –TLS 协议客户认证与证书绑定访问令牌就是其中之一（参见网址 https://tools.ietf.org/html/draft-ietf-oauth-mtls-17）。

15.11　总结

❑ API 安全是一个不断发展的主题。

❑ 越来越多的标准和规范正在不断涌现，而其中大部分都是围绕 OAuth 2.0 协议核心规范构建的。

❑ 围绕 JSON 格式的安全是另一个不断发展的领域，IETF 组织 JOSE 工作组目前正在对其开展研究。

❑ 如果想要在本书的基础上继续学习，那么强烈建议你持续关注 IETF 组织 OAuth 工作组、IETF 组织 JOSE 工作组、OpenID 基金会以及 Kantara Initiative 公司。

Appendix 附录

附录 A　身份委托技术的发展历程

　　身份委托在保护 API 方面发挥了重要作用。如今网上大部分资源都是通过 API 来对外开放的。Facebook API 开放了 Facebook 涂鸦墙服务，推特 API 开放了推特提要服务，Flickr API 开放了 Flickr 照片服务，谷歌日历 API 开放了谷歌日历服务，等等。你可能是某个资源（Facebook 涂鸦墙，推特提要等）的所有者，但并不是一个 API 的直接用户。可能有第三方想要以你的身份来访问一个 API。例如，一个 Facebook 应用可能会想要以你的身份来导入你的 Flickr 照片。与一个想要以你的身份来访问你所拥有资源的第三方分享凭据，这是一种反面模式。2006 年之前开发的基于网络的应用和 API 大都采用凭据共享的方式来实现身份委托。2006 年之后，很多厂商都开始开发解决这个问题的独有方法，而不再使用凭据共享的方式。雅虎网站的 BBAuth 技术、谷歌公司的 AuthSub 协议和 Flickr 认证技术是一些流行的实现方案。

　　典型的身份委托模型中有三个主要角色：委托方、代理方以及服务提供方。委托方拥有资源，因而也被称为资源所有方。代理方想要以委托方的身份来访问一个服务。委托方为代理方指定一组有限的权限，使其能够访问服务。服务提供方负责托管受保护的服务，并对委托的合法性进行验证。同时，服务提供方也被称为资源服务器。

A.1　直接委托和代理委托

　　让我们退后一步，看一个真实的例子（详见图 A-1）。Flickr 是一个流行的照片存储与分享云端服务。Flickr 所存储的照片是资源，而 Flickr 是资源服务器或服务提供方。假设你拥有一个 Flickr 账号：你是自己账号中照片资源的所有方（或者是委托方）。同时，你还拥有一个 Snapfish 账号。Snapfish 是惠普公司所拥有的一个基于网络的照片分享与照片打印服务。如何在 Snapfish 中打印自己的 Flickr 照片呢？要完成这一操作，Snapfish 必须首先从 Flickr 中导入这些照片，并且应该拥有完成这一操作的权限，这些权限应该由你为 Snapfish 分配。你是委托方，而 Snapfish 是代理方。如果没有导入照片的权限，那么 Snapfish 将无法对你的 Flickr 照片执行以下任何操作：

- ❑ 访问你的 Flickr 账号（包括私密内容）。
- ❑ 对账号中的照片和视频进行上传、编辑和替换操作。
- ❑ 与其他成员的照片和视频进行交互（评论、添加标记、收藏）。

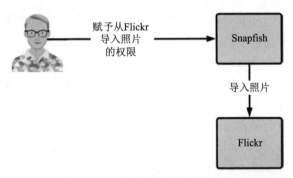

图 A-1　直接委托。资源所有方为客户应用分配权限

现在，Snapfish 可以利用分配的权限，以你的身份访问你的 Flickr 账号。这个模型被称为直接委托：委托方直接为一个代理方分配一个权限子集。另一个模型被称为间接委托：委托方首先委托一个中间代理方，该代理方再委托另一个代理方。这种模型也被称为代理委托（详见图 A-2）。

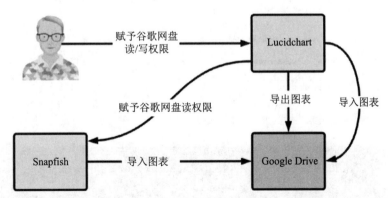

图 A-2　代理委托。资源所有方为一个中间应用分配权限，该应用为另一个应用分配权限

假设你拥有一个 Lucidchart 账号。Lucidchart 是一个基于云端的设计工具，可以用于绘制各种各样的图表。同时，它也可以和谷歌网盘集成使用。从你的 Lucidchart 账号中，你

可以选择将已完成的图表发布到谷歌网盘中。要完成这一操作，Lucidchart 需要以你的身份访问谷歌网盘的权限，因此你需要为 Lucidchart 分配相关权限。如果你想要在 Lucidchart 中打印某些内容，它会调用 Snapfish 打印 API。Snapfish 需要访问你的谷歌网盘中存储的图表。Lucidchart 必须将你为其赋予的一部分权限分配给 Snapfish。尽管你为 Lucidchart 分配了读 / 写权限，但为了让 Snapfish 访问你的谷歌网盘并打印所选图片，Lucidchart 只能将读权限分配给 Snapfish。

A.2　发展历程

身份委托的现代历程可以划分为两个阶段：2006 年之前和 2006 年之后。2006 年之前，主要是靠凭据共享的方式推动身份委托发展。推特、SlideShare 网站以及几乎所有网络应用都利用凭据共享的方式来访问第三方 API。正如图 A-3 所示，在 2006 年之前，当你创建一个推特账号时，推特会请求你输入电子邮箱账号凭据，这样它就可以访问你的电子邮箱地址通讯录，并邀请你的好友一同加入推特。有趣的是，它通过显示消息"我们不会留存你的登录信息，你的口令会以安全的方式进行提交，同时我们不会在未经许可的情况下发送电子邮件"来赢得用户信任。但如果推特想要读取你的所有邮件，或者是对你的电子邮箱账号进行操作，它可以轻而易举地做到。

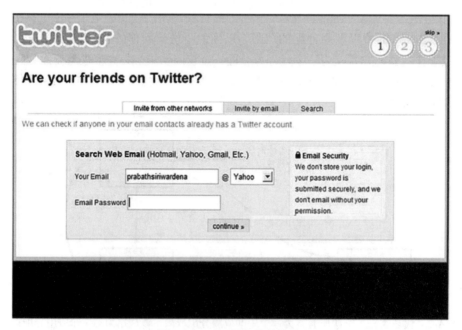

图 A-3　2006 年之前的推特

SlideShare 网站进行同样的操作。SlideShare 是一个用于幻灯片存储与展示的云端服务。

在 2006 年之前,如果想要将 SlideShare 网站中的一张幻灯片发布到博客上,你必须将你的博客用户名和口令传给 SlideShare 网站,如图 A-4 所示。SlideShare 网站利用博客凭据来访问其 API,进而将所选幻灯片发布到你的博客上。如果 SlideShare 网站有所企图,它可以篡改已发布的博客文章,删除这些内容,等等。

图 A-4　2006 年之前的 SlideShare 网站

这只是两个例子。在 2006 年之前,全都是这样的应用。2006 年 4 月发布的谷歌日历,也采用了一种类似的方式。任何想要在你的谷歌日历中创建一个事件的第三方应用,首先必须请求你的谷歌凭据,之后利用它们来访问谷歌日历 API。这种做法在互联网社区中是不可容忍的,谷歌被迫创造了一种新的,当然也是更好的方式来保护其 API。因此,谷歌在 2006 年年底推出了谷歌 AuthSub 协议,开启了身份委托发展历程的新阶段。

1. 谷歌 ClientLogin 协议

在其部署的早期阶段,谷歌数据 API 通过两个非标准安全协议进行保护:ClientLogin 协议和 AuthSub 协议。ClientLogin 协议旨在由已安装应用程序使用。已安装应用程序可以是简单的桌面应用、移动应用,但不能是网络应用。对于网络应用来说,建议采用的方式是 AuthSub 协议。

 注　完整的谷歌 ClientLogin 协议文档在以下网址中提供 https://developers.google. com/accounts/docs/AuthForInstalledApps。截止到 2012 年 4 月 20 日,ClientLogin API 已被弃用。根据谷歌弃用策略,它在 2015 年 4 月 20 日之前都会执行同样的操作。

如图 A-5 所示,谷歌 ClientLogin 协议采用口令共享的身份委托方案。在第一个步骤中,用户必须与已安装应用程序分享他的谷歌凭据。之后,已安装应用程序利用凭据创建一个请求令牌,随后它会访问谷歌账号授权服务。在验证之后,一个验证码挑战将以响应的形式发送返回。用户必须响应验证码，并由谷歌账号授权服务进行再次验证。在用户验证成功之后，服务将会为应用发放一个令牌。之后，应用可以利用令牌对谷歌服务进行访问。

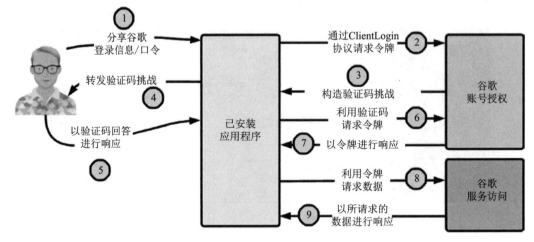

图 A-5　谷歌 ClientLogin 协议

2. 谷歌 AuthSub 协议

在 2006 年之后的阶段中，建议使用谷歌 AuthSub 协议作为通过网络应用访问谷歌 API 的认证协议。与 ClientLogin 协议不同，AuthSub 协议并不要求凭据共享。用户并不需要为第三方网络应用提供凭据，相反，他们会直接向谷歌提供凭据，而谷歌会与第三方网络应用分享一个带有一个有限权限集合的临时令牌。第三方应用会利用临时令牌来访问谷歌 API。图 A-6 对协议流程进行了详细讲解。

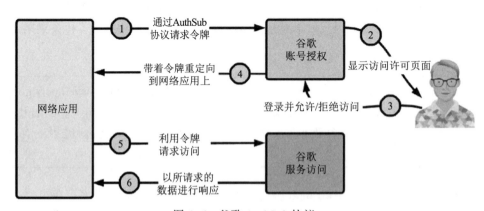

图 A-6　谷歌 AuthSub 协议

终端用户通过访问网络应用来发起协议流程。用户通过网络应用，带着一条 AuthSub

协议请求重定向到谷歌账号授权服务器上。谷歌会通知用户应用程序所请求的访问权利（或者是权限），用户可以通过登录来对请求表示许可。在用户允许之后，谷歌账号授权服务为网络应用提供一个临时令牌。现在，网络应用可以利用临时令牌来访问谷歌 API。

3. Flickr 服务认证 API

Flickr 是雅虎旗下一款流行的图像 / 视频托管服务。Flickr 于 2004 年发布（在 2005 年被雅虎收购之前），而到 2005 年，它通过一个公开 API 开放其服务。它是当时为数不多拥有公共 API 的公司之一，这甚至比谷歌日历 API 还早。2006 年之前，Flickr 是为数不多的几个采用无凭据共享身份委托模型的应用程序之一。之后大部分实现都深受 Flickr 认证 API 的影响。与谷歌 AuthSub 协议或 ClientLogin 协议不同，Flickr 模型是基于签名的。每条请求都应该由应用程序利用其应用秘密进行签名。

4. 雅虎基于浏览器的认证流程（BBAuth）

于 2006 年 9 月推出的雅虎 BBAuth 协议，是一种用于允许第三方应用程序利用一个有限权限集合对雅虎数据进行访问的通用方式。雅虎照片和雅虎邮件是两个首先支持 BBAuth 协议的服务。与谷歌 AuthSub 协议类似，BBAuth 协议借用了 Flickr 中所使用的相同概念（详见图 A-7）。

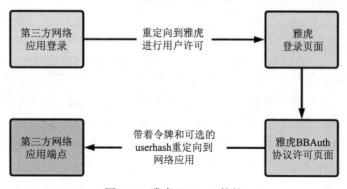

图 A-7　雅虎 BBAuth 协议

首先，用户通过访问第三方网络应用来发起流程。网络应用将用户重定向到雅虎中，在这里用户必须登录，并对来自第三方应用的访问申请表示许可。在用户允许之后，用户携带一个临时令牌，通过雅虎重定向到网络应用中。现在，第三方网络应用可以利用临时令牌，带着受限的权限访问雅虎中的用户数据。

5. OAuth 协议

谷歌 AuthSub 协议、雅虎 BBAuth 协议以及 Flickr 认证流程，都对通过发起会话来构建一个通用的标准化委托模型做出了相当大的贡献。OAuth 1.0 协议是迈向身份委托标准化的第一步。OAuth 协议的起源可以追溯到 2006 年 11 月，当时 Blaine Cook 刚刚开始为推特公司开发一款 OpenID 协议实现产品。同时，Magnolia 网站（一家社交书签网站）的 Larry Halff 也正在考虑将一个授权模型与 OpenID 协议整合到一起（大约在这个时候，OpenID 协议在 Web 2.0 社区中获得了更多的关注）。Larry 开始讨论在 Magnolia 网站中利用 OpenID 协议与推特进行交互，结果发现无法通过 OpenID 协议来授权对推特 API 的访问操作。Blaine 和 Larry，以及 Chris Messina、DeWitt Clinton 和 Eran Hammer，于 2007 年 4 月发起一个旨在创建一个标准化访问委托协议（这个协议后来就成了 OAuth 协议）的讨论组。OAuth 1.0 协议所提出的访问委托模型，与谷歌、雅虎和 Flickr 已经拥有的模型并没有显著不同。

注　OpenID 是 OpenID 基金会针对分布式单点登录所制定的一个标准。OpenID 2.0 协议最终规范详见网址 http://openid.net/specs/openid-authentication-2_0.html。

OAuth 1.0 协议核心规范于 2007 年 12 月发布。后来，在 2008 年第 73 届互联网工程任务组会议（Internet Engineering Task Force，IETF）期间，决定在 IETF 组织中制定 OAuth 协议。在 IETF 组织中建立这一标准花费了一段时间，而在 2009 年 6 月，为了解决一个与会话固定攻击[⊖]相关的安全问题，OAuth 1.0a 协议作为社区规范发布。在 2010 年 4 月，OAuth 1.0 协议在 IETF 组织中以 RFC 5849 文档的形式发布。

注　OAuth 1.0 协议社区规范参见网址 http://oauth.net/core/1.0/。OAuth 1.0a 协议参见网址 http://oauth.net/core/1.0a/。附录 B 将详细讲解 OAuth 1.0 协议。

在 2009 年 11 月互联网身份工作室（Internet Identity Workshop，IIW）会议期间，微软公司的 Dick Hardt、谷歌公司的 Brian Eaton 和雅虎公司的 Allen Tom 针对访问委托展示了一个新的草拟规范。它被称为网络资源授权配置（Web Resource Authorization Profiles，WRAP），作为构建于 OAuth 1.0 协议模型之上的规范，它的主要目的是解决其某些限制。在 2009 年 12 月，WRAP 协议彻底弃用，取而代之的是 OAuth 2.0 协议。

注　向 IETF 组织 OAuth 工作组提供的 WRAP 协议规范详见网址 http://tools.ietf.org/html/draft-hardt-oauth-01。

在 OAuth 社区和 IETF 组织工作组发布 OAuth 的同时，OpenID 社区也开始讨论一个将 OAuth 与 OpenID 整合到一起的模型。这项始于 2009 年的工作被称为 OpenID/OAuth 混合扩展（详见图 A-8）。该扩展描述了如何将一条 OAuth 许可请求嵌入一条 OpenID 认证请求中，从而实现联合用户许可。出于安全考虑，OAuth 访问令牌并不会在 OpenID 认证响应消

⊖　Session fixation, www.owasp.org/index.php/Session_fixation

息中返回。相反，该扩展提供了一种获取访问令牌的机制。

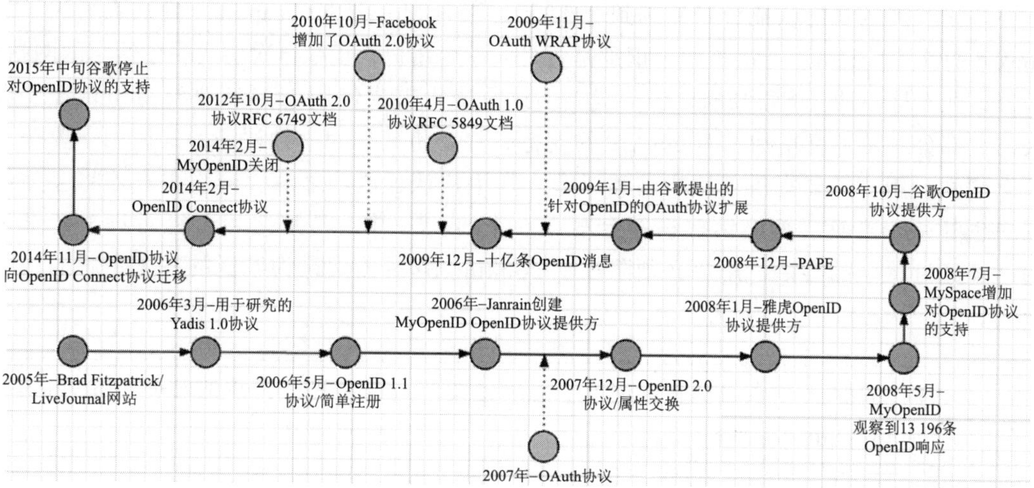

图 A-8　从 OpenID 到 OpenID Connect 的身份协议发展历程

　　OAuth 1.0 协议为访问委托提供了一个良好的基础。然而，针对 OAuth 1.0 协议的批评主要集中在它的可用性和可扩展性上。因此，IETF 组织将 OAuth 2.0 协议制定为一个授权框架，而不是一个标准协议。2012 年 10 月，OAuth 2.0 协议成为 IETF 组织中的 RFC 6749 标准。

附录 B　OAuth 1.0 协议

　　OAuth 1.0 协议是迈向身份委托标准化的第一步。在一次身份委托业务过程中，OAuth 协议包含了三个参与方。委托方，也被称为用户，将对其资源的访问权限分配给第三方。代理方，也被称为使用者，会以其用户的身份访问资源。负责托管实际资源的应用程序，也被称为服务提供方。这个术语是由 OAuth 1.0 协议规范的第一个版本在 oauth.net 中引入的。当 OAuth 协议规范引入 IETF 组织工作组中时，它发生了一些变化。在 OAuth 1.0 协议（RFC 5849）中，用户（委托方）被称为资源所有者，使用者（代理方）被称为客户，而服务提供方被称为服务器。

🗒️注　　OAuth 1.0 协议社区规范在以下网址中提供 http://oauth.net/core/1.0/，而 OAuth 1.0a 的网址是 http://oauth.net/core/1.0a/。OAuth 1.0 协议（RFC 5849）淘汰了 OAuth 1.0 协议（社区版本）和 1.0a。RFC 5849 文档在以下网址中提供 http://tools.ietf.org/html/rfc5849。

B.1 令牌应用

基于令牌的身份认证可以追溯到 1994 年，当时 Mosaic Netscape 0.9 测试版增加了对 cookie 的支持。cookie 首次被用于识别是否是同一个用户，正在再次访问一个给定的网站。尽管这并不是一种强度很高的认证形式，但这是史上首次使用 cookie 进行身份认证。后来，大部分浏览器都增加了对 cookie 的支持，并且将其作为一种认证形式使用。要登录一个网站，用户需要提供其用户名和口令。在用户认证成功之后，网络服务器将会为该用户创建一个会话，而会话标识符会写入一个 cookie 中。从那之后要针对每个请求重用已经经过认证的会话，用户必须附加上 cookie。这是使用最为广泛的基于令牌的认证形式。

 注　RFC 6265 文档在 HTTP 协议上下文中定义了 cookie 规范，详见网址 http://tools. ietf.org/html/rfc6265。

令牌：服务器所发放的唯一标识符，客户利用它来在经过认证的请求和客户请求获取或已经获取其授权的资源所有者之间建立联系。令牌拥有一个相同的共享秘密信息，客户利用它来建立对令牌的所有权，以及代表资源所有者的权限。

　　　　　　　　　　　　　　　　　——OAuth 1.0 协议 RFC 5849 文档

本附录将帮助你理解 RFC 5849 文档针对令牌所给出的正式定义。OAuth 协议会在其协议流程中的不同阶段使用令牌（详见图 B-1）。在 OAuth 1.0 协议握手过程中定义了三个主要阶段：临时凭据请求阶段、资源所有者授权阶段以及令牌凭据请求阶段。

注　OAuth 1.0 协议令牌应用过程中的所有三个阶段都必须在 TLS 协议上进行。这些令牌都是无记名令牌，因此任何将其窃取的人都可以使用它们。一个无记名的令牌和现金类似。如果你从某人身上偷了 10 美元，那么你仍然可以用这些钱在星巴克店里买咖啡，收银员并不会质疑你是否拥有这 10 美元，或者你是如何赚到这笔钱的。

1. 临时凭据请求阶段

在临时凭据请求阶段，OAuth 客户会向资源服务器中托管的临时凭据请求端点发送一条 HTTP POST 消息：

```
POST /oauth/request-token HTTP/1.1
Host: server.com
Authorization: OAuth realm="simple",
oauth_consumer_key="dsdsddDdsdsds",
oauth_signature_method="HMAC-SHA1",
```

oauth_callback="http://client.net/client_cb",
oauth_signature="dsDSdsdsdsdddsdsdsd"

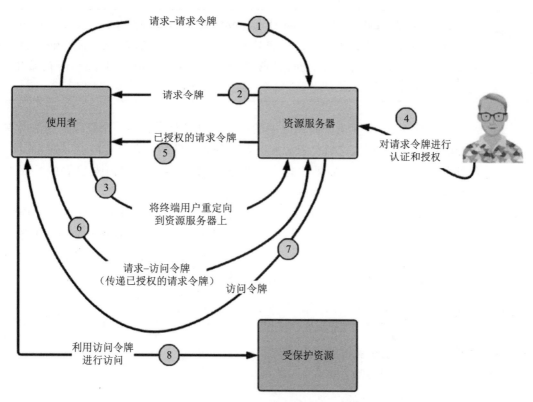

图 B-1　OAuth 1.0 协议令牌应用流程

请求中的授权头部字段，由以下参数构成：

❑ OAuth：用于标识授权头部类型的关键字。它的值必须是 OAuth。

❑ realm：一个资源服务器已知的标识符。通过观察 realm 的值，资源服务器可以确定如何对 OAuth 客户进行认证。在这里，realm 值的作用和我们在附录 F 中所讨论的 HTTP 基本认证相同。

❑ oauth_consumer_key：由资源服务器发放给 OAuth 客户的一个唯一标识符。这个密钥与一个资源服务器和客户都知道的密钥相关联。

❑ oauth_signature_method：用于生成 oauth_signature 的方法。该参数可以是 PLAINTEXT、HMAC-SHA1 或 RSA-SHA1。PLAINTEXT 表示无签名，HMAC-SHA1 表示一个用于签名的共享密钥，而 RSA-SHA1 表示一个用于签名的 RSA 私钥。OAuth 协议规范并没有指定任何签名方法。资源服务器可以根据其需求采用任何签名方法。

❑ oauth_signature：根据 oauth_signature_method 所定义的方法计算得到的签名。

🔘 注　如果使用 PLAINTEXT 作为 oauth_signature_method 的值，那么 oauth_signature 是后缀为 & 的使用者秘密信息。比方说，如果与对应 consumer_key 相关的使用者秘密信息是 Ddedkljlj878dskjds，那么 oauth_signature 的值为 Ddedkljlj878dskjds&。

❑ oauth_callback：处于客户控制之下的绝对 URI 地址。在下一个阶段，资源所有者对访问请求进行授权之后，资源服务器必须将资源所有者重定向返回到 oauth_callback URI 地址上。如果这是在资源服务器和客户之间预先建立的，那么 oauth_callback 的值应该设为 oob，以表示位于带外。

临时凭据请求对客户进行身份认证。客户必须是一个在资源服务器上进行注册的实体。客户注册流程超出了 OAuth 协议规范的范畴。临时凭据请求是由客户直接发往资源服务器的 HTTP POST 消息，而用户对这一阶段并不知晓。作为对临时凭据请求的响应，客户将获取以下内容。临时凭据请求和响应消息都必须在 TLS 协议之上传输：

```
HTTP/1.1 200 OK
Content-Type: application/x-www-form-urlencoded
oauth_token=bhgdjgdds&
oauth_token_secret=dsdasdasdse&
oauth_callback_confirmed=true
```

让我们查看一下每个参数的定义：

❑ oauth_token：一个由资源服务器所生成的标识符。这个参数的作用是在客户所构造的发往资源服务器的后续请求中，标识 oauth_token_secret 的值。这个标识符将 oauth_token_secret 和 oauth_consumer_key 链接到一起。

❑ oauth_token_secret：一个由资源服务器所生成的共享秘密信息。客户将在后续请求中，利用该参数来生成 oauth_signature。

❑ oauth_callback_confirmed：该参数必须存在，并且被设为真（true）。它能够帮助客户确认，资源服务器收到了请求中所发送的 oauth_callback。

要发起临时凭据请求阶段，客户必须首先在资源服务器上进行注册，并且拥有一个使用者密钥 / 使用者秘密对。在该阶段结束时，客户将拥有一个 oauth_token 和一个 oauth_token_secret。

2. 资源所有者授权阶段

在资源所有者授权阶段中，客户必须实现由用户或资源所有者对上个阶段中所收到的 oauth_token 进行授权。客户利用以下 HTTP GET 请求消息，将用户重定向到资源服务器上。上个阶段中所收到的 oauth_token 作为一个查询参数添加到请求中。在请求消息抵达资源服务器之后，资源服务器确定了与所提供的令牌相对应的客户，并在其登录页面上为用户显示客户名称。用户必须首先进行认证，然后对令牌进行授权：

```
GET /authorize_token?oauth_token= bhgdjgdds HTTP/1.1
Host: server.com
```

在获得资源所有者的许可之后，资源服务器会将用户重定向到与客户相对应的 oauth_callback URL 地址上：

```
GET /client_cb?x=1&oauth_token=dsdsdsdd&oauth_verifier=dsdsdsds HTTP/1.1
Host: client.net
```

让我们查看一下每个参数的定义：

❏ oauth_token：一个由资源服务器所生成的标识符。这个参数的作用是，在客户所构造的发往资源服务器的后续请求中标识 oauth_verifier 的值。这个标识符将 oauth_verifier 和 oauth_consumer_key 链接到一起。

❏ oauth_verifier：一个由资源服务器所生成的共享验证码。客户将在后续请求中，利用该参数来生成 oauth_signature。

注　如果客户没有注册 oauth_callback URL 地址，那么资源服务器将为资源所有者显示一个验证码。资源所有者必须获取该验证码，并手工将其提供给客户。资源所有者向客户提供验证码的流程超出了 OAuth 协议规范的范畴。

要发起资源所有者授权阶段，客户必须能够访问 oauth_token 和 oauth_token_secret。在该阶段结束时，客户将拥有一个新的 oauth_token 和一个 oauth_verifier。

3.令牌凭据请求阶段

在令牌凭据请求阶段，客户会直接向资源服务器上托管的访问令牌端点发送一条 HTTP POST/GET 请求消息：

```
POST /access_token HTTP/1.1
Host: server.com
Authorization: OAuth realm="simple",
oauth_consumer_key="dsdsddDdsdsds",
oauth_token="bhgdjgdds",
oauth_signature_method="PLAINTEXT",
oauth_verifier="dsdsdsds",
oauth_signature="fdfsdfdfdfdfsfffdf"
```

请求中的授权头部字段由以下参数构成：

- ❑ OAuth：用于识别授权头部类型的关键字，它的值必须是 OAuth。
- ❑ realm：一个资源服务器已知的标识符。通过观察 realm 的值，资源服务器可以确定如何对 OAuth 客户进行认证。在这里，realm 值的作用和 HTTP 基本认证中相同。
- ❑ oauth_consumer_key：由资源服务器发放给 OAuth 客户的一个唯一标识符。这个密钥与一个资源服务器和客户都知道的密钥相关联。
- ❑ oauth_signature_method：用于生成 oauth_signature 的方法。该参数可以是 PLAINTEXT、HMAC-SHA1 或 RSA-SHA1。PLAINTEXT 表示无签名，HMAC-SHA1 表示一个用于签名的共享密钥，而 RSA-SHA1 表示一个用于签名的 RSA 私钥。OAuth 协议规范并没有指定任何签名方法。资源服务器可以根据其需求采用任何签名方法。
- ❑ oauth_signature：根据 oauth_signature_method 所定义的方法计算得到的签名。
- ❑ oauth_token：在临时凭据请求阶段中所返回的临时凭据标识符。
- ❑ oauth_verifier：在资源所有者授权阶段中所返回的验证码。

在资源服务器对访问令牌请求进行验证之后，它将向客户返回以下响应消息：

```
HTTP/1.1 200 OK
Content-Type: application/x-www-form-urlencoded
oauth_token=dsdsdsdsdweoio998s&oauth_token_secret=ioui789kjhk
```

让我们查看一下每个参数的定义：

- ❑ oauth_token：一个由资源服务器所生成的标识符。在客户所构造的后续请求中，该参数将被用于为资源服务器标识 oauth_token_secret 的值。这个标识符将 oauth_token_secret 和 oauth_consumer_key 链接到一起。
- ❑ oauth_token_secret：一个由资源服务器所生成的共享秘密信息。客户将在后续请求中利用该参数来生成 oauth_signature。

要发起令牌凭据请求阶段，客户必须能够访问来自第一阶段的 oauth_token，以及来自第二阶段的 oauth_verifier。在该阶段结束时，客户将拥有一个新的 oauth_token 和一个新的 oauth_token_secret。

4. 通过 OAuth 1.0 协议调用一个受保护的业务 API

在 OAuth 令牌应用过程结束时，OAuth 客户端应该持有以下令牌：

- ❑ oauth_consumer_key：一个由资源服务器所生成的，对客户进行唯一标识的标识符。在资源服务器上进行注册时，客户将获取 oauth_consumer_key。注册流程超出了 OAuth 协议规范的范畴。
- ❑ oauth_consumer_secret：一个由资源服务器所生成的共享秘密信息。在资源服务器上进行注册时，客户将获取 oauth_consumer_secret。注册流程超出了 OAuth 协议规范的范畴。oauth_consumer_secret 绝对不会在线上传输。

❑ oauth_token：一个资源服务器在令牌凭据请求阶段结束时所生成的标识符。

❑ oauth_token_secret：一个资源服务器在令牌凭据请求阶段结束时所生成的共享秘密信息。

以下是一个通过 OAuth 1.0 协议访问一个受保护 API 的 HTTP 请求示例。这里，我们向 student API 发送一条带有一个名为 name 参数的 HTTP POST 消息。除了之前所描述的参数之外，它还拥有 oauth_timestamp 和 oauth_nonce。一个 API 网关（或者一个任何类型的拦截器）会拦截请求，并通过与令牌颁发方进行交互来验证授权头部字段。如果一切顺利，那么 API 网关会将请求转发给业务服务（在 API 之后），然后发送返回对应的响应消息：

```
POST /student?name=pavithra HTTP/1.1
Host: server.com
Content-Type: application/x-www-form-urlencoded
Authorization: OAuth realm="simple",
oauth_consumer_key="dsdsddDdsdsds ",
oauth_token="dsdsdsdsdweoio998s",
oauth_signature_method="HMAC-SHA1",
oauth_timestamp="1474343201",
oauth_nonce="rerwerweJHKjhkdsjhkhj",
oauth_signature="bYT5CMsGcbgUdFHObYMEfcx6bsw%3D"
```

让我们查看一下 oauth_timestamp 和 oauth_nonce 参数的定义：

❑ oauth_timestamp：一个正整数，表示从 1970 年 1 月 1 日 00：00：00 GMT 开始计算的秒数。

❑ oauth_nonce：一个由客户添加到请求中的随机生成唯一值。它被用来防止重放攻击。如果一条请求带有资源服务器曾经见过的随机数，那么它必须将其拒绝。

B.2　揭秘 oauth_signature

在我们在 B.1 节中所讨论的三个阶段中，oauth_signature 在其中两个阶段是必需的：临时凭据请求阶段和令牌凭据请求阶段。除此之外，oauth_signature 在所有发往受保护资源或受保护 API 的客户请求中都是必需的。OAuth 协议规范定义了三种签名方法：PLAINTEXT，HMAC-SHA1 以及 RSA-SHA1。如前所述，PLAINTEXT 表示无签名，HMAC-SHA1 表示一个用于签名的共享密钥，而 RSA-SHA1 表示一个用于签名的 RSA 私钥。OAuth 协议规范并没有指定任何签名方法。资源服务器可以根据其需求采用任何签名方法。每种签名方法中所面临的挑战是，如何生成待签名的基本字符串。让我们从最简单的情况（PLAINTEXT）开始（详见表 B-1）。

表 B-1　利用 PLAINTEXT 签名方法进行签名计算

阶段	oauth_signature
临时凭据请求阶段	consumer_secret&
令牌凭据请求阶段	consumer_secret&oauth_token_secret

在 PLAINTEXT oauth_signature_method 中，oauth_signature 是后缀为 & 的已编码使用者秘密信息。比方说，如果与对应 consumer_key 相关的使用者秘密信息是 Ddedkljlj878dskjds，那么 oauth_signature 的值就是 Ddedkljlj878dskjds&。在这种情况下，必须利用 TLS 协议来保护线上传输的密钥。这种利用 PLAINTEXT 方法计算 oauth_signature 的过程只在临时凭据请求阶段中有效。对于令牌凭据请求阶段，oauth_signature 还需要在已编码的使用者秘密信息之后包含共享令牌秘密信息。比方说，如果与对应 consumer_key 相关的使用者秘密信息是 Ddedkljlj878dskjds，同时共享令牌秘密信息的值是 ekhjkhkhrure，那么 oauth_signature 的值就是 Ddedkljlj878dskjds&ekhjkhkhrure。这种情况下的共享令牌秘密信息就是临时凭据请求阶段中所返回的 oauth_token_secret。

对于 HMAC-SHA1 和 RSA-SHA1 签名方法，首先你需要生成一个待签名的基本字符串，我们将在后续章节中对其进行讨论。

1. 在临时凭据请求阶段生成基本字符串

让我们从临时凭据请求阶段开始。以下是这个阶段所生成的一条 OAuth 请求示例：

```
POST /oauth/request-token HTTP/1.1
Host: server.com
Authorization: OAuth realm="simple",
oauth_consumer_key="dsdsddDdsdsds",
oauth_signature_method="HMAC-SHA1",
oauth_callback="http://client.net/client_cb",
oauth_signature="dsDSdsdsdsdddsdsdsd"
```

步骤 1：获取 HTTP 请求头部的大写值（GET 或 POST）：

```
POST
```

步骤 2：获取模式以及 HTTP 主机头部小写形式的值。如果端口是一个非默认值，那么它也需要包含在其中：

```
http://server.com
```

步骤 3：获取请求资源 URI 地址中的路径和查询部分。

```
/oauth/request-token
```

步骤 4：获取除了 oauth_signature 之外的所有 OAuth 协议参数，并利用 & 将其连接起来（无换行）：

```
oauth_consumer_key="dsdsddDdsdsds"&
oauth_signature_method="HMAC-SHA1"&
oauth_callback="http://client.net/client_cb"
```

步骤 5：将步骤 2 和步骤 3 的输出内容连接起来。

```
http://server.com/oauth/request-token
```

步骤 6：利用 & 将步骤 5 和步骤 4 的输出内容连接起来（无换行）。

```
http://server.com/oauth/access-token&
oauth_consumer_key="dsdsddDdsdsds"&
oauth_signature_method="HMAC-SHA1"&
oauth_callback="http://client.net/client_cb"
```

步骤 7：对步骤 6 的输出内容进行 URL 编码（无换行）。

```
http%3A%2F%2Fserver.com%2Foauth%2F
access-token&%26%20oauth_consumer_key%3D%22dsdsddDdsdsds%22%26
oauth_signature_method%3D%22HMAC-SHA1%22%26
oauth_callback%3D%22http%3A%2F%2Fclient.net%2Fclient_cb%22
```

步骤 8：利用 & 将步骤 1 和步骤 7 的输出内容连接起来。这一操作将生成用于计算 oauth_signature 的最终基本字符串（无换行）。

```
POST&http%3A%2F%2Fserver.com%2Foauth%2F
access-token&%26%20oauth_consumer_key%3D%22dsdsddDdsdsds%22%26
oauth_signature_method%3D%22HMAC-SHA1%22%26
oauth_callback%3D%22http%3A%2F%2Fclient.net%2Fclient_cb%22
```

2. 在令牌凭据请求阶段生成基本字符串

现在，让我们看看如何在令牌凭据请求阶段计算生成基本字符串。以下是一条在这个阶段中生成的 OAuth 请求消息示例：

```
POST /access_token HTTP/1.1
Host: server.com
Authorization: OAuth realm="simple",
oauth_consumer_key="dsdsddDdsdsds",
oauth_token="bhgdjgdds",
oauth_signature_method="HMAC-SHA1",
oauth_verifier="dsdsdsds",
oauth_signature="fdfsdfdfdfdfsfffdf"
```

步骤 1：获取 HTTP 请求头部的大写值（GET 或 POST）。

```
POST
```

步骤 2：获取模式以及 HTTP 主机头部小写形式的值。如果端口是一个非默认值，那么它也需要包含在其中。

```
http://server.com
```

步骤 3：获取请求资源 URI 地址中的路径和查询部分。

```
/oauth/access-token
```

步骤 4：获取除了 oauth_signature 之外的所有 OAuth 协议参数，并利用 & 将其连接起来（无换行）。

```
oauth_consumer_key="dsdsddDdsdsds"&
oauth_token="bhgdjgdds"&
oauth_signature_method="HMAC-SHA1"&
oauth_verifier="dsdsdsds"
```

步骤 5：将步骤 2 和步骤 3 的输出内容连接起来。

```
http://server.com/oauth/access-token
```

步骤 6：利用 & 将步骤 5 和步骤 4 的输出内容连接起来（无换行）。

```
http://server.com/oauth/request-token&
oauth_consumer_key="dsdsddDdsdsds"&
oauth_token="bhgdjgdds"&
oauth_signature_method="HMAC-SHA1"&
oauth_verifier="dsdsdsds"
```

步骤 7：对步骤 6 的输出内容进行 URL 编码（无换行）。

```
http%3A%2F%2Fserver.com%2Foauth%2F
request-token%26oauth_consumer_key%3D%22dsdsddDdsdsds%22%26
oauth_token%3D%22%20bhgdjgdds%22%26
oauth_signature_method%3D%22HMAC-SHA1%22%26
oauth_verifier%3D%22%20dsdsdsds%22%20
```

步骤 8：利用 & 将步骤 1 和步骤 7 的输出内容连接起来。这一操作将生成用于计算 oauth_signature 的最终基本字符串（无换行）。

```
POST&http%3A%2F%2Fserver.com%2Foauth%2F
```

```
request-token%26oauth_consumer_key%3D%22dsdsddDdsdsds%22%26
oauth_token%3D%22%20bhgdjgdds%22%26
oauth_signature_method%3D%22HMAC-SHA1%22%26
oauth_verifier%3D%22%20dsdsdsds%22%20
```

3. 生成签名

在针对每个阶段计算得到基本字符串之后，下一个步骤就是根据签名方法来生成签名。对于临时凭据请求阶段，如果使用 HMAC-SHA1 作为签名方法，那么签名将按照以下方式导出：

```
oauth_signature= HMAC-SHA1(key, text)
oauth_signature= HMAC-SHA1(consumer_secret&, base-string)
```

对于令牌凭据请求阶段，密钥还将在使用者秘密信息之后包含共享令牌秘密信息。比方说，如果与对应 consumer_key 相关的使用者秘密信息是 Ddedkljlj878dskjds，同时共享令牌秘密信息的值是 ekhjkhkhrure，那么密钥的值就是 Ddedkljlj878dskjds&ekhjkhkhrure。在这种情况下，共享令牌秘密信息就是在临时凭据请求阶段中返回的 oauth_token_secret：

```
oauth_signature= HMAC-SHA1(consumer_secret&oauth_token_secret, base-string)
```

在任何阶段，如果想要使用 RSA-SHA1 作为 oauth_signature_method，OAuth 客户必须在资源服务器上注册一个与其使用者密钥对应的 RSA 公钥。对于 RSA-SHA1，无论处于哪个阶段，你都应该按照以下方式计算签名：

```
oauth_signature= RSA-SHA1(RSA private key, base-string)
```

4. 在一次 API 调用过程中生成基本字符串

除了令牌应用的过程，你还需要在每次业务 API 的调用过程中生成 oauth_signature。

在以下请求示例中，OAuth 客户利用一个查询参数，对 student API 进行调用。让我们看看，在本例中如何计算基本字符串：

```
POST /student?name=pavithra HTTP/1.1
Host: server.com
Content-Type: application/x-www-form-urlencoded
Authorization: OAuth realm="simple",
oauth_consumer_key="dsdsddDdsdsds ",
oauth_token="dsdsdsdsdweoio998s",
oauth_signature_method="HMAC-SHA1",
oauth_timestamp="1474343201",
```

```
oauth_nonce="rerwerweJHKjhkdsjhkhj",
oauth_signature="bYT5CMsGcbgUdFHObYMEfcx6bsw%3D"
```

步骤 1：获取 HTTP 请求头部的大写值（GET 或 POST）。

```
POST
```

步骤 2：获取模式以及 HTTP 主机头部小写形式的值。如果端口是一个非默认值，那么它也需要包含在其中。

```
http://server.com
```

步骤 3：获取请求资源 URI 地址中的路径和查询部分。

```
/student?name=pavithra
```

步骤 4：获取除了 oauth_signature 之外的所有 OAuth 协议参数，并利用 & 将其连接起来（无换行）。

```
oauth_consumer_key="dsdsddDdsdsds"&
oauth_token="dsdsdsdsdweoio998s"&
oauth_signature_method="HMAC-SHA1"&
oauth_timestamp="1474343201"&
oauth_nonce="rerwerweJHKjhkdsjhkhj"
```

步骤 5：将步骤 2 和步骤 3 的输出内容连接起来（无换行）。

```
http://server.com/student?name=pavithra
```

步骤 6：利用 & 将步骤 5 和步骤 4 的输出内容连接起来（无换行）。

```
http://server.com/student?name=pavithra&
oauth_consumer_key="dsdsddDdsdsds"&
oauth_token="dsdsdsdsdweoio998s"&
oauth_signature_method="HMAC-SHA1"&
oauth_timestamp="1474343201"&
oauth_nonce="rerwerweJHKjhkdsjhkhj"
```

步骤 7：对步骤 6 的输出内容进行 URL 编码（无换行）。

```
http%3A%2F%2Fserver.com%2Fstudent%3Fname%3Dpavithra%26
oauth_consumer_key%3D%22dsdsddDdsdsds%20%22%26
oauth_token%3D%22dsdsdsdsdweoio998s%22%26
oauth_signature_method%3D%22HMAC-SHA1%22%26
oauth_timestamp%3D%221474343201%22%26
oauth_nonce%3D%22rerwerweJHKjhkdsjhkhj%22
```

步骤 8：利用 & 将步骤 1 和步骤 7 的输出内容连接起来。这一操作将生成用于计算 oauth_signature 的最终基本字符串（无换行）。

```
POST& http%3A%2F%2Fserver.com%2Fstudent%3Fname%3Dpavithra%26
oauth_consumer_key%3D%22dsdsddDdsdsds%20%22%26
oauth_token%3D%22dsdsdsdsdweoio998s%22%26
oauth_signature_method%3D%22HMAC-SHA1%22%26
oauth_timestamp%3D%221474343201%22%26
oauth_nonce%3D%22rerwerweJHKjhkdsjhkhj%22
```

在拥有基本字符串之后，可以利用 HMAC-SHA1 和 RSA-SHA1 签名方法，按照以下方式计算得到 OAuth 签名。oauth_token_secret 的值来自令牌凭据请求阶段：

```
oauth_signature= HMAC-SHA1(consumer_secret&oauth_token_secret,
base-string)
oauth_signature= RSA-SHA1(RSA private key, base-string)
```

B.3　三方 OAuth 协议与双方 OAuth 协议

到目前为止所讨论的 OAuth 流程包含了三个参与方：资源所有者、客户以及资源服务器。客户将以资源所有者的身份对资源服务器上托管的资源进行访问。这是 OAuth 协议中最为常见的模式，它也被称为三方 OAuth 协议（涉及三方）。在双方 OAuth 协议中，只有两个参与方：客户与资源所有者为同一方。在双方 OAuth 协议中，不存在访问代理的问题。

如果和之前所讨论相同的 student API 是通过双方 OAuth 协议进行保护的，那么来自客户的请求消息将如下所示。oauth_token 的值为一个空的字符串。在双方 OAuth 协议中，不会存在令牌应用过程。你只需要用到 oauth_consumer_key 和 consumer_secret。HMAC-SHA1 签名是利用 consumer_secret 作为密钥生成的：

```
POST /student?name=pavithra HTTP/1.1
Host: server.com
Content-Type: application/x-www-form-urlencoded
Authorization: OAuth realm="simple",
oauth_consumer_key="dsdsddDdsdsds ",
oauth_token="",
oauth_signature_method="HMAC-SHA1",
oauth_timestamp="1474343201",
oauth_nonce="rerwerweJHKjhkdsjhkhj",
oauth_signature="bYT5CMsGcbgUdFHObYMEfcx6bsw%3D"
```

HTTP 摘要认证和双方 OAuth 协议非常类似。在这两种情况下，你都绝对不会在线上传递凭据。不同之处在于，HTTP 摘要认证对用户进行认证，而双方 OAuth 协议代表资源所有者对应用进行认证。一个给定的资源所有者可以拥有多个应用，而每个应用程序可以拥有其自己的使用者密钥和使用者秘密信息。

 注 在 HTTP 基本认证和双方 OAuth 协议中，资源所有者都扮演了客户的角色，并且会直接调用 API。在 HTTP 基本认证过程中，你可以在线上传递凭据，这一过程必须在 TLS 协议上进行。在双方 OAuth 协议过程中，你绝对不会在线上传递 consumer_secret，因此它不需要在 TLS 协议上进行操作。

B.4　OAuth WRAP 协议

2009 年 11 月，在 OAuth 1.0 协议模型的基础上，一个名为网络资源授权配置（Web Resource Authorization Profiles，WRAP）的新访问代理草拟规范被提出。后来 WRAP 协议被弃用，取而代之的是 OAuth 2.0 协议。

 注 最初提交给 IETF 组织的 WRAP 配置草案在以下网址 http://tools.ietf.org/html/draft-hardt-oauth-01 中提供。

与 OAuth 1.0 协议不同，WRAP 协议并不依赖于签名方案。上层的用户体验与 OAuth 1.0 协议中相同，但是 WRAP 协议向访问代理流程中引入了一个新的组成部分：授权服务器。与 OAuth 1.0 协议不同，现在所有与获取一个令牌相关的通信都发生在客户和授权服务器之间（而不是与资源服务器）。客户首先会使用户携带其使用者密钥和回调 URL 地址，重定向到授权服务器上。在用户授予客户访问权限之后，用户将带着一个验证码重定向返回到回调 URL 地址上。然后，客户必须通过利用验证码对授权服务器的访问令牌端点进行直接访问来获取访问令牌。之后，客户只需要在所有的 API 调用请求中包含访问令牌即可（所有的 API 调用操作必须在 TLS 协议上进行）：

```
https://friendfeed-api.com/v2/feed/home?wrap_access_token=dsdsdrwerwr
```

 注 2009 年 11 月，Facebook、微软、谷歌、雅虎以及其他许多公司一起加入了开放网络基金会，并承诺支持开放网络认证标准。为了兑现这一承诺，在 2009 年 12 月，Facebook 公司向几个月前收购的 FriendFeed 网站中增加了对 OAuth WRAP 协议的支持。

OAuth WRAP 协议是迈向 OAuth 2.0 协议的最初步骤之一。WRAP 协议引入了两种用于获取访问令牌的配置：自主客户配置以及用户委托配置。在自主客户配置中，客户即为资源所有者，或者说客户以自己的身份执行操作。换句话说，资源所有者就是对资源进行访问的人。这种配置与 OAuth 1.0 协议中的双方 OAuth 模型等价。在用户委托配置中，客户以资源所有者的身份执行操作。OAuth 1.0 协议没有这种配置概念，并且仅限于一个单独的流程。OAuth WRAP 协议所引入的这种可扩展性后来成为 OAuth 2.0 协议的关键部分。

1. 客户账号与口令配置

OAuth WRAP 协议规范引入了两种自主客户配置：客户账号与口令配置，以及断言配置。客户账号与口令配置在授权服务器上利用客户或资源所有者的凭据获取访问令牌。这种模式通常在服务器到服务器认证的场景中使用，该场景并不涉及终端用户。以下 cURL 命令向授权服务器的 WRAP 令牌端点发送了一条带有三个属性的 HTTP POST 消息：wrap_name 是用户名，wrap_password 是与用户名对应的口令，而 wrap_scope 是客户所请求的预期访问层次。wrap_scope 是一个可选参数：

```
\> curl -v -k -X POST
    -H "Content-Type: application/x-www-form-urlencoded;charset=UTF-8"
    -d "wrap_name=admin&
        wrap_password=admin&
        wrap_scope=read_profile"
        https://authorization-server/wrap/token
```

这条消息将返回 wrap_access_token、wrap_refresh_token 和 wrap_access_token_expires_in 参数。作为一个可选参数，wrap_access_token_expires_in 以秒为单位表示 wrap_access_token 的生命周期。当 wrap_access_token 过期时，我们可以利用 wrap_refresh_token 来获取一个新的访问令牌。OAuth WRAP 协议首次引入了这种令牌更新功能。访问令牌更新请求只需要将 wrap_refresh_token 作为一个参数（正如后续所示），而它将返回一个新的 wrap_access_token。它并不会返回一个新的 wrap_refresh_token。第一条访问令牌请求中所获取的 wrap_refresh_token，可以用于更新后续的访问令牌：

```
\> curl -v -k -X POST
    -H "Content-Type: application/x-www-form-urlencoded;charset=UTF-8"
    -d "wrap_refresh_token=Xkjk78iuiuh876jhhkwkjhewew"
        https://authorization-server/wrap/token
```

2. 断言配置

作为 OAuth WRAP 协议所引入的另一个配置，断言配置同样属于自主客户配置。这种配置假设客户通过某种方式获得一个断言——比方说，一个 SAML 令牌——并且利用它获取一个 wrap_access_token。以下的 cURL 命令示例向授权服务器的 WRAP 令牌端点发送一条带有三个属性的 HTTP POST 消息：wrap_assertion_format 是以一种授权服务器已知的方式表示的、包含在请求中的断言类型，wrap_assertion 是经过编码的断言，而 wrap_scope 是客户所请求的预期访问层次。wrap_scope 是一个可选参数：

```
\> curl -v -k -X POST
    -H "Content-Type: application/x-www-form-urlencoded;charset=UTF-8"
    -d "wrap_assertion_format=saml20&
        wrap_assertion=encoded-assertion&
        wrap_scope=read_profile"
        https://authorization-server/wrap/token
```

除了在断言配置中没有 wrap_refresh_token 之外，响应消息和客户账号与口令配置中返回的完全相同。

3. 用户名与口令配置

WRAP 协议用户委托配置引入了三种配置：用户名与口令配置、网络应用配置以及富应用配置。对于已安装的可信应用程序，通常推荐使用用户名与口令配置。应用程序就是客户，而终端用户或资源所有者必须向应用程序提供其用户名和口令。然后，应用程序通过用户名和口令交换获取一个访问令牌，并将访问令牌存放在应用程序中。

以下 cURL 命令向授权服务器的 WRAP 令牌端点发送一条带有四个属性的 HTTP POST 消息：wrap_client_id 是一个应用程序标识符，wrap_username 是终端用户的用户名，wrap_password 是与用户名对应的口令，而 wrap_scope 是客户所请求的预期访问层次（wrap_scope 是一个可选参数）：

```
\> curl -v -k -X POST
    -H "Content-Type: application/x-www-form-urlencoded;charset=UTF-8"
    -d "wrap_client_id=app1&
        wrap_username=admin&
        wrap_password=admin&
        wrap_scope=read_profile"
        https://authorization-server/wrap/token
```

这条消息将返回 wrap_access_token 和 wrap_access_token_expires_in 参数。作为一个可选参数，wrap_access_token_expires_in 以秒为单位表示 wrap_access_token 的生命周期。如果授权服务器检测到任何恶意的访问模式，那么它将不会向客户应用发送 wrap_access_token，而是返回一个 wrap_verification_url。客户应用负责将这个 URL 地址载入用户的浏览器中，或者是建议他们访问这个 URL 地址。在用户完成这一步骤之后，用户必须告知客户应用程序验证过程已经完成。之后，客户应用可以再次发起令牌请求。除了发送一个验证 URL 地址，授权服务器还可以通过客户应用发起一次 CAPTCHA 验证。这里，授权服务器会发送返回一个 wrap_captcha_url，客户应用可以从上述参数所指向的位置处加载验证码。在加载验证码并从终端用户处获得响应之后，客户应用将其与令牌请求一起返回给授权服务器：

```
\> curl -v -k -X POST
    -H "Content-Type: application/x-www-form-urlencoded;charset=UTF-8"
    -d "wrap_captcha_url=url-encoded-captcha-url&
        wrap_captch_solution-solution&
        wrap_client_id=app1&
        wrap_username=admin&
        wrap_password=admin&
        wrap_scope=read_profile"
        https://authorization-server/wrap/token
```

4. 网络应用配置

我们通常推荐在网络应用程序中使用 WRAP 协议用户委托配置中所定义的网络应用配置，在这种配置场景中，网络应用必须以终端用户的身份来访问其所拥有的资源。网络应用程序采用包含两个步骤的流程来获取访问令牌：它先从授权服务器获取一个验证码，然后利用验证码来交换获取一个访问令牌。终端用户必须通过访问客户网络应用来发起第一个步骤。之后，用户被重定向到授权服务器上。以下示例展示了用户是如何携带合适的 WRAP 参数被重定向到授权服务器上的：

```
https://authorization-server/wrap/authorize?
        wrap_client_id=OrhQErXIX49svVYoXJGtoDWBuFca&
        wrap_callback=https%3A%2F%2Fmycallback&
        wrap_client_state=client-state&
        wrap_scope=read_profile
```

wrap_client_id 是一个客户网络应用标识符。wrap_callback 是一个 URL 地址，用户在授权服务器上成功完成认证之后，将被重定向到该地址处。wrap_client_state 和 wrap_scope 都是可选参数。wrap_client_state 中的任何值都必须返回给客户网络应用。在获得终端用户许可之后，一个 wrap_verification_code 和其他相关参数将以查询参数的形式返回到与客户网络应用相关的回调 URL 地址上。

下一个步骤是利用这个验证码来交换获取一个访问令牌：

```
\> curl -v -k -X POST
    -H "Content-Type: application/x-www-form-urlencoded;charset=UTF-8"
    -d "wrap_client_id=OrhQErXIX49svVYoXJGtoDWBuFca &
        wrap_client_secret=weqeKJHjhkhkihjk&
        wrap_verification_code=dsadkjljljrrer&
        wrap_callback=https://mycallback"
        https://authorization-server/wrap/token
```

这条 cURL 命令向授权服务器的 WRAP 令牌端点发送一条带有四个属性的 HTTP POST 消息：wrap_client_id 是一个应用标识符，wrap_client_secret 是与 wrap_client_id 对应的口令，wrap_verification_code 是上一步骤中所返回的验证码，而 wrap_ callback 是验证码将被发往的回调 URL 地址。这条消息将返回 wrap_access_token、wrap_refresh_token 以及 wrap_access_token_expires_in 参数。作为一个可选参数，wrap_access_token_expires_in 以秒为单位表示 wrap_access_token 的生命周期。当 wrap_access_token 过期时，我们可以利用 wrap_refresh_token 来获取一个新的访问令牌。

5. 富应用配置

WRAP 协议用户委托配置中所定义的富应用配置最常使用的场景是，作为一个已安装应用程序，OAuth 客户应用同时也可以与一个浏览器协同工作。混合移动应用是最好的例子。该配置的协议流程和网络应用配置的非常相似。富客户应用程序采用包含两个步骤的流程来获取访问令牌：它先从授权服务器获取一个验证码，然后利用验证码来交换获取一个访问令牌。终端用户必须通过访问富客户应用程序来发起第一个步骤。之后，应用程序会启动一个浏览器进程，并将用户重定向到授权服务器上：

```
https://authorization-server/wrap/authorize?
        wrap_client_id=OrhQErXIX49svVYoXJGtODWBuFca&
        wrap_callback=https%3A%2F%2Fmycallback&
        wrap_client_state=client-state&
        wrap_scope=read_profile
```

wrap_client_id 是一个富客户应用程序标识符。wrap_callback 是一个 URL 地址，用户在授权服务器上成功完成认证之后，将被重定向到该地址处。wrap_client_state 和 wrap_scope 都是可选参数。wrap_client_state 中的任何值都必须返回到回调 URL 地址上。在获得终端用户许可之后，一个 wrap_verification_code 将被返回给富客户应用。

下一个步骤是利用这个验证码来交换获取一个访问令牌：

```
\> curl -v -k -X POST
    -H "Content-Type: application/x-www-form-urlencoded;charset=UTF-8"
    -d "wrap_client_id=OrhQErXIX49svVYoXJGtODWBuFca&
        wrap_verification_code=dsadkjljljrrer&
        wrap_callback=https://mycallback"
        https://authorization-server/wrap/token
```

这条 cURL 命令向授权服务器的 WRAP 令牌端点发送一条带有三个属性的 HTTP POST 消息：wrap_client_id 是一个应用标识符，wrap_verification_code 是上一步骤中所返回的验证码，而 wrap_callback 是验证码将被发往的回调 URL 地址。这条消息将返回 wrap_access_token、wrap_refresh_token 以及 wrap_access_token_expires_in 参数。作为一个可选参数，wrap_access_token_expires_in 以秒为单位表示 wrap_access_token 的生命周期。当 wrap_access_token 过期时，我们可以利用 wrap_refresh_token 来获取一个新的访问令牌。与网络应用配置不同，富应用配置不需要在访问令牌请求中发送 wrap_ client_secret。

6. 访问一个由 WRAP 协议提供保护的 API

前面所有的配置讨论的都是如何获取一个访问令牌。在你拥有访问令牌之后，剩余的流程部分就与 WRAP 协议配置无关了。以下 cURL 命令展示了如何访问一个由 WRAP 协议进行保护的资源或一个 API，这一过程必须在 TLS 协议上进行：

```
\> curl -H "Authorization: WRAP
        access_token=cac93e1d29e45bf6d84073dbfb460"
        https://localhost:8080/recipe
```

7. 从 WRAP 协议到 OAuth 2.0 协议

OAuth WRAP 协议能够解决 OAuth 1.0 协议中的诸多局限和缺陷，主要指的是可扩展性。作为一个具体的身份代理协议，OAuth 1.0 协议是在 Flickr 认证、谷歌 AuthSub 协议和雅虎 BBAuth 协议的基础上建立的。OAuth 1.0 协议和 WRAP 协议之间的另一个关键不同之处，在于对签名的依赖性：OAuth WRAP 协议去除了对签名的需求，并且强制要求所有通信都必须使用 TLS 协议。

OAuth 2.0 协议是 OAuth WRAP 协议向前迈出的一大步。它进一步增强了 OAuth WRAP 协议所引入的可扩展特性，并引入了两个主要的扩展点：授权模式和令牌类型。

附录 C　传输层安全协议工作原理

在美国国家安全局（National Security Agency，NSA）前承包商 Edward Snowden 曝光 NSA 的某些秘密行动之后，大部分政府、企业乃至个人都开始更多地关注安全问题。Edward Snowden 对某些人来说是叛国者，而对另一些人来说则是吹哨人。2013 年 10 月 30 日，《华盛顿邮报》详细刊登了 Edward Snowden 所披露的一份文件。这篇报道引起了谷歌和雅虎这两家硅谷科技巨头公司的不安。这份高度机密的文件披露了 NSA 如何通过拦截谷歌和雅虎的数据中心之间的通信链路来对数亿用户进行大规模的监控。此外，根据这份文件的记录，NSA 每天会从雅虎和谷歌的内部网络向该机构马里兰州米德堡总部的数据仓库发送数百万条记录。之后，字段采集器会对这些数据记录进行处理，从中提取出表示何人何时发送或接收电子邮件，以及诸如文本、音频和视频等内容的元数据。

但是这怎么可能呢？一个入侵者（在本例中，指的是政府）是如何拦截两个数据中心之间的通信信道，并访问数据的呢？尽管谷歌在从用户浏览器到谷歌前端服务器的过程中使用一个受保护的通信信道，然而从那之后，在数据中心之间，通信都是以明文进行传输。作为对这次事件的响应，谷歌开始利用加密对数据中心之间的所有通信链路进行保护。传输层安全（Transport Layer Security，TLS）协议在保护通信链路上传输的数据安全方面起到重要的作用。实际上，谷歌是最早意识到 TLS 协议价值的科技巨头公司之一。谷歌在 2010 年 1 月通过将 TLS 设为 Gmail 邮箱的默认设置来保护 Gmail 所有通信过程的安全，并且在四个月后引入了一个加密搜索服务，其网址为 https://encrypted.google.com。在 2011 年 10 月，谷歌进一步增强了其加密搜索功能，并将 google.com 域名部署在 HTTPS 协议上，所有的谷歌查询与结果页面都需要通过 HTTPS 协议进行递送。HTTPS 实际上就是 TLS 协议上的 HTTP。

除了在客户端和服务器之间建立一条受保护的通信信道，通信双方还可以利用 TLS 协议来进行彼此识别。在 TLS 协议最常见的应用形式（即互联网上的日常活动中，每个人都了解使用的形式）中，只有客户对服务器进行认证——这种形式也被称为单向 TLS 协议。换句话说，客户可以准确识别与其通信的服务器。这是通过观察服务器证书，以及将其与用户在浏览器上所点击的服务器 URL 地址进行相互匹配来实现的。在本附录中，我们将进一步继续详细讨论如何实现这一过程。与单向 TLS 协议不同，相互认证过程可以对双方进行识别——客户端与服务器。客户端能够准确识别与其通信的服务器，同时服务器也知道客户的身份。

C.1　TLS 协议发展历程

TLS 协议之前的版本是安全套接字层（Secure Sockets Layer，SSL）协议。为了在 Netscape 浏览器和其所连接的网络服务器之间创建一条安全信道，Netscape 通信公司（后来变成 Mosaic 通信公司）在 1994 年引入了 SSL 协议。这在当时（正好在互联网泡沫[⊖]发生之前）是一个很重要的需求。SSL 1.0 协议规范因为所用的弱密码强度算法而广受诟病，因此从未面向公众发布。1995 年 2 月，Netscape 公司在所发布的 SSL 2.0 协议规范中进行了诸多改进。[⊜]它的大部分设计工作都是由 Kipp Hickman 完成的，而公共社区所参与的部分很少。尽管有其自身的弱点，但作为一款强大的协议，它赢得了公众的信任和尊重。SSL 2.0 协议首次部署在 Netscape Navigator 1.1 浏览器中。1995 年年底，Ian Goldberg 和 David Wagner 在 SSL 2.0 协议的随机数生成逻辑中发现了一个漏洞。[⊜]根据美国出口管制条例的规定，Netscape 公司不得不将其加密方案弱化为使用 40 比特长度的密钥。这就将所有可能的密钥组合数量限制为 1 兆，一群研究人员利用大量的空闲 CPU 周期对密钥进行了 30 小时的尝试，最终成功恢复了加密数据。

⊖　互联网泡沫，指的是在互联网公司投资的推动下，股票市场的迅速升值。在 20 世纪 90 年代末的互联网泡沫期间，股市价值呈指数级增长，以技术为主导的纳斯达克指数（Nasdaq index）在 1995 年到 2000 年这段时间内，从不足 1000 点攀升到 5000 点。

⊜　著有 *The New School of Information Security* 一文的知名作者，Adam Shostack，在以下网址中给出了 SSL 2.0 协议的相关概述：www.homeport.org/~adam/ssl.html。

⊜　Ian Goldberg and David Wagner，"Randomness and the Netscape Browser：How Secure Is the World Wide Web？"www.cs.berkeley.edu/~daw/papers/ddj-netscape.html，January 1996.

SSL 2.0 协议完全处于 Netscape 公司的控制之下，其他人完全没有，或者说很少参与到其制定过程中。这就促使包括微软在内的很多其他厂商推出自己的安全实现方案。结果，微软公司在 1995 年发布了自己的 SSL 变种协议，名为私有通信技术⊖（Private Communication Technology，PCT）。PCT 协议对 SSL 2.0 协议中所发现的众多安全漏洞进行了修复，并通过减少建立连接过程所需的交互次数来简化 SSL 协议的握手过程。在 SSL 2.0 协议和 PCT 协议的区别之中，PCT 协议所引入的非加密操作模式最为重要。通过非加密操作模式，PCT 协议可以只提供认证服务，而不进行数据加密。如前所述，根据美国出口管制条例的规定，SSL 2.0 协议只能利用弱密钥进行加密。尽管条例并没有强制要求在认证过程中使用弱密钥，但 SSL 2.0 协议在认证过程中也使用了加密过程所用的同一个弱密钥。PCT 协议通过为认证过程引入一个不同的强密钥打破了这一限制。

Netscape 公司在 1996 年任命 Paul Kocher 为关键架构师，发布了 SSL 3.0 协议。这是在试图引入 SSL 2.1 协议作为 SSL 2.0 协议的修复方案之后发生的。但是它一直处于草拟阶段，而 Netscape 公司决定是时候从头开始设计一切了。实际上，Netscape 公司雇佣 Paul Kocher 与自己公司的 Phil Karlton 和 Allan Freier 一起工作，就是为了从头开始构建 SSL 3.0 协议。SSL 3.0 协议引入了新的规范语言、记录类型以及数据编码技术，这就使得它与 SSL 2.0 协议不兼容。它修复了上一版本中由于使用 MD5 散列而引入的问题。新版本协议利用 MD5 和 SHA-1 算法的组合，构建了一种混合散列算法。SSL 3.0 协议是最稳定的。甚至是微软 PCT 协议中所发现的一些问题在 SSL 3.0 协议中也得到了修复，同时它进一步添加了一系列 PCT 协议中没有的新特性。1996 年，微软公司通过将 SSL 3.0 协议和自己的 SSL 协议变种 PCT 2.0 协议结合起来，推出了一个新的提案，从而创建了一个名为安全传输层协议（Secure Transport Layer Protocol，STLP）的新标准。⊜

鉴于众多厂商对于以不同方式解决同一问题所表现的兴趣，IETF 组织于 1996 年建立传输层安全工作组，来对所有厂商特定的实现方案进行标准化。所有主要的厂商，包括 Netscape 和微软，在 Bruce Schneier 所主持召开的一系列会议中进行会晤，来决定 TLS 的未来。最终的成果就是 TLS 1.0（RFC 2246）协议。IETF 组织于 1999 年正式发布该协议。TLS 1.0 协议和 SSL 3.0 协议之间的差异其实并不大，但确实有明显的区别，以至于两者无法进行互操作。在 2006 年之前，TLS 协议的 1.0 版本一直非常稳定，并且在七年间保持不变。2006 年 4 月，RFC 4346 文档引入了对 TLS 协议 1.0 版本稍做改动的 TLS 协议的 1.1 版本。两年后，RFC 5246 文档引入了 TLS 协议的 1.2 版本，而在 2018 年 8 月（即 TLS 协议的 1.2 版本发布将近 10 年之后），RFC 8446 文档引入了 TLS 协议的 1.3 版本。

⊖ 微软公司在 1995 年 10 月向 IETF 组织提交了 PCT 协议提案，网址为 http://tools.ietf.org/html/draft-benaloh-pct-00。它后来被 SSL 3.0 协议和 TLS 协议所取代。

⊜ 微软公司针对安全传输层协议（"STLP"）草拟的提案，网址为 http://cseweb.ucsd.edu/~bsy/stlp.ps。

C.2 传输控制协议

　　理解传输控制协议（Transmission Control Protocol，TCP）的工作原理，能够为我们提供理解 TLS 协议工作原理所需的背景知识。作为一个抽象层，TCP 表示在一条不可靠信道上运行的可靠网络。互联网协议（Internet Protocol，IP）提供了主机到主机的路由和寻址功能。TCP/IP[⊖]被统称为互联网协议套件，它最初是由 Vint Cerf 和 Bob Kahn 提出的。1974年 12 月，最初的提案成为 IETF 组织网络工作组名下的 RFC 675 标准。经过一系列的改进，该规范的版本 4 以两个 RFC 文档的形式发布出来：RFC 791 和 RFC 793。前者讨论的是互联网协议（Internet Protocol，IP），而后者是关于传输控制协议（Transmission Control Protocol，TCP）的。

　　TCP/IP 套件为网络通信提供了一个四层模型，如图 C-1 所示。每一层都有自己的任务，并利用一个定义良好的接口进行相互通信。例如，HTTP 就是一种与传输层协议无关的应用层协议。HTTP 并不关心数据包从一台主机传输到另一台上的方式。它可以在 TCP 或 UDP（User Datagram Protocol，用户数据报协议）上运行，这两个协议都定义于传输层。但实际上，大部分 HTTP 流量都是在 TCP 上传输的。这主要是由于 TCP 的内在特性。在数据传输过程中，TCP 负责处理丢失数据重传、数据包有序投递、拥塞情况的控制与避免以及数据完整性等问题。几乎所有的 HTTP 流量都会从 TCP 的这些特性中获益。TCP 和 UDP 都不关注网络层的操作方式。互联网协议（Internet Protocol，IP）在网络层中发挥作用。它的任务是为流经的消息提供一种与硬件无关的寻址方案。最后，通过物理网络传输消息属于网络访问层的任务。网络访问层会直接与物理网络进行交互，并为流经的消息提供一种用于标识每台设备的寻址方案。以太网协议运行于网络访问层。

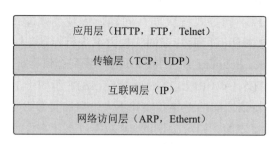

图 C-1　TCP/IP 栈：协议层

　　以下我们将仅对运行于传输层的 TCP 进行重点讨论。任何 TCP 连接都是从一个三步握手过程开始的。换句话说，TCP 是一种面向连接的协议，在进行数据传输之前客户端必须与服务器建立连接。在客户端与服务器之间的数据传输开始之前，每一方都必须与对方交换一系列参数。这些参数包括起始数据包序列号，以及很多其他与特定连接相关的参数。

　　⊖　一种分组网络互通协议，网址为 www.cs.princeton.edu/courses/archive/fall06/cos561/papers/cerf74.pdf。

客户通过向服务器发送一个 TCP 数据包来发起 TCP 三步握手过程。这个数据包称为 SYN 数据包。SYN 是 TCP 数据包中的一个标志组合。SYN 数据包包含一个由客户随机选取的序列号、源（客户）端口号、目的（服务器）端口号以及很多其他字段（如图 C-2 所示）。如果仔细观察图 C-2，你会注意到源（客户）IP 地址和目的（服务器）IP 地址都在 TCP 数据包之外，它们都作为 IP 数据包的组成部分包含其中。如前所述，IP 运行于网络层，同时 IP 地址被定义为与硬件无关。这里值得我们注意的另一个重要字段是 TCP 分组长度字段。这个字段表示该数据包所承载应用数据的长度。对于所有在 TCP 协议三步握手阶段发送的消息来说，TCP 分组长度字段的值都将是零，因为还没有开始交换。

```
▶ Frame 1: 74 bytes on wire (592 bits), 74 bytes captured (592 bits)
▶ Ethernet II, Src: AsustekC_b3:01:84 (00:1d:60:b3:01:84), Dst: Actionte_2f:47:87 (00:26:62:2f:47:87)
▶ Internet Protocol Version 4, Src: 192.168.1.2, Dst: 174.143.213.184
▼ Transmission Control Protocol, Src Port: 54841 (54841), Dst Port: 80 (80), Seq: 0, Len: 0
      Source Port: 54841
      Destination Port: 80
      [Stream index: 0]
      [TCP Segment Len: 0]
      Sequence number: 0      (relative sequence number)
      Acknowledgment number: 0
      Header Length: 40 bytes
   ▶ Flags: 0x002 (SYN)
      Window size value: 5840
      [Calculated window size: 5840]
   ▶ Checksum: 0x85f0 [validation disabled]
      Urgent pointer: 0
   ▶ Options: (20 bytes), Maximum segment size, SACK permitted, Timestamps, No-Operation (NOP), Window scale
```

图 C-2　通过一款开源数据包分析软件 Wireshark 捕获的 TCP SYN 数据包

在服务器接收到来自客户的初始消息之后，它也会选择自己的随机序列号，并在发往客户的响应消息中将其传递回去。这个数据包被称为 SYN ACK 数据包。TCP 的两个主要特性，错误控制（即对丢失数据包进行恢复）和有序投递，都需要对每个 TCP 数据包进行唯一标识。客户和服务器之间的序列号交换过程能够帮助我们实现这些特性。在对数据包进行编号之后，通信信道的双方就能知道在传输过程中丢失 / 重复了哪些数据包，以及如何对一系列以随机顺序投递的数据包进行排序。图 C-3 展示了一个通过 Wireshark 软件捕获的 TCP SYN ACK 数据包示例。这个数据包中包含了源（服务器）端口、目的（客户）端口、服务器序列号以及确认序号。对 SYN 数据包中所找到的客户序列号加一，即可得到确认序号。由于我们仍处于三步握手过程之中，因此 TCP 分组长度字段的值为零。

为了完成握手过程，客户会再次向服务器发送一个 TCP 数据包，来对它从服务器接收的 SYN ACK 数据包进行确认。这个数据包被称为 ACK 数据包。图 C-4 展示了一个通过 Wireshark 软件捕获的 TCP ACK 数据包示例。这个数据包中包含了源（客户）端口、目的（服务器）端口、新序列号（客户的起始序列号 +1）以及确认序号。对 SYN ACK 数据包中所找到的服务器序列号加一，即可得到确认序号。由于我们仍处于三步握手过程之中，因此 TCP 分组长度字段的值为零。

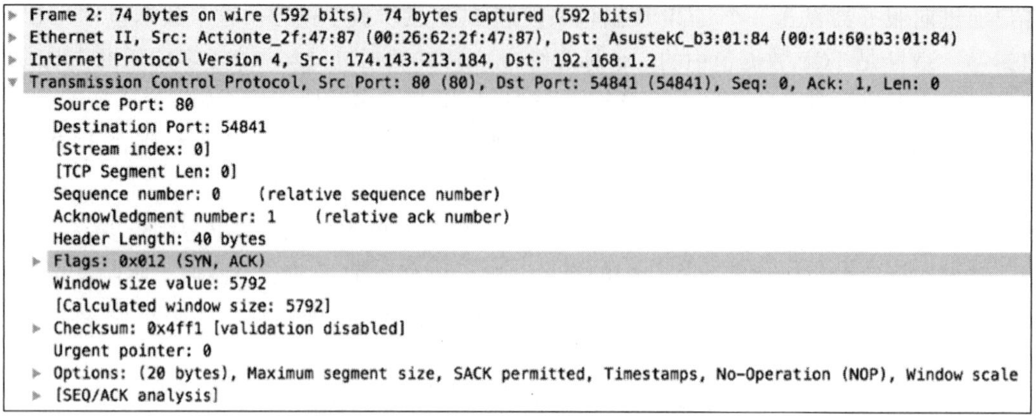

```
▸ Frame 2: 74 bytes on wire (592 bits), 74 bytes captured (592 bits)
▸ Ethernet II, Src: Actionte_2f:47:87 (00:26:62:2f:47:87), Dst: AsustekC_b3:01:84 (00:1d:60:b3:01:84)
▸ Internet Protocol Version 4, Src: 174.143.213.184, Dst: 192.168.1.2
▾ Transmission Control Protocol, Src Port: 80 (80), Dst Port: 54841 (54841), Seq: 0, Ack: 1, Len: 0
      Source Port: 80
      Destination Port: 54841
      [Stream index: 0]
      [TCP Segment Len: 0]
      Sequence number: 0    (relative sequence number)
      Acknowledgment number: 1    (relative ack number)
      Header Length: 40 bytes
   ▸ Flags: 0x012 (SYN, ACK)
      Window size value: 5792
      [Calculated window size: 5792]
   ▸ Checksum: 0x4ff1 [validation disabled]
      Urgent pointer: 0
   ▸ Options: (20 bytes), Maximum segment size, SACK permitted, Timestamps, No-Operation (NOP), Window scale
   ▸ [SEQ/ACK analysis]
```

图 C-3　通过 Wireshark 软件捕获的 TCP SYN ACK 数据包

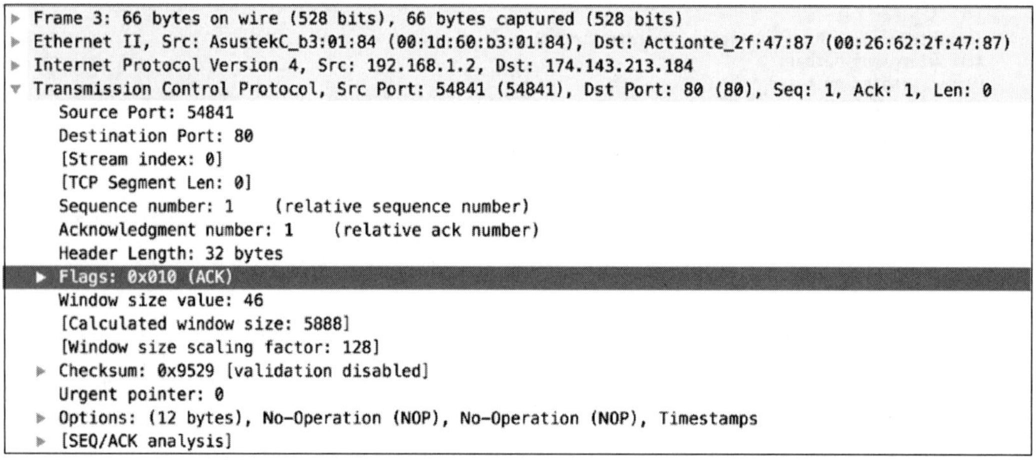

```
▸ Frame 3: 66 bytes on wire (528 bits), 66 bytes captured (528 bits)
▸ Ethernet II, Src: AsustekC_b3:01:84 (00:1d:60:b3:01:84), Dst: Actionte_2f:47:87 (00:26:62:2f:47:87)
▸ Internet Protocol Version 4, Src: 192.168.1.2, Dst: 174.143.213.184
▾ Transmission Control Protocol, Src Port: 54841 (54841), Dst Port: 80 (80), Seq: 1, Ack: 1, Len: 0
      Source Port: 54841
      Destination Port: 80
      [Stream index: 0]
      [TCP Segment Len: 0]
      Sequence number: 1    (relative sequence number)
      Acknowledgment number: 1    (relative ack number)
      Header Length: 32 bytes
   ▸ Flags: 0x010 (ACK)
      Window size value: 46
      [Calculated window size: 5888]
      [Window size scaling factor: 128]
   ▸ Checksum: 0x9529 [validation disabled]
      Urgent pointer: 0
   ▸ Options: (12 bytes), No-Operation (NOP), No-Operation (NOP), Timestamps
   ▸ [SEQ/ACK analysis]
```

图 C-4　通过 Wireshark 软件捕获的 TCP ACK 数据包

在握手过程完成之后，就可以开始客户和服务器之间的应用数据传输过程了。在发送 ACK 数据包之后，客户会立刻向服务器发送应用数据的数据包。传输层会从应用层获取应用数据。图 C-5 通过一条由 Wireshark 软件所捕获的消息，展示了与一条下载一个图像的 HTTP GET 请求相对应的 TCP 数据包。在应用层运行的 HTTP 主要负责构建包含所有相关头部的 HTTP 消息，并将其传递给传输层的 TCP。不管从应用层接收的数据是什么，TCP 都会利用自己的头部对其进行封装，并将其传递给 TCP/IP 协议栈中的其余层。"TCP 序列计数的工作机制"部分对 TCP 如何为第一个携带应用数据的 TCP 数据包计算序列号进行了讲解。如果仔细观察图 C-5 中 TCP 分组长度字段的值，你会注意到它现在被设为了一个非零值。

```
▶ Frame 4: 791 bytes on wire (6328 bits), 791 bytes captured (6328 bits)
▶ Ethernet II, Src: AsustekC_b3:01:84 (00:1d:60:b3:01:84), Dst: Actionte_2f:47:87 (00:26:62:2f:47:87)
▶ Internet Protocol Version 4, Src: 192.168.1.2, Dst: 174.143.213.184
▼ Transmission Control Protocol, Src Port: 54841 (54841), Dst Port: 80 (80), Seq: 1, Ack: 1, Len: 725
      Source Port: 54841
      Destination Port: 80
      [Stream index: 0]
      [TCP Segment Len: 725]
      Sequence number: 1    (relative sequence number)
      [Next sequence number: 726    (relative sequence number)]
      Acknowledgment number: 1    (relative ack number)
      Header Length: 32 bytes
   ▶ Flags: 0x018 (PSH, ACK)
      Window size value: 46
      [Calculated window size: 5888]
      [Window size scaling factor: 128]
   ▶ Checksum: 0x48ee [validation disabled]
      Urgent pointer: 0
   ▶ Options: (12 bytes), No-Operation (NOP), No-Operation (NOP), Timestamps
   ▶ [SEQ/ACK analysis]
▼ Hypertext Transfer Protocol
   ▶ GET /images/layout/logo.png HTTP/1.1\r\n
      Host: packetlife.net\r\n
      User-Agent: Mozilla/5.0 (X11; U; Linux x86_64; en-US; rv:1.9.2.3) Gecko/20100423 Ubuntu/10.04 (lucid) Firefox/3.6.3\r\n
      Accept: text/html,application/xhtml+xml,application/xml;q=0.9,*/*;q=0.8\r\n
      Accept-Language: en-us,en;q=0.5\r\n
      Accept-Encoding: gzip,deflate\r\n
      Accept-Charset: ISO-8859-1,utf-8;q=0.7,*;q=0.7\r\n
      Keep-Alive: 115\r\n
      Connection: keep-alive\r\n
```

图 C-5　一个由 Wireshark 软件所捕获的 TCP 数据包，它与一条下载图像的 HTTP GET 请求消息相对应

　　在开始进行客户和服务器之间的应用数据传输之后，一方应该对另一方所发送的每个数据包进行确认。作为对客户所发送的第一个携带应用数据的 TCP 数据包的回应，服务器将返回一个如图 C-6 所示的 TCP ACK 数据包。"TCP 序列计数的工作机制"部分对 TCP 如何为这个 TCP ACK 数据包计算序列号和确认号进行了讲解。

```
▶ Frame 5: 66 bytes on wire (528 bits), 66 bytes captured (528 bits)
▶ Ethernet II, Src: Actionte_2f:47:87 (00:26:62:2f:47:87), Dst: AsustekC_b3:01:84 (00:1d:60:b3:01:84)
▶ Internet Protocol Version 4, Src: 174.143.213.184, Dst: 192.168.1.2
▼ Transmission Control Protocol, Src Port: 80 (80), Dst Port: 54841 (54841), Seq: 1, Ack: 726, Len: 0
      Source Port: 80
      Destination Port: 54841
      [Stream index: 0]
      [TCP Segment Len: 0]
      Sequence number: 1    (relative sequence number)
      Acknowledgment number: 726    (relative ack number)
      Header Length: 32 bytes
   ▶ Flags: 0x010 (ACK)
      Window size value: 114
      [Calculated window size: 7296]
      [Window size scaling factor: 64]
   ▶ Checksum: 0x9204 [validation disabled]
      Urgent pointer: 0
   ▶ Options: (12 bytes), No-Operation (NOP), No-Operation (NOP), Timestamps
   ▶ [SEQ/ACK analysis]
```

图 C-6　通过 Wireshark 软件捕获的从服务器发往客户端的 TCP ACK 数据包

TCP 序列计数的工作机制

当通信信道两端任何一方想要向另一方发送一条消息时，都需要发送一个带有 ACK 标志的数据包，来确认最后从对端收到的序列号。如果观察一下从客户发往服务器的第一个 SYN 数据包（如图 C-2 所示），你会发现它并不包含 ACK 标志，因为在 SYN 数据包之前，客户端并没有从服务器接收到任何内容。从那之后，服务器和客户所发送的每个 TCP 数据包都包含了 ACK 标志和确认号字段。

在从服务器发往客户端的 SYN ACK 数据包（如图 C-3 所示）中，通过对服务器（从客户端）所收到最后一个数据包的序列号加一来计算得到确认号的值。换句话说，这里从服务器传递给客户的确认号字段，代表服务器希望收到的下一个数据包的序列号。同时，如果仔细观察一下三步握手过程中每个 TCP 数据包的 TCP 分组长度字段，你会发现其值都被设为零。尽管我们刚刚提到 SYN ACK 数据包中的确认号字段是通过对在 SYN 数据包中找到的序列号加一来计算得到的，但确切来说，计算过程是服务器将来自客户的 TCP 分组长度字段值 +1 加到当前序列号上，来计算得到确认号字段的值。从客户发往服务器的 ACK 数据包（如图 C-4 所示）也采用了相同的计算过程。这里，通过将来自服务器的 TCP 分组长度字段值加一加到客户（从服务器）所收到最后一个数据包的序列号上，来计算得到确认号字段。ACK 数据包中序列号的值和来自服务器的 SYN ACK 数据包中确认号的值相同。

只有在完成三步握手过程之后，客户端才会开始发送真正的应用数据。图 C-5 展示了第一个携带着应用数据，从客户端发往服务器的 TCP 数据包。如果观察一下该 TCP 数据包中的序列号，你会发现它和从客户端发往服务器的上一个数据包（如图 C-4 中所示的 ACK 数据包）相同。在将 ACK 数据包发送给服务器之后，客户端没有从服务器接收任何内容。这意味着服务器所期待的数据包序列号应该与其发送给客户端的最后一个数据包中确认号的值相匹配。如果观察一下图 C-5（该图表示第一个包含应用数据的 TCP 数据包），你会发现 TCP 分组长度字段的值被设为一个非零值，而根据图 C-6（该图表示 ACK 数据包，它针对的是客户所发送第一个包含应用数据的数据包）所示，确认号的值正是被设为 TCP 分组长度字段的值加一加上来自客户端的当前序列号。

C.3 TLS 协议工作原理

TLS 协议可以分为两个阶段：握手阶段和数据传输阶段。在握手阶段，客户端和服务器需要了解彼此的加密能力，并创建加密密钥来保护数据传输过程。数据传输过程在加密过程结束之后进行。数据将被划分为一组记录，通过第一个阶段所创建的加密密钥进行保护，进而在客户和服务器之间进行传输。图 C-7 展示了 TLS 协议是如何在其他传输层和应用层协议之间发挥作用的。TLS 协议最初的设计理念，是在一款可靠的传输协议（比如

TCP）的上层工作。然而，TLS 协议同样可以在不可靠的传输层协议（比如 UDP）的上层使用。RFC 6347 文档所定义的数据报传输层安全（Datagram Transport Layer Security，DTLS）协议 1.2 版本相当于 UDP 范畴中的 TLS 协议。DTLS 协议基于 TLS 协议，并提供了等效的安全保证。本章仅关注 TLS 协议。

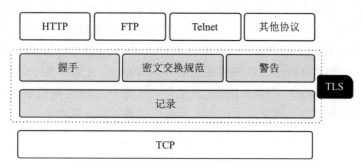

图 C-7　TLS 协议层

1. TLS 协议握手阶段

与 TCP 协议的三步握手（详见图 C-8）类似，TLS 协议也引入了自己的握手过程。TLS 协议握手过程包含了三个子协议：握手协议，改变密码规约协议以及警告协议（详见图 C-7）。握手协议负责在客户端和服务器之间就用于保护应用数据的加密密钥达成共识。

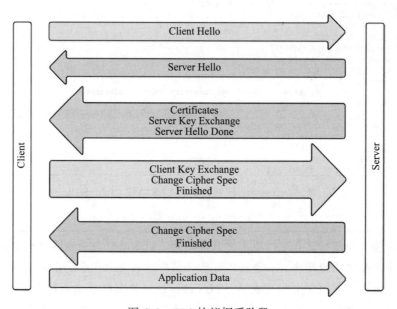

图 C-8　TLS 协议握手阶段

客户端和服务器都会利用改变密码规约协议来通知对方，自己打算切换到一条通过加密保护的信道上来进行后续通信。警告协议则主要用于生成警告，并将其传递给 TLS 协议连接所涉及的各方。例如，如果客户在 TLS 协议握手阶段所接收的服务器证书已被吊销，那么客户将生成 certificate_revoked 警告信息。

　　TLS 协议握手阶段在 TCP 握手过程之后进行。对于 TCP，或者说是传输层来说，TLS协议握手阶段中的所有内容都只是应用数据。在 TCP 握手过程完成之后，TLS 协议层将发起 TLS 协议握手过程。从客户端发往服务器的 Client Hello 消息，是 TLS 协议握手过程中的第一条消息。如图 C-9 所示，TCP 数据包的序列号是 1（正如所料），因为这是第一个携带应用数据的 TCP 数据包。Client Hello 消息包含了客户端所支持的 TLS 协议最高版本，一个由客户生成的随机数，以及一个可选的会话标识符（详见图 C-9）。会话标识符用于恢复一个已有会话，而不是再次从头开始握手过程。TLS 协议握手过程是 CPU 密集型的，但是通过对会话恢复的支持，可以最小化这一开销。

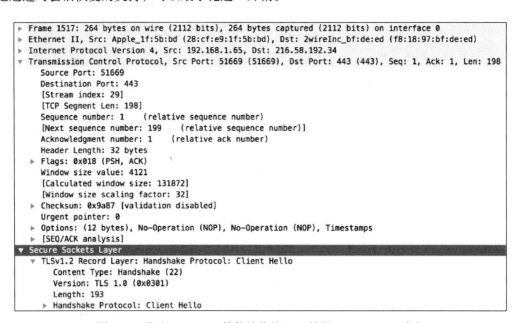

图 C-9　通过 Wireshark 软件捕获的 TLS 协议 Client Hello 消息

注　TLS 协议会话恢复会对性能产生直接影响。TLS 协议握手阶段中的主密钥生成过程会产生极高的开销。在会话恢复的过程中，来自上一个会话的同一个主密钥会进行重用。多项学术研究表明，TLS 协议会话恢复所带来的性能提升可达 20%。当然，会话恢复也有开销，它主要由服务器进行处理。每台服务器都需要维护其所有客户的 TLS 协议状态，同时解决高可用性方面的问题。它需要在集群的不同节点之间分享这一状态。

　　Client Hello 消息中的一个重要字段是密码套件（Cipher Suites）。图 C-12 展开了图 C-10 中的密码套件字段。Client Hello 消息中的密码套件字段承载了客户端所支持的所有加密算法。图 C-12 中所捕获的消息展示了火狐浏览器（版本 43.0.2，64 位）的加密能力。一个给定的密码套件、定义了服务器认证算法、密钥交换算法、批量加密算法以及消息完整性算法。例如，在 TLS_ECDHE_RSA_WITH_AES_128_GCM_SHA256 密码套件中，RSA 是认证算法，ECDHE 是密钥交换算法，AES_128_GCM 是批量加密算法，而 SHA256 是消息完整性算法。任何以 TLS 开头的密码套件都只受 TLS 协议支持。在本附录中，我们将学习每个算法的用途。

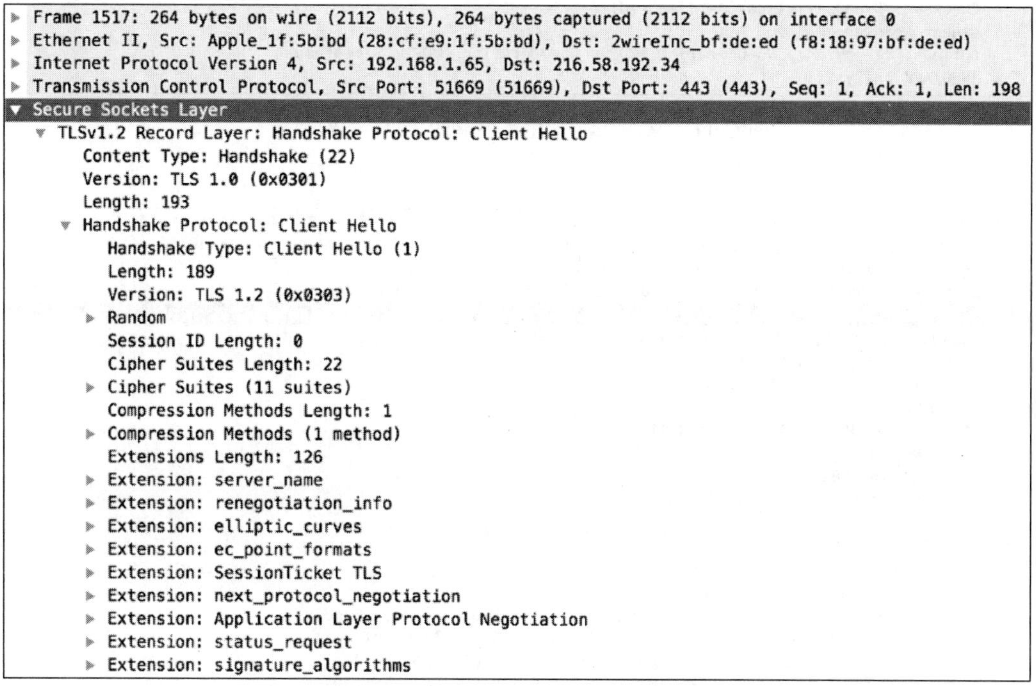

```
▶ Frame 1517: 264 bytes on wire (2112 bits), 264 bytes captured (2112 bits) on interface 0
▶ Ethernet II, Src: Apple_1f:5b:bd (28:cf:e9:1f:5b:bd), Dst: 2wireInc_bf:de:ed (f8:18:97:bf:de:ed)
▶ Internet Protocol Version 4, Src: 192.168.1.65, Dst: 216.58.192.34
▶ Transmission Control Protocol, Src Port: 51669 (51669), Dst Port: 443 (443), Seq: 1, Ack: 1, Len: 198
▼ Secure Sockets Layer
  ▼ TLSv1.2 Record Layer: Handshake Protocol: Client Hello
      Content Type: Handshake (22)
      Version: TLS 1.0 (0x0301)
      Length: 193
    ▼ Handshake Protocol: Client Hello
        Handshake Type: Client Hello (1)
        Length: 189
        Version: TLS 1.2 (0x0303)
      ▶ Random
        Session ID Length: 0
        Cipher Suites Length: 22
      ▶ Cipher Suites (11 suites)
        Compression Methods Length: 1
      ▶ Compression Methods (1 method)
        Extensions Length: 126
      ▶ Extension: server_name
      ▶ Extension: renegotiation_info
      ▶ Extension: elliptic_curves
      ▶ Extension: ec_point_formats
      ▶ Extension: SessionTicket TLS
      ▶ Extension: next_protocol_negotiation
      ▶ Extension: Application Layer Protocol Negotiation
      ▶ Extension: status_request
      ▶ Extension: signature_algorithms
```

图 C-10　通过 Wireshark 软件捕获的 TLS 协议 Client Hello 消息展开版本

　　在服务器接收到来自客户端的 Client Hello 消息之后，它会响应返回 Server Hello 消息。Server Hello 是第一条从服务器发往客户端的消息。准确地说，Server Hello 是第一条在 TLS 协议层生成的从服务器发往客户端的消息。在此之前，服务器的 TCP 协议层会向客户响应返回一条 TCP ACK 消息（详见图 C-11）。TCP 层会将所有的 TLS 协议层消息视为应用数据，并且每条消息都会由客户或服务器进行确认。从这之后，我们将不再讨论 TCP ACK 消息。

```
▶ Frame 1521: 66 bytes on wire (528 bits), 66 bytes captured (528 bits) on interface 0
▶ Ethernet II, Src: 2wireInc_bf:de:ed (f8:18:97:bf:de:ed), Dst: Apple_1f:5b:bd (28:cf:e9:1f:5b:bd)
▶ Internet Protocol Version 4, Src: 216.58.192.34, Dst: 192.168.1.65
▼ Transmission Control Protocol, Src Port: 443 (443), Dst Port: 51669 (51669), Seq: 1, Ack: 199, Len: 0
      Source Port: 443
      Destination Port: 51669
      [Stream index: 29]
      [TCP Segment Len: 0]
      Sequence number: 1      (relative sequence number)
      Acknowledgment number: 199     (relative ack number)
      Header Length: 32 bytes
   ▶ Flags: 0x010 (ACK)
      Window size value: 341
      [Calculated window size: 43648]
      [Window size scaling factor: 128]
   ▶ Checksum: 0xde83 [validation disabled]
      Urgent pointer: 0
   ▶ Options: (12 bytes), No-Operation (NOP), No-Operation (NOP), Timestamps
   ▶ [SEQ/ACK analysis]
```

图 C-11　从服务器发往客户端的 TCP ACK 消息

```
▶ Frame 1517: 264 bytes on wire (2112 bits), 264 bytes captured (2112 bits) on interface 0
▶ Ethernet II, Src: Apple_1f:5b:bd (28:cf:e9:1f:5b:bd), Dst: 2wireInc_bf:de:ed (f8:18:97:bf:de:ed)
▶ Internet Protocol Version 4, Src: 192.168.1.65, Dst: 216.58.192.34
▶ Transmission Control Protocol, Src Port: 51669 (51669), Dst Port: 443 (443), Seq: 1, Ack: 1, Len: 198
▼ Secure Sockets Layer
   ▼ TLSv1.2 Record Layer: Handshake Protocol: Client Hello
         Content Type: Handshake (22)
         Version: TLS 1.0 (0x0301)
         Length: 193
      ▼ Handshake Protocol: Client Hello
            Handshake Type: Client Hello (1)
            Length: 189
            Version: TLS 1.2 (0x0303)
         ▶ Random
            Session ID Length: 0
            Cipher Suites Length: 22
         ▼ Cipher Suites (11 suites)
               Cipher Suite: TLS_ECDHE_ECDSA_WITH_AES_128_GCM_SHA256 (0xc02b)
               Cipher Suite: TLS_ECDHE_RSA_WITH_AES_128_GCM_SHA256 (0xc02f)
               Cipher Suite: TLS_ECDHE_ECDSA_WITH_AES_256_CBC_SHA (0xc00a)
               Cipher Suite: TLS_ECDHE_ECDSA_WITH_AES_128_CBC_SHA (0xc009)
               Cipher Suite: TLS_ECDHE_RSA_WITH_AES_128_CBC_SHA (0xc013)
               Cipher Suite: TLS_ECDHE_RSA_WITH_AES_256_CBC_SHA (0xc014)
               Cipher Suite: TLS_DHE_RSA_WITH_AES_128_CBC_SHA (0x0033)
               Cipher Suite: TLS_DHE_RSA_WITH_AES_256_CBC_SHA (0x0039)
               Cipher Suite: TLS_RSA_WITH_AES_128_CBC_SHA (0x002f)
               Cipher Suite: TLS_RSA_WITH_AES_256_CBC_SHA (0x0035)
               Cipher Suite: TLS_RSA_WITH_3DES_EDE_CBC_SHA (0x000a)
```

图 C-12　通过 Wireshark 软件捕获的 TLS 协议客户所支持的密码套件

　　Server Hello 消息包含了客户端和服务器能够支持的 TLS 协议最高版本，一个由服务器生成的随机数，强度最高的密码套件以及客户端和服务器能够支持的压缩算法（详见图 C-13）。双方各自利用彼此（客户和服务器）生成的随机数来生成主密钥。稍后，这个主密钥将用于计算得到加密密钥。要生成一个会话标识符，服务器有几种选项。如果 Client

Hello 消息中没有包含会话标识符，服务器会生成一个新的标识符。即使客户端包含了一个标识符，但是如果服务器无法恢复该会话，那么它也会再次生成一个新的标识符。如果服务器能够恢复与 Client Hello 消息中指定的会话标识符相对应的 TLS 会话，那么服务器会将其包含在 Server Hello 消息中。对于任何将来不想恢复的新会话，服务器可以选择不为其包含任何会话标识符。

> 🕮 注　在 TLS 协议的发展历程中，曾经曝出多起针对 TLS 协议握手阶段的攻击。密码套件回滚和版本回滚是其中两种攻击手段。这种攻击可能通过中间人攻击来实现，即攻击者拦截 TLS 协议握手消息，并将密码套件或 TLS 协议版本（或者两者同时）降级处理。从 SSL 协议 3.0 版本开始，通过引入 Change Cipher Spec 消息，这个问题得以解决。这种解决方案要求双方分享一个散列值，该值是根据 Change Cipher Spec 消息之前的所有 TLS 协议握手消息（完全按照各方所读取的消息内容）计算得到的。每一方都必须确保以相同的方式读取来自对方的消息。

```
▶ Frame 1522: 1484 bytes on wire (11872 bits), 1484 bytes captured (11872 bits) on interface 0
▶ Ethernet II, Src: 2wireInc_bf:de:ed (f8:18:97:bf:de:ed), Dst: Apple_1f:5b:bd (28:cf:e9:1f:5b:bd)
▶ Internet Protocol Version 4, Src: 216.58.192.34, Dst: 192.168.1.65
▶ Transmission Control Protocol, Src Port: 443 (443), Dst Port: 51669 (51669), Seq: 1, Ack: 199, Len: 1418
▼ Secure Sockets Layer
  ▼ TLSv1.2 Record Layer: Handshake Protocol: Server Hello
      Content Type: Handshake (22)
      Version: TLS 1.2 (0x0303)
      Length: 72
    ▼ Handshake Protocol: Server Hello
        Handshake Type: Server Hello (2)
        Length: 68
        Version: TLS 1.2 (0x0303)
      ▶ Random
        Session ID Length: 0
        Cipher Suite: TLS_ECDHE_RSA_WITH_AES_128_GCM_SHA256 (0xc02f)
        Compression Method: null (0)
        Extensions Length: 28
      ▶ Extension: renegotiation_info
      ▶ Extension: server_name
      ▶ Extension: SessionTicket TLS
      ▶ Extension: Application Layer Protocol Negotiation
      ▶ Extension: ec_point_formats
```

图 C-13　通过 Wireshark 软件捕获的 TLS 协议 Server Hello 消息

在 Server Hello 消息发往客户端之后，服务器将其公共证书以及其他证书——一直到证书链中的根证书颁发机构（Certificate Authority，CA）——一起发送给客户端（详见图 C-14）。客户端必须通过验证这些证书来确认服务器的身份。稍后，它将利用服务器证书中的公钥来对预主密钥进行加密。作为客户端和服务器之间共享的密钥，预主密钥被用来生成主密钥。如果服务器证书中的公钥无法用于预主密钥加密，那么 TLS 协议将执行另一个额外的步骤——服务器密钥交换（Server Key Exchange，详见图 C-14）。在这一步骤中，服务器必须创建一个新的密钥，并将其发送给客户端。稍后客户端将利用它来对自己的预主密钥进行加密。如果服务器要求进行 TLS 协议相互认证，那么下一个步骤就是由服务器来请求客户端证书。来自服务器的客户端证书请求消息中包含了一组服务器信任的证书颁发机构以及证书的类型。在最后两个可选的步骤完成之后，服务器将向客户端发送 Server Hello Done 消息（详见图 C-14）。这是一条空消息，它只负责通知客户端服务器已经完成了其在握手过程中的初始阶段。

```
▶ Frame 1524: 760 bytes on wire (6080 bits), 760 bytes captured (6080 bits) on interface 0
▶ Ethernet II, Src: 2wireInc_bf:de:ed (f8:18:97:bf:de:ed), Dst: Apple_1f:5b:bd (28:cf:e9:1f:5b:bd)
▶ Internet Protocol Version 4, Src: 216.58.192.34, Dst: 192.168.1.65
▶ Transmission Control Protocol, Src Port: 443 (443), Dst Port: 51669 (51669), Seq: 2837, Ack: 199, Len: 694
▶ [3 Reassembled TCP Segments (3106 bytes): #1522(1341), #1523(1418), #1524(347)]
▼ Secure Sockets Layer
  ▼ TLSv1.2 Record Layer: Handshake Protocol: Certificate
      Content Type: Handshake (22)
      Version: TLS 1.2 (0x0303)
      Length: 3101
    ▼ Handshake Protocol: Certificate
        Handshake Type: Certificate (11)
        Length: 3097
        Certificates Length: 3094
      ▶ Certificates (3094 bytes)
▼ Secure Sockets Layer
  ▼ TLSv1.2 Record Layer: Handshake Protocol: Server Key Exchange
      Content Type: Handshake (22)
      Version: TLS 1.2 (0x0303)
      Length: 333
    ▼ Handshake Protocol: Server Key Exchange
        Handshake Type: Server Key Exchange (12)
        Length: 329
      ▶ EC Diffie-Hellman Server Params
  ▼ TLSv1.2 Record Layer: Handshake Protocol: Server Hello Done
      Content Type: Handshake (22)
      Version: TLS 1.2 (0x0303)
      Length: 4
    ▼ Handshake Protocol: Server Hello Done
        Handshake Type: Server Hello Done (14)
        Length: 0
```

图 C-14　通过 Wireshark 软件捕获的 Certificate、Server Key Exchange 和 Server Hello Done 消息

如果服务器要求获取客户端证书，那么现在客户端会将其公共证书以及链中客户端证书验证所需的所有其他证书 [一直到根证书颁发机构（Certificate Authority，CA）]，一起发送给服务器。接下来的 Client Key Exchange 消息包含了 TLS 协议版本以及预主密钥（详见图 C-15）。TLS 协议版本必须和起始的 Client Hello 消息中所指定的相同。这种防御手段主要针对的是所有强制服务器使用不安全 TLS/SSL 协议版本的回滚攻击。消息中所包含的预主密钥必须通过从服务器证书中获取的服务器公钥，或者是 Server Key Exchange 消息中所传递的密钥进行加密。

按照顺序，下一个是 Certificate Verify 消息。作为一个可选项，只有在服务器要对客户进行认证的情况下才需要使用这条消息。客户必须利用自己的私钥对目前所交换的整个 TLS 协议握手消息集合进行签名，并将签名发送给服务器。服务器利用之前步骤所共享的

客户公钥对签名进行验证。签名的生成过程，根据握手阶段所选择的签名算法不同而发生变化。如果用的是 RSA 算法，那么将分别通过 MD5 算法和 SHA-1 算法计算得到之前所有握手消息的散列值。之后，将利用客户私钥对串联的散列值进行加密。如果握手阶段所选择的签名算法是 DSS（Digital Signature Standard，数字签名标准）算法，那么只会使用一个 SHA-1 散列值，之后利用客户私钥对其进行加密。

```
▶ Frame 1527: 192 bytes on wire (1536 bits), 192 bytes captured (1536 bits) on interface 0
▶ Ethernet II, Src: Apple_1f:5b:bd (28:cf:e9:1f:5b:bd), Dst: 2wireInc_bf:de:ed (f8:18:97:bf:de:ed)
▶ Internet Protocol Version 4, Src: 192.168.1.65, Dst: 216.58.192.34
▶ Transmission Control Protocol, Src Port: 51669 (51669), Dst Port: 443 (443), Seq: 199, Ack: 3531, Len: 126
▼ Secure Sockets Layer
  ▼ TLSv1.2 Record Layer: Handshake Protocol: Client Key Exchange
      Content Type: Handshake (22)
      Version: TLS 1.2 (0x0303)
      Length: 70
    ▼ Handshake Protocol: Client Key Exchange
        Handshake Type: Client Key Exchange (16)
        Length: 66
      ▶ EC Diffie-Hellman Client Params
  ▼ TLSv1.2 Record Layer: Change Cipher Spec Protocol: Change Cipher Spec
      Content Type: Change Cipher Spec (20)
      Version: TLS 1.2 (0x0303)
      Length: 1
      Change Cipher Spec Message
  ▼ TLSv1.2 Record Layer: Handshake Protocol: Multiple Handshake Messages
      Content Type: Handshake (22)
      Version: TLS 1.2 (0x0303)
      Length: 40
    ▶ Handshake Protocol: Hello Request
    ▶ Handshake Protocol: Hello Request
```

图 C-15　通过 Wireshark 软件捕获的 Client Key Exchange 和 Change Cipher Spec 消息

此时，客户端和服务器已经交换了生成主密钥所需的所有素材。双方利用客户端随机数、服务器随机数以及预主密钥来生成主密钥。现在，客户端会通过向服务器发送 Change Cipher Spec 消息来表示从此之后所生成的所有消息都将通过已经建立的密钥来进行保护（详见图 C-15）。

Finished 消息是最后一条从客户端发往服务器的消息。它是针对 TLS 协议握手阶段的整个消息流计算得到的散列值，并通过已经建立的密钥进行加密。在服务器收到来自客户端的 Finished 消息之后，它会响应返回 Change Cipher Spec 消息（详见图 C-16）。这条消息会告知客户，服务器已经准备好开始利用已经建立的密钥进行通信。最后，服务器将向客户端发送 Finished 消息。这条消息和客户端所生成的 Finished 消息类似，其中包含了针对握手阶段中的整个消息流计算得到的散列值，并通过生成的密钥进行加密。这条消息将完成 TLS 协议的握手阶段，并且在此之后，客户端和服务器都可以在一条加密信道上发送数据。

```
▶ Frame 1529: 328 bytes on wire (2624 bits), 328 bytes captured (2624 bits) on interface 0
▶ Ethernet II, Src: 2wireInc_bf:de:ed (f8:18:97:bf:de:ed), Dst: Apple_1f:5b:bd (28:cf:e9:1f:5b:bd)
▶ Internet Protocol Version 4, Src: 216.58.192.34, Dst: 192.168.1.65
▶ Transmission Control Protocol, Src Port: 443 (443), Dst Port: 51669 (51669), Seq: 3531, Ack: 325, Len: 262
▼ Secure Sockets Layer
  ▼ TLSv1.2 Record Layer: Handshake Protocol: New Session Ticket
      Content Type: Handshake (22)
      Version: TLS 1.2 (0x0303)
      Length: 206
    ▶ Handshake Protocol: New Session Ticket
  ▼ TLSv1.2 Record Layer: Change Cipher Spec Protocol: Change Cipher Spec
      Content Type: Change Cipher Spec (20)
      Version: TLS 1.2 (0x0303)
      Length: 1
      Change Cipher Spec Message
  ▼ TLSv1.2 Record Layer: Handshake Protocol: Multiple Handshake Messages
      Content Type: Handshake (22)
      Version: TLS 1.2 (0x0303)
      Length: 40
    ▶ Handshake Protocol: Hello Request
    ▶ Handshake Protocol: Hello Request
```

图 C-16　通过 Wireshark 软件捕获的服务器 Change Cipher Spec 消息

TLS 协议与 HTTPS 协议

HTTP 协议在 TCP/IP 协议栈的应用层工作，而 TLS 协议在应用层和传输层之间工作（详见图 C-1）。充当 HTTP 协议客户的客户端（例如，浏览器），也应该通过开启服务器上特定端口（默认 443）的连接来以 TLS 协议客户的身份发起 TLS 协议握手过程。只有在 TLS 协议握手阶段完成之后，客户端才能发起应用数据的交换过程。所有的 HTTP 协议数据都以 TLS 协议应用数据的形式进行发送。TLS 协议之上的 HTTP 协议，最初是由 IETF 组织网络工作组所发布的 RFC 2818 文档定义。RFC 2818 文档还进一步为 TLS 协议之上的 HTTP 协议流量定义了一种 URI 格式，来将其与明文 HTTP 协议流量区分开来。TLS 协议之上的 HTTP 协议通过使用 https 协议标识符代替 http 协议标识符，来与 HTTP 协议的 URI 格式进行区分。后来有两个 RFC 文档（RFC 5785 和 RFC 7230）对 RFC 2818 进行了更新。

2. 应用数据传输阶段

在 TLS 协议握手阶段完成之后，敏感的应用数据就可以利用 TLS 记录协议在客户端和服务器之间进行交换（如图 C-17 所示）。这个协议负责将所有输出消息切割为消息块，以及组装所有的输入消息。每个输出块都会经过压缩。计算得到消息认证码（Message Authentication Code，MAC），然后进行加密。每个输入块都需要进行解密、解压缩以及 MAC 验证。图 C-18 对 TLS 协议握手阶段中交换的所有密钥信息进行了总结。

```
▶ Frame 1531: 122 bytes on wire (976 bits), 122 bytes captured (976 bits) on interface 0
▶ Ethernet II, Src: 2wireInc_bf:de:ed (f8:18:97:bf:de:ed), Dst: Apple_1f:5b:bd (28:cf:e9:1f:5b:bd)
▶ Internet Protocol Version 4, Src: 216.58.192.34, Dst: 192.168.1.65
▶ Transmission Control Protocol, Src Port: 443 (443), Dst Port: 51669 (51669), Seq: 3793, Ack: 325, Len: 56
▼ Secure Sockets Layer
  ▼ TLSv1.2 Record Layer: Application Data Protocol: http
      Content Type: Application Data (23)
      Version: TLS 1.2 (0x0303)
      Length: 51
      Encrypted Application Data: 00000000000000014046831b4ff3a6075a5eb26feddc383a...
```

图 C-17　通过 Wireshark 软件捕获的服务器 Change Cipher Spec 消息

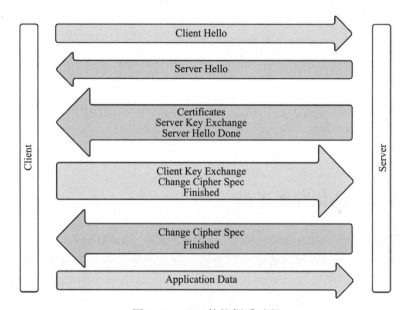

图 C-18　TLS 协议握手过程

　　在 TLS 协议的握手阶段中，双方都会利用客户端生成的随机数、服务器生成的随机数以及客户生成的预主密钥来计算得到一个主密钥。在 TLS 协议的握手过程中，双方会分享所有这三个关键信息。主密钥永远不会在线传输。利用主密钥，双方会生成其他四个密钥。客户端利用第一个密钥来为每条输出消息计算 MAC 值。服务器利用同一密钥来对所有来自客户端的输入消息的 MAC 值进行验证。服务器利用第二个密钥，来为每条输出消息计算 MAC 值。客户端利用同一密钥，来对所有来自服务器的输入消息的 MAC 值进行验证。客户端利用第三个密钥来加密输出消息，而服务器会利用同一密钥来解密所有输入消息。服务器利用第四个密钥来加密输出消息，而客户端会利用同一密钥来解密所有输入消息。

TLS 协议逆向工程分析

　　针对每个会话，TLS 协议会创建一个主密钥，并从中间得到四个用于散列和加密的密钥。如果服务器私钥泄露了该怎么办？如果攻击者记录了客户端和服务器之间传输的所有数据，那么他能够对其进行解密吗？答案是可以。如果记录了 TLS 协议的握手消息，那么在知晓服务器私钥的情况下，你可以解密获取预主密钥。之后，利用客户端生成的随机数和服务器生成的随机数，你可以计算得到主密钥以及其他四个密钥。你可以对所记录的整组会话进行解密。

利用完美前向保密（Perfect Forward Secrecy，PFS）原则，可以防止这种情况发生。在采用 PFS 原则的情况下，比方说在 TLS 协议中会生成一个会话密钥，但稍后会话密钥无法从服务器的主密钥中反向计算得到。这就排除了在一个私钥泄露的情况下丧失数据机密性的风险。为了增加对 PFS 原则的支持，参与 TLS 协议握手阶段的服务器和客户端都应该支持一个使用瞬时 Diffie-Hellman（Ephemeral Diffie-Hellman，DHE）算法，或者是椭圆曲线变体（ECDHE）算法的密码套件。

📷 **注** Google 公司在 2011 年 11 月为 Gmail 邮箱、Google+ 和搜索启用了前向安全。

附录 D　UMA 协议发展历程

用户管理访问（User-Managed Access，UMA，读作"OOH-mah"）协议是一种 OAuth 2.0 框架的实现。OAuth 2.0 框架将资源服务器从授权服务器中分离出来。而 UMA 协议更进一步，它允许你在一台中央授权服务器上控制一组分布式资源服务器。同时，资源所有者也可以利用它在授权服务器上定义一系列的策略，当一个客户被授权访问一个受保护的资源时，授权服务器可以对这些策略进行评估。这种做法实现了不需要资源所有者必须在场，即可通过来自任意客户或请求方的访问请求。授权服务器可以基于资源所有者所定义的策略来做出判断。

D.1　ProtectServe 标准

UMA 协议是由 Kantara Initiative 组织提出的。Kantara Initiative 组织是一个致力于创建数字身份管理标准的非盈利性专业协会。首次 UMA 工作组会议于 2009 年 8 月 6 日举行。在 UMA 协议的背后，存在两股推动的力量：ProtectServe 标准和供应商关系管理（Vendor Relationship Management，VRM）。ProtectServe 是一个深受 VRM 影响的标准。ProtectServe 标准的目标是构建一个基于权限的数据共享模型，该模型要求简单、安全、高效而强大，同时采用 RESTful 设计风格，基于 OAuth 框架实现并且与系统身份无关。ProtectServe 标准在其协议流程中定义了四个参与方：用户、授权管理者、服务提供者以及消费者。

　　服务提供者（Service Provider，SP）负责管理用户的资源，并将其向外界开放。授权管理者（Authorization Manager，AM）负责跟踪所有与某个特定用户相关的服务提供者。作为资源所有者，用户负责将所有服务提供者（或者是其所使用的应用程序）引入授权管理者，以及定义与他人分享资源相关准则的访问控制策略。消费者通过 SP 使用用户的资源。在使用任何服务或资源之前，消费者必须从 AM 上请求一个访问许可。在 AM 上，我们需要根据其所有者针对相关服务所定义的策略，对所请求的访问许可进行评估。ProtectServe 标准将 OAuth 1.0 协议（详见附录 B）作为访问授权协议使用。

　　ProtectServe 协议流程的具体步骤如下：

　　步骤 1：用户，或者是资源所有者，将 SP 引入 AM（详见图 D-1）。

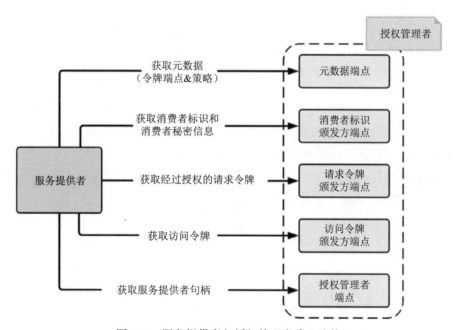

图 D-1　服务提供者与授权管理者建立连接

　　1）用户向 SP 提供 AM 的元数据 URL。

　　2）通过与 AM 的元数据端点进行交互，SP 获取与消费者标识颁发方、请求令牌颁发方、访问令牌颁发方和关联策略（OAuth 1.0 协议规范定义了消费者标识、请求令牌和访问令牌）相关的详细信息。

　　3）通过向请求令牌颁发方（可以由 AM 承担该角色）请求一个 OAuth 请求令牌，SP 发起一个 OAuth 1.0 协议流程。

　　4）AM 生成一个授权请求令牌，并将其和 OAuth 1.0 协议规范中所定义的其他参数一起返回给 SP。

5）为了获得 AM 的授权，SP 将带着一个令牌引用以及 OAuth 1.0 协议规范所定义的其他参数的用户重定向到 AM 上。

6）在获得用户的授权之后，授权管理者将经过授权的请求令牌以及 OAuth 1.0 协议规范所定义的其他参数一起返回给 SP。

7）为了完成 OAuth 1.0 协议的流程，SP 需要利用经过授权的请求令牌，在 AM 上交换获取一个访问令牌。

8）在 OAuth 协议流程完成之后，SP 会通过与 AM 端点（该端点通过 OAuth 1.0 协议进行保护）进行交互来获取一个 SP 句柄。

9）AM 会对 OAuth 签名进行验证，并且在验证成功之后向 SP 发放一个 SP 句柄。作为一个由 AM 生成的唯一标识，SP 句柄的作用是在后续通信中对 SP 进行标识。

以上过程完成了 ProtectServe 协议流程的初始阶段。

注　服务提供者句柄是一个在授权管理者上唯一标识服务提供者的关键信息。该信息是对外公开的。一个给定的服务提供者可能拥有多个服务提供者句柄，每个都与一个相关的授权管理者对应。

步骤 2：每个想要访问受保护资源的消费者，都必须被分配对应的消费者标识。

1）消费者试图访问一个托管于 SP 中的受保护资源。

2）SP 检测到未认证的访问尝试，则会返回一个包含获取 SP 元数据所需详细信息的 HTTP 401 状态码响应消息（详见图 D-2）。

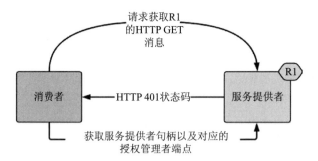

图 D-2　服务提供者通过一个 401 响应来拒绝消费者。R1 代表一个资源

3）利用 401 响应消息中的详细信息，消费者转而与 SP 的元数据端点进行交互（详见图 D-2）。

4）SP 元数据端点会返回 SP 句柄（已经在 AM 上注册），以及对应的 AM 端点。

5）消费者通过与 AM 端点进行交互，来获取一个消费者标识和一个消费者秘密信息（详见图 D-3）。

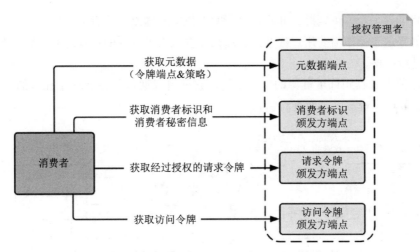

图 D-3　消费者从授权管理者获取一个访问令牌

6）消费者利用其消费者标识和 SP 句柄，从 AM 处请求一个访问令牌。请求必须通过对应的消费者秘密信息进行数字签名。

7）AM 对访问令牌请求中的参数进行验证，而后向消费者发放一个访问令牌和一个令牌秘密信息。

步骤 3：一个带上有效访问令牌的消费者，可以访问托管于 SP 中的受保护资源（详见图 D-4）。

1）消费者尝试利用其访问令牌（通过访问令牌秘密信息进行签名）来访问 SP 中的受保护资源。

2）通过与 AM 进行交互，SP 获取消费者访问令牌的对应密钥。如果有必要，SP 可以对其进行本地存放。

3）SP 利用访问令牌秘密信息，来对请求的签名进行验证。

4）如果签名有效，SP 将会与 AM 的策略决断端点进行交互，并在这一过程中将访问令牌和 SP 句柄传递过去。请求必须通过对应的访问令牌秘密信息进行数字签名。

5）AM 首先对请求进行验证，继而对用户或资源所有者所设置的相应策略进行评估，然后将决断的结果发送给 SP。

6）如果决断结果是拒绝（Deny），准许条件的位置将被返回给 SP，然后 SP 将位置和一个 403 HTTP 状态码一起返回给消费者。

7）消费者通过与 AM 中的准许条件端点进行交互来请求准许条件。请求包含了通过消费者秘密信息进行签名的消费者标识。

8）当消费者收到准许条件时，它将对其进行评估，并通过向 AM 提供额外的信息来证明其合法性。这条请求包含了消费者标识，并且通过消费者秘密信息进行签名。

9）AM 会对消费者所提供的额外信息和声明进行评估。如果这些内容满足所需的准则，那么 AM 将创建一个许可资源，并将许可资源的位置发送给消费者。

10）如果这个操作需要用户的准许，那么在发送许可资源的位置之前，AM 必须将其发送给用户进行审核。

11）在消费者收到许可资源的位置之后，它就可以通过与在 AM 中托管的对应端点进行交互来获取许可资源，进而查看状态。

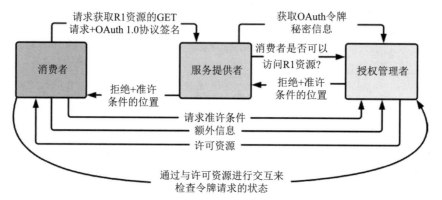

图 D-4　消费者利用有效的 OAuth 凭据，以受限权限访问托管于服务提供者上的资源

步骤 4：在获得授权管理者的许可之后，消费者可以利用其访问令牌和对应密钥来访问受保护资源（详见图 D-5）。

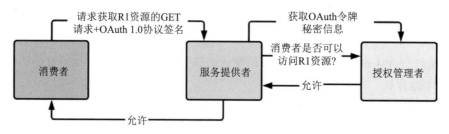

图 D-5　消费者利用有效 OAuth 凭据，以所需权限访问托管于 SP 上的资源

1）消费者尝试利用其访问令牌（通过访问令牌秘密信息进行签名）来访问 SP 上的受保护资源。

2）通过与 AM 进行交互，SP 获取消费者访问令牌的对应密钥。如果有必要，SP 可以对其进行本地存放。

3）SP 利用访问令牌秘密信息来对请求的签名进行验证。

4）如果签名有效，SP 将与 AM 的策略决断端点进行交互，并在这一过程中，将通过对应访问令牌秘密信息进行签名的访问令牌和 SP 句柄传递过去。

5）AM 首先对请求进行验证，继而对用户或资源所有者所设置的相应策略进行评估，然后将决断的结果发送给 SP。

6）如果来自 AM 的决断结果是允许（Allow），那么 SP 会将所请求的资源返回给对应的消费者。

7）SP 可以将来自 AM 的决定结果缓存下来。同一个消费者对资源的后续访问可以直接使用缓存内容，而不需要通过 AM 进行处理。

UMA 协议和 OAuth 框架

近些年来，ProtectServe 标准逐渐演化为 UMA 协议。ProtectServe 标准利用 OAuth 1.0 协议来保护其 API，而 UMA 协议从 OAuth 1.0 协议迁移到 OAuth WRAP 协议，最终转移到 OAuth 2.0 协议。Kantara Initiative 组织耗费了近三年制定的 UMA 协议规范，作为用户管理数据访问协议的建议草案，于 2011 年 7 月 9 日提交给 IETF OAuth 工作组。

D.2　UMA 1.0 协议架构

UMA 协议架构包含五个主要组成部分（详见图 D-6）：资源所有者（类似于 ProtectServe 标准中的用户角色），资源服务器（类似于 ProtectServe 标准中的服务提供者），授权服务器（类似于 ProtectServe 标准中的授权管理者），客户（类似于 ProtectServe 标准中的消费者）以及请求方。在 UMA 协议核心规范中所定义的三个阶段中，这五个组成部分将进行交互。

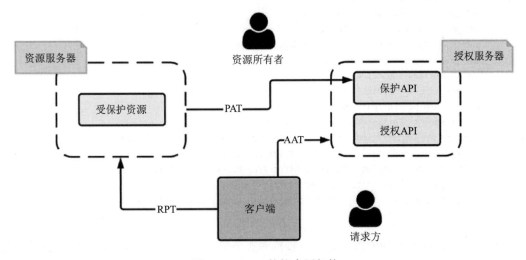

图 D-6　UMA 协议高层架构

D.3　UMA 1.0 协议各阶段

UMA 协议[⊖]的第一个阶段是保护资源。资源所有者通过将与其相关的资源服务器引入一个中央授权服务器来开始这一阶段。

当客户想要访问一个受保护资源时，它会发起第二阶段。通过与授权服务器进行交互，客户能够获得访问托管于资源服务器中的受保护资源所需的授权级别。最后在第三阶段中，客户会直接访问受保护资源。

1. UMA 协议阶段 1：保护资源

资源归属于资源所有者，并且可能位于不同的资源服务器中。让我们看一个例子。比方说，我的照片都存放在 Flickr 上，我的日历在谷歌上，同时我的好友列表在 Facebook 上。那么我应该如何利用一个中央授权服务器来保护所有这些分布在不同资源服务器上的资源呢？第一步就是为 Flickr、谷歌和 Facebook（即所有资源服务器）引入中央授权服务器。资源所有者必须这样做。资源所有者可以登录每个资源服务器，并为它们中的每一个提供授权服务器的配置端点。授权服务器必须以 JSON 格式来提供其配置数据。

以下是一组与授权服务器相关的配置数据示例。任何支持 UMA 协议的资源服务器，都应该能够理解这种 JSON 格式的数据。随着你的继续学习，本节将深入讲解每个配置元素的细节：

```
{
    "version":"1.0",
    "issuer":"https://auth.server.com",
    "pat_profiles_supported":["bearer"],
    "aat_profiles_supported":["bearer"],
    "rpt_profiles_supported":["bearer"],
    "pat_grant_types_supported":["authorization_code"],
    "aat_grant_types_supported":["authorization_code"],
    "claim_profiles_supported":["openid"],
    "dynamic_client_endpoint":"https://auth.server.com/dyn_client_reg_uri",
    "token_endpoint":"https://auth.server.com/token_uri",
    "user_endpoint":"https://auth.server.com/user_uri",
    "resource_set_registration_endpoint":"https://auth.server.com/rs/rsrc_uri",
    "introspection_endpoint":"https://auth.server.com/rs/status_uri",
    "permission_registration_endpoint":"https://auth.server.com/perm_uri",
    "rpt_endpoint":"https://auth.server.com/rpt",
    "authorization_request_endpoint":"https://auth.server.com/authorize"
}
```

在通过授权服务器的配置数据端点将资源服务器引入授权服务器之后，资源服务器可以通过与动态客户注册（RFC 7591）端点（dynamic_client_endpoint）进行交互，来在授权服务器上进行注册。

⊖　https://docs.kantarainitiative.org/uma/rec-uma-core.html

　　授权服务器所开放的客户注册端点可以是受保护的，也可以不是。它可以通过 OAuth
协议、HTTP 基本认证、相互 TLS 协议，或者是授权服务器所选择的任何其他安全协议来
进行保护。尽管动态客户注册配置（RFC 7591）并不强制要求在注册端点使用任何认证协
议，但是它必须通过 TLS 协议进行保护。如果授权服务器决定对外开放端点并且允许任何
人进行注册，那么它可以这样做。要注册一个客户，你必须将其所有元数据传递给注册端
点。这里有一个客户注册的 JSON 格式消息示例：

```
POST /register HTTP/1.1
Content-Type: application/json
Accept: application/json
Host: authz.server.com
{
    "redirect_uris":["https://client.org/callback","https://client.org/
    callback2"],
    "token_endpoint_auth_method":"client_secret_basic",
    "grant_types": ["authorization_code" , "implicit"],
    "response_types": ["code" , "token"],
}
```

　　一次成功的客户注册将得到以下 JSON 格式的响应消息，其中包含资源服务器所用的
客户标识符和客户秘密信息：

```
HTTP/1.1 200 OK
Content-Type: application/json
Cache-Control: no-store
Pragma: no-cache
{
    "client_id":"iuyiSgfgfhffgfh",
    "client_secret": "hkjhkiiu89hknhkjhuyjhk",
    "client_id_issued_at":2343276600,
    "client_secret_expires_at":2503286900,
    "redirect_uris":["https://client.org/callback","https://client.org/
    callback2"],
    "grant_types": "authorization_code",
    "token_endpoint_auth_method": "client_secret_basic",
}
```

> 注　你并不需要使用动态客户注册 API。资源服务器可以采用任何方式在授权服务器
> 上进行注册。在授权服务器上进行注册是一次性操作，而不是针对每个资源所有
> 者。如果某个资源服务器已经在一个指定的授权服务器上注册过了，那么当一个
> 不同的资源所有者引入同一个授权服务器时，它就不需要再次在这个授权服务器
> 上进行注册了。

在初始的资源服务器注册流程完成之后，在第一阶段中，资源服务器为了访问授权服务器所开放的保护 API 而需要进行的下一步骤，就是获取一个保护 API 令牌（Protection API Token，PAT）。（在附录后续的"保护 API"小节中，你将了解 PAT 的更多相关信息。）PAT 是针对每个资源服务器和每个资源所有者进行发放的。换句话说，每个资源所有者必须对一个 PAT 进行授权，这样资源服务器才能在中央授权服务器中利用它来保护资源。授权服务器配置文件会声明它所支持的 PAT 类型。在之前的示例中，授权服务器支持 OAuth 2.0 协议无记名令牌：

```
"pat_profiles_supported": ["bearer"]
```

除了 PAT 令牌类型，授权服务器配置文件也声明了 PAT 的获取方式。在本例中，它应该是通过 OAuth 2.0 协议授权码授予方式获取的。为了获取无记名格式的 PAT，资源服务器必须以授权码授予方式来发起一个 OAuth 协议流程：

```
"pat_grant_types_supported": ["authorization_code"]
```

 注　PAT 令牌的范围必须是 http://docs.kantarainitiative.org/uma/scopes/prot.json。授权码授予方式中的范围值必须包含该值。

以下是一条用于获取一个 PAT 的授权码授予请求示例：

```
GET /authorize?response_type=code
   &client_id=dsdasDdsdsdsdsdas
   &state=xyz
   &redirect_uri=https://flickr.com/callback
   &scope=http://docs.kantarainitiative.org/uma/scopes/prot.json
HTTP/1.1 Host: auth.server.com
```

在获得 PAT 之后，资源服务器就可以利用它来访问授权服务器所开放的资源集注册 API，从而注册一组需要指定授权服务器提供保护的资源。授权服务器配置文件定义了资源集注册 API 端点（在"保护 API"小节中，你将了解资源集注册 API 的更多相关信息）：

```
"resource_set_registration_endpoint": "https://auth.server.com/rs/rsrc_uri"
```

2. UMA 协议阶段 2：获取授权

根据 UMA 协议规范，阶段 2 在客户进行了一次失败的访问尝试之后开始。客户尝试访问托管于资源服务器上的资源，并得到一个 HTTP 403 状态码（详见图 D-7）。除了 403 响应，资源服务器还会返回对应授权服务器所在的端点（as_uri），客户可以从该端点获取一个请求方令牌（Requesting Party Token，RPT）：

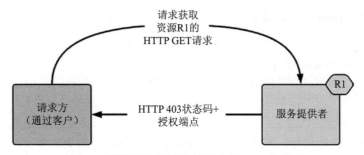

图 D-7　资源服务器拒绝任何未带 RPT 的请求

```
HTTP/1.1 403 Forbidden
WWW-Authenticate: UMA realm="my-realm",
                      host_id="photos.flickr.com",
                      as_uri=https://auth.server.com
```

　　按照 UMA 协议的规定，要访问一个受保护资源，客户必须出示一个有效的 RPT。（在"授权 API"小节中，你将了解 RPT 的更多相关信息。）授权服务器配置文件中声明了 403 响应消息中必须包含的 RPT 端点：

```
"rpt_endpoint": "https://auth.server.com/rpt"
```

　　在资源服务器通过一个 403 响应消息拒绝客户访问之后，客户必须转而与授权服务器的 RPT 端点进行交互。要进行这一操作，客户必须拥有一个授权 API 令牌（Auhtorization API Token，AAT）。要获得一个 AAT，客户必须在对应的授权服务器上进行注册。客户可以选择使用 OAuth 动态客户注册 API，或者是它喜欢的任何其他方式来进行注册。在授权服务器上完成注册之后，客户会得到一个客户标识和一个客户秘密信息。请求方可以是与客户不同的实体。例如，客户可以是一个移动应用或者一个网络应用，而请求方可能是一个使用移动应用或网络应用的人类用户。请求方的最终目标是通过一个客户应用访问一个托管于资源服务器上的、属于资源所有者的 API。要实现这一目标，请求方应该从资源服务器信任的授权服务器处获取一个 RPT。要获得一个 RPT，请求方应该首先通过客户应用获得一个 AAT。要获得一个 AAT，客户必须按照授权服务器在发放 AAT 过程中所支持的 OAuth 授予方式来进行操作。授权服务器的配置文件中声明了相关方式。在本例中，授权服务器支持通过授权码授予方式来发放 AAT：

```
"aat_grant_types_supported": ["authorization_code"]
```

　　在授权服务器上完成注册之后，为了以请求方的身份获得一个 AAT，客户必须发起 OAuth 授权码授予方式流程，在这一流程中 Scope 参数为 http://docs.kantarainitiative.org/uma/scopes/authz.json。以下是一条用于获取一个 AAT 的授权码授予请求示例：

```
GET /authorize?response_type=code
   &client_id=dsdasDdsdsdsdsdas
   &state=xyz
   &redirect_uri=https://flickr.com/callback
   &scope=http://docs.kantarainitiative.org/uma/scopes/authz.json
HTTP/1.1 Host: auth.server.com
```

> **注** 你并不需要使用动态客户注册 API。客户可以采用任何喜欢的方法在授权服务器
> 上进行注册。在授权服务器上进行注册是一次性操作，而不是针对每个资源服务
> 器或者每个请求方。如果某个客户已经在一个指定的授权服务器上完成了注册，
> 那么当一个不同的请求方使用同一个授权服务器时，它就不需要再次进行注册
> 了。AAT 是针对每个客户、每个请求方以及每个授权服务器进行发放的，同时独
> 立于资源服务器。

在拥有 AAT 之后，依据来自资源服务器的 403 响应消息内容，客户可以通过与授权服务器的 RPT 端点进行交互来获取对应的 RPT（详见图 D-8）。为了获得一个 RPT，客户必须利用 AAT 进行认证。在以下示例中，HTTP 授权头部将 AAT 作为一个 OAuth 2.0 无记名令牌使用：

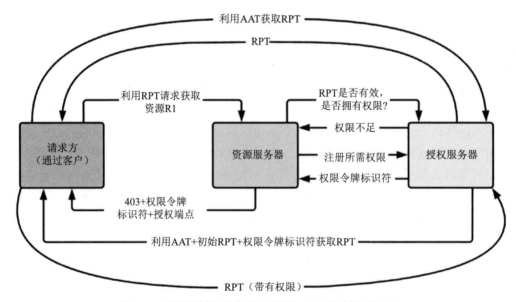

图 D-8　客户从授权服务器上获得一个经过授权的 RPT

```
POST /rpt HTTP/1.1
Host: as.example.com
Authorization: Bearer GghgjhsuyuE8heweds
```

> 🔍 **注** 授权服务器配置中的 `rpt_endpoint` 属性定义了 RPT 端点。

以下内容展示了一条来自授权服务器 RPT 端点的响应消息示例。如果这是 RPT 的首次发放，那么它并没有附上任何授予权限。我们只能将它作为一个临时令牌使用，进而获得"真正"的 RPT：

```
HTTP/1.1 201 Created
Content-Type: application/json
{
    "rpt": "dsdsJKhkiuiuoiwewjewkej"
}
```

当持有初始 RPT 时，客户可以再次尝试访问资源。在这种情况下，RPT 作为 HTTP 授权头部中的 OAuth 2.0 无记名令牌一同发送过去。这时，资源服务器将从资源请求中提取 RPT，并与授权服务器所开放的自省 API 进行交互。自省 API 可以判断 RPT 是否有效，及其相关权限（如果是的话）。在本例中，由于你使用的还是初始 RPT，因此它还没有相关权限，尽管它是一个有效令牌。

> 🔍 **注** 授权服务器所开放的自省 API 是通过 OAuth 2.0 协议保护的。资源服务器必须出示一个有效的 PAT 才能进行访问。PAT 是另一个在 HTTP 授权头部中一起发送过去的无记名令牌。

如果 RPT 的相关权限不足以访问资源，资源服务器会通过与授权服务器所开放的客户请求权限注册 API 进行交互，来对访问预期资源所需的权限集合进行注册。当权限注册成功完成时，授权服务器将返回一个权限票据标识符。

> 🔍 **注** 授权服务器配置中的 `permission_registration_endpoint` 属性定义了客户请求权限注册端点。作为 UMA 协议保护 API 的一部分，这个端点是通过 OAuth 2.0 协议保护的。资源服务器必须出示一个有效的 PAT 才能访问 API。

以下是一条发往授权服务器权限注册端点的请求示例。它必须包含一个与所请求资源对应的唯一 resource_set_id，以及与其关联的所请求范围集合：

```
POST /perm_uri HTTP/1.1
Content-Type: application/json
Host: auth.server.com
{
```

```
    "resource_set_id": "1122wqwq23398100",
    "scopes": [
        "http://photoz.flickr.com/dev/actions/view",
        "http://photoz.flickr.com/dev/actions/all"
        ]
}
```

作为对这条请求消息的响应，授权服务器将生成一个权限票据：

```
HTTP/1.1 201 Created
Content-Type: application/json
{"ticket": "016f88989-f9b9-11e0-bd6f-0cc66c6004de"}
```

当权限票据在授权服务器上创建时，资源服务器将向客户发送以下响应消息：

```
HTTP/1.1 403 Forbidden
WWW-Authenticate: UMA realm="my-realm",
                  host_id=" photos.flickr.com ",
                  as_uri="https://auth.server.com"
                  error="insufficient_scope"


{"ticket": "016f88989-f9b9-11e0-bd6f-0cc66c6004de"}
```

这时，客户必须获取一个带有所需权限集合的新 RPT。和之前的情况不同，这次 RPT 请求还会包含来自之前 403 响应消息的票据属性：

```
POST /rpt HTTP/1.1
Host: as.example.com
Authorization: Bearer GghgjhsuyuE8heweds
{
    "rpt": "dsdsJKhkiuiuoiwewjewkej",
    "ticket": "016f88989-f9b9-11e0-bd6f-0cc66c6004de"
}
```

🛈 注　授权服务器的 RPT 端点是通过 OAuth 2.0 协议进行保护的。要访问 RPT 端点，客户必须将 AAT 作为 OAuth 无记名令牌在 HTTP 授权头部中使用。

在这里，即为了满足所请求权限集合而发放新的 RPT 之前，授权服务器需要对资源所有者针对客户和请求方而设置的授权策略进行评估。如果授权服务器在评估策略的时候需要请求方的更多相关信息，那么它可以通过直接与请求方进行交互来收集所需的详细信息。同时，如果它需要资源所有者的进一步许可，那么授权服务器必须通知资源所有者并等待响应。在任何一种情况下，在授权服务器决定将权限与 RPT 关联起来之后，它将创建一个新的 RPT 并将其发送给客户：

```
HTTP/1.1 201 Created
Content-Type: application/json
{"rpt": "dsdJhkjhkhk879dshkjhkj877979"}
```

3. UMA 协议阶段 3：访问受保护资源

在阶段 2 的结尾，客户端获得了一个带有所需权限集合的有效 RPT。现在，客户端可以利用它来访问受保护的资源。资源服务器再次利用授权服务器所开放的自省 API 来检查 RPT 的有效性。如果令牌有效且拥有所需的权限集合，那么它将向客户端返回对应的资源。

D.4 UMA 协议 API

UMA 协议定义了两种主要的 API：保护 API 和授权 API（详见图 D-9）。保护 API 位于资源服务器和授权服务器之间，而授权 API 位于客户端和授权服务器之间。两种 API 都是通过 OAuth 2.0 协议进行保护的。要访问保护 API，资源服务器必须出示一个 PAT 作为无记名令牌；而要访问授权 API，客户必须出示一个 AAT 作为无记名令牌。

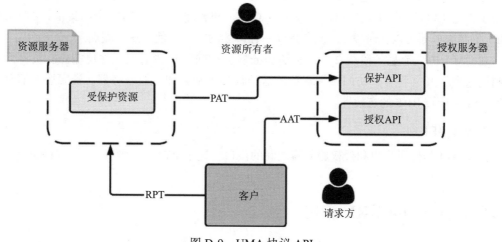

图 D-9　UMA 协议 API

1. 保护 API

保护 API 是授权服务器向资源服务器开放的接口。它由三个子元素组成：OAuth 资源集注册端点[⊖]，客户请求权限注册端点以及 OAuth 令牌自省（RFC 7662）端点。

这三个 API 虽然都属于保护 API，但是分别解决了不同的问题。资源服务器利用资源集注册 API 向授权服务器公布其资源的语义和发现属性。资源服务器会持续不断地进行这

　㊀　OAuth 资源集注册规范的最新草案，在网址 https://tools.ietf.org/html/draft-hardjono-oauth-resource-reg-07 中可见。

一操作。无论何时它发现一个需要由外部授权服务器提供保护的资源，都会通过与对应的资源集注册端点进行交互来注册新的资源。这个操作可以由资源服务器自身发起，也可以由资源所有者发起。以下示例展示了一条发往授权服务器资源集注册 API 的 JSON 格式请求。name 属性的值应该是人类可读的文本，而可选的 icon_uri 属性可以指向任何代表这个资源集的图像。scope 数组应该列出访问资源集所需的所有范围值。type 属性描述了资源集的相关语义。这个属性的值只对资源服务器有意义，并且可用于处理相关的资源：

```
{
  "name": "John's Family Photos",
  "icon_uri": "http://www.flickr.com/icons/flower.png",
  "scopes": [
      "http://photoz. flickr.com/dev/scopes/view",
      "http://photoz. flickr.com/dev/scopes/all"
  ],
  "type": "http://www. flickr.com/rsets/photoalbum"
}
```

这条 JSON 格式的消息也被称为资源描述。每个 UMA 协议授权服务器都必须实现一个用于创建（POST）、更新（PUT）、列举（GET）和删除（DELETE）资源集描述的 REST API。资源服务器可以在阶段 1，或者是以一种持续的方式，使用这个端点。

在 UMA 协议流程的阶段 2 中，资源服务器会访问客户请求权限注册端点。资源服务器利用这个 API 来将客户访问预期资源所需的权限级别告知授权服务器。资源服务器利用自省 API 来检查 RPT 的有效性。

2. 授权 API

授权 API 是位于客户和授权服务器之间的接口。这个 API 的主要任务是发放 RPT。

附录 E　Base64 URL 编码

Base64 编码定义了如何以一种 ASCII 字符串的格式来标识二进制数据。Base64 编码的目标是，以一种可打印的格式来传送二进制数据，比如密钥或数字证书。在将这些对象作为一封电子邮件的正文、一个网络页面、一份 XML 文档或者是一个 JSON 格式文档的一部分进行传输的情况下，这类编码是有必要的。

要进行 Base64 编码，首先需要将二进制数据划分为 24 比特长度的分组。然后，每个 24 比特长度的分组将被分为 4 个 6 比特长度的分组。这时，就可以根据其十进制位值，使用一个可打印的字符来表示每个 6 比特长度的分组（详见图 E-1）。例如，6 比特长度的分组 000111 的十进制值为"7"。根据图 E-1，字符"H"标识这个 6 比特长度的分组。除了图 E-1 中所示的字符，字符"="被用于指定一种特殊的处理功能，即填充。如果原始二进

制数据的长度不是 24 的整数倍，那么就需要进行填充。比如长度为 232，它不是 24 的整数
倍。这时，我们需要填充这个二进制数据，从而使其长度等于 24 的下一个整数倍，即 240。
换句话说，我们需要为这个二进制数据填充 8 个空位，从而使其长度等于 240。在这种情况
下，我们通过在二进制数据的末尾添上 8 个 "0" 来完成填充。这时，当我们通过将这 240
个比特位除以 6 来创建 6 比特长度的分组时，最后一个 6 比特长度的分组将是全零——这
个完整的分组将由填充字符 "=" 来表示。

0	A	16	Q	32	g	48	w
1	B	17	R	33	h	49	x
2	C	18	S	34	i	50	y
3	D	19	T	35	j	51	z
4	E	20	U	36	k	52	0
5	F	21	V	37	l	53	1
6	G	22	W	38	m	54	2
7	H	23	X	39	n	55	3
8	I	24	Y	40	o	56	4
9	J	25	Z	41	p	57	5
10	K	26	a	42	q	58	6
11	L	27	b	43	r	59	7
12	M	28	c	44	s	60	8
13	N	29	d	45	t	61	9
14	O	30	e	46	u	62	+
15	P	31	f	47	v	63	/

图 E-1　Base64 编码

以下示例展示了如何利用 Java 8 对二进制数据进行 Base64 编码 / 解码。从 Java 8 开
始，Java 语言引入了 java.util.Base64 类。

```
byte[] binaryData = //将二进制数据放在这个变量中
// 编码
String encodedString = Base64.getEncoder().encodeToString(binaryData);
// 解码
binary[] decodedBinary = Base64.getDecoder().decode(encodedString);
```

Base64 编码的一个问题是，它在 URL 地址中无法正常使用。当在一个 URL 地址中使
用时，Base64 编码中的字符 "+" 和 "/"（详见图 E-1）具有特殊含义。如果我们试图将一
张经过 Base64 编码的图像作为一个 URL 查询参数发送出去，同时如果 Base64 编码字符串
包含上述两个字符中的任何一个，那么浏览器将以一种错误的方式解析 URL 地址。我们通
过引入 Base64url 编码来解决这个问题。Base64url 编码的工作方式是，除了两种特殊情况
之外，与 Base64 编码完全一致：Base64url 编码使用字符 "-" 来代替 Base64 编码中的字
符 "+"，同时使用字符 "_" 来代替 Base64 编码中的字符 "/"。

以下示例展示了如何利用 Java 8 对二进制数据进行 Base64url 编码 / 解码。从 Java 8 开
始，Java 语言引入了 java.util.Base64 类。

```
byte[] binaryData = // 将二进制数据放在这个变量中
// 编码
String encodedString = Base64.getUrlEncoder().encodeToString(binaryData);
// 解码
binary[] decodedBinary = Base64.getUrlEncoder().decode(encodedString);
```

附录 F　基本 / 摘要认证

　　HTTP 基本认证和摘要认证是两种用于在网络上保护资源的认证方案。两者都是以用户名和口令为基础的凭据。当尝试登录一个网络站点时，如果浏览器弹出一个询问用户名和口令的对话框，那么很有可能这个站点是通过 HTTP 基本认证或摘要认证进行保护的。要求浏览器强制用户进行认证是一种快速又粗暴的网络站点保护方式。目前互联网上，完全没有或者说至多有极少数网站采用 HTTP 基本认证或摘要认证。相反，它们会采用一种基于表单的友好认证方式，或者是它们自己定制的认证方案。但是，仍然会有一些站点会利用 HTTP 基本认证 / 摘要认证来保护对网络资源的直接 API 级访问。

　　互联网工程任务组（Internet Engineering Task Force，IETF）通过 HTTP/1.0 RFC（Request For Comments，请求评论）文档对 HTTP 基本认证进行了首次标准化。它将明文形式的用户名和口令作为一个 HTTP 头部在网络上进行传输。在线上以明文形式传递用户的凭据非常不安全，除非是在一个安全传输通道上使用，比方说 TLS 协议上的 HTTP。这一限制在 RFC 2617 文档中被打破，其中针对 HTTP 定义了两种认证方案：基本访问认证和摘要访问认证。与基本认证不同，摘要认证是基于加密散列的，并且绝对不会在线上以明文形式发送用户凭据。

F.1　HTTP 基本认证

　　HTTP/1.0 协议规范首次定义了 HTTP 基本认证的方案，并在 RFC 2617 文档中进行了进一步的再定义。RFC 2617 文档是作为 HTTP 1.1 协议规范或 RFC 2616 文档[⊖]的配套补充而提出的。然后在 2015 年，RFC 2617 文档被新的 RFC 7617 文档淘汰。它是一种基于挑战 - 应答机制的认证方案，即服务器向用户发出挑战，要求其提供有效凭据才能访问受保护资源。在这个模型中，用户必须针对每个领域进行认证。领域可以被视为一个保护域。一个领域允许将一个服务器上的受保护资源划分为一系列保护空间，每个空间都可以拥有自己的认证方案和授权数据库。[⊖]一个指定的用户可以同时属于多个领域。领域的值会在进行认证时向用户展示——它是服务器所发送认证挑战的一部分。领域的值是一个字符串，该

　　⊖　超文本传输协议 -HTTP/1.1，网址为 www.ietf.org/rfc/rfc2616.txt。

　　⊜　HTTP Authentication：Basic and Digest Access Authentication，www.ietf.org/rfc/rfc2617.txt

值是由认证服务器所分配的。在带着基本认证凭据的请求抵达服务器之后，只有在能够验证用户名和口令的情况下，服务器才会针对相应的领域，对要求访问受保护资源的请求进行认证。

通过 HTTP 基本认证方式访问 GitHub 的 API

GitHub 是一个基于网络的 git 仓库托管服务。其 REST API[①]是通过 HTTP 基本认证方式进行保护的。本次练习将向你展示如何访问受保护的 GitHub API，进而创建一个 git 仓库。要试验以下内容，你需要拥有一个 GitHub 账号，如果没有的话，可以在网址 https://github.com 上创建一个账号。

让我们尝试利用 cURL 工具来调用以下 GitHub API。作为一个公开 API，它不需要任何认证，并且将返回指向所有与所提供 GitHub 用户名相对应的可用资源的指针。

```
\> curl -v https://api.github.com/users/{github-user}
```

例如：

```
\> curl -v https://api.github.com/users/prabath
```

上述命令将返回以下 JSON 格式的响应消息：

```
{
    "login":"prabath",
    "id":1422563,
    "avatar_url":"https://avatars.githubusercontent.com/u/1422563?v=3",
    "gravatar_id":"",
    "url":"https://api.github.com/users/prabath",
    "html_url":"https://github.com/prabath",
    "followers_url":"https://api.github.com/users/prabath/followers",
    "following_url":"https://api.github.com/users/prabath/following
    {/other_user}",
    "gists_url":"https://api.github.com/users/prabath/gists{/gist_id}",
    "starred_url":"https://api.github.com/users/prabath/starred{/owner}
    {/repo}",
    "subscriptions_url":"https://api.github.com/users/prabath/subscriptions",
    "organizations_url":"https://api.github.com/users/prabath/orgs",
    "repos_url":"https://api.github.com/users/prabath/repos",
    "events_url":"https://api.github.com/users/prabath/events{/privacy}",
    "received_events_url":"https://api.github.com/users/prabath/received_
    events",
    "type":"User",
```

---

　① GitHub REST API, http://developer.github.com/v3/

```
        "site_admin":false,
        "name":"Prabath Siriwardena",
        "company":"WSO2",
        "blog":"http://blog.faciellogin.com",
        "location":"San Jose, CA, USA",
        "email":"prabath@apache.org",
        "hireable":null,
        "bio":null,
        "public_repos":3,
        "public_gists":1,
        "followers":0,
        "following":0,
        "created_at":"2012-02-09T10:18:26Z",
        "updated_at":"2015-11-23T12:57:36Z"
    }
```

> 📷 **注** 　为了清晰起见，本书中所用到的所有 cURL 命令都分成了多行。当执行它们时，请确保其位于单独一行，中间没有换行。

现在让我们尝试一下另一个 API。这里，你将通过以下 API 调用操作来创建一个 GitHub 仓库。这条命令将返回一条带有 HTTP 状态码 401 未授权的否定响应。这个 API 是通过 HTTP 基本认证方式进行保护的，你需要提供凭据才能访问它：

```
\> curl -i  -X POST -H 'Content-Type: application/x-www-form-urlencoded'
       -d '{"name": "my_github_repo"}'  https://api.github.com/user/repos
```

上述命令将返回以下 HTTP 响应消息，其中指明了请求没有进行认证。通过观察 GitHub 对未认证的创建仓库 API 调用的响应消息，我们发现，貌似 GitHub API 和 HTTP 1.1 协议规范并不能完全兼容。根据 HTTP 1.1 协议规范，无论何时，只要服务器返回一个 401 状态码，那么它必须同时返回 WWW-Authenticate HTTP 头部字段。

```
HTTP/1.1 401 Unauthorized
Content-Type: application/json; charset=utf-8
Content-Length: 115
Server: GitHub.com
Status: 401 Unauthorized
{
  "message": "Requires authentication",
  "documentation_url": "https://developer.github.com/v3/repos/#create"
}
```

让我们通过正确的 GitHub 凭据来调用相同的 API。请用你的凭据来替换 $GitHubUserName 和 $GitHubPassword：

```
curl  -i -v -u $GitHubUserName:$GitHubPassword
        -X POST -H 'Content-Type: application/x-www-form-urlencoded'
        -d '{"name": "my_github_repo"}' https://api.github.com/user/repos
```

接下来，让我们看一下 cURL 客户端所生成的 HTTP 请求消息：

```
POST /user/repos HTTP/1.1
Authorization: Basic cHJhYmF0aDpwcmFiYXRoMTIz
```

请求消息中的 HTTP 授权头部是根据你所提供的用户名和口令生成的。公式很简单：
Basic Base64Encode（username：password）。任何经过 Base64 编码得到的文本都不会比
明文更好——它可以很轻易地被解码还原成明文。这就是为什么未加密 HTTP 上的基本认
证并不安全。它必须与一个安全传输通道（比方说 HTTPS）结合使用。

上述命令将返回以下 HTTP 响应消息（为了清晰起见，截短展示），其中表明 git 仓库
已经成功创建。

```
HTTP/1.1 201 Created
Server: GitHub.com
Content-Type: application/json; charset=utf-8
Content-Length: 5261
Status: 201 Created
{
  "id": 47273092,
  "name": "my_github_repo",
  "full_name": "prabath/my_github_repo"
}
```

> **注** 要向 cURL 客户端所生成的请求中添加 HTTP 基本认证凭据，可以使用选项 -u
> username：password。这个选项将创建经过 Base64 编码的 HTTP 基本授权头
> 部。-i 被用于在输出信息中包含 HTTP 头部，而 -v 被用于以冗余模式来运行
> cURL 工具。-H 被用于在向外发送的请求中设置 HTTP 头部，而 -d 被用于向端
> 点上传数据。

F.2　HTTP 摘要认证

RFC 2069 文档[一]最初是将 HTTP 摘要认证作为对 HTTP/1.0 协议规范的扩展提出的，目
的是突破 HTTP 基本认证中的某些限制。后来，这个规范被 RFC 2617 文档所替代。基于自
其发布之日起所发现的一些问题，RFC 2617 文档移除了 RFC 2069 文档所指定的一些可选
元素，同时出于兼容性考虑引入了一组新的元素，并将这些新元素指定为可选项。作为一

〇　An Extension to HTTP: Digest Access Authentication，www.ietf.org/rfc/rfc2069.txt

种基于挑战 – 应答模型的认证方案，摘要认证绝对不会在线发送用户的凭据。因为凭据绝对不会随请求在线发送，所以 TLS 协议并不是必需的。任何拦截通信的人都无法找到明文口令。

要发起摘要认证，客户必须向受保护资源发送一条不带认证信息的请求，这条消息会引发一个挑战（在响应消息中）。以下示例展示了如何利用 cURL 工具发起一次摘要认证握手过程（这只是一个示例，请不要进行尝试，在本附录的后续部分中我们准备了样例 cute-cupcake）：

```
\> curl -k --digest -u userName:password -v https://localhost:8443/recipe
```

注 要向一条 cURL 客户端所生成的请求消息中添加 HTTP 摘要认证凭据，请使用选项 --digest -u username: password。

让我们看一下响应消息中的 HTTP 头部。第一个响应是一个带有 WWW-Authenticate HTTP 头部字段的 401[⊖]消息，实际上这就是挑战：

```
HTTP/1.1 401 Unauthorized
WWW-Authenticate: Digest realm="cute-cupcakes.com", qop="auth",
nonce="1390781967182:c2db4ebb26207f6ed38bb08eeffc7422",
opaque="F5288F4526B8EAFFC4AC79F04CA8A6ED"
```

注 随着继续学习本附录，你将了解食谱 API 的更多相关信息，以及对其进行本地部署的方法。附录末尾的"通过 HTTP 摘要认证方式来保护食谱 API"练习将为你讲解如何通过摘要认证来保护一个 API。

来自服务器的挑战，由以下重要元素组成。其中每个元素都在 RFC 2617 文档中进行了定义：

❑ 领域（realm）：一个向用户展示的字符串，这样用户才能知道使用哪个用户名和口令。这个字符串至少应该包含实施认证的主机名称，可能还会额外指明可能访问过的用户集合。

❑ 域（domain）：作为一个可选元素，这个元素并没有在上述响应消息中出现。它是一个通过逗号分隔的 URI 列表。其目的是，客户可以利用这个信息来知晓应该发送相同认证信息的 URI 集。这个列表中的 URI 可能存在于不同的服务器上。如果这个关键字被省略或者为空，那么客户应该假设域是由响应服务器上所有 URI 组成的。

⊖ 当请求访问对应资源的过程中未进行认证时，HTTP 响应消息中就会返回 401 HTTP 状态码。以下网址定义了所有的 HTTP/1.1 状态码：www.w3.org/Protocols/rfc2616/rfc2616-sec10.html。

❑ 随机数（nonce）：一个由服务器指定的数字字符串，每次产生一条 401 响应消息，都应该唯一生成一个随机数。nonce 值依赖于具体实现，并且对客户是不透明的。客户不应该尝试解析 nonce 值。

❑ 模糊值（opaque）：一个由服务器指定的数字字符串，客户应该将该值原封不动放入后续请求的授权头部字段中，和同一个保护空间（即领域）中的 URI 一起返回给服务器。因为客户会在一次会话期间将服务器传递给它的 opaque 元素值返回，所以 opaque 元素数据可以被用于传输认证会话状态信息，或者是被用作一个会话标识符。

❑ 过期标识（stale）：一个标志，表明之前来自客户的请求由于 nonce 值过期而被拒绝。如果 stale 元素为真（TRUE，大小写不敏感），那么客户可能希望简单地利用新的 nonce 值进行重新尝试请求，而不需要再次提示用户输入一个新的用户名和口令。服务器应该只在它所接受的请求中 nonce 值无效，但针对这个 nonce 值的摘要结果有效（这表明客户知道正确的用户名 / 口令）的情况下，才将 stale 元素设置为真（TRUE）。如果 stale 元素为假（FALSE），或者是任何除了真（TRUE）之外的其他值，或者是 stale 元素指示不存在，那么说明用户名或口令无效，并且必须获取新值。这个标志在上述响应消息中没有展示。

❑ 算法（algorithm）：作为一个可选元素，这个元素并没有在上述响应消息中出现。algorithm 元素的值是一个字符串，它的作用是指明一对用于生成摘要和校验值的算法。如果客户不理解 algorithm 元素的值，那么挑战应该被忽略，而如果它不存在，则默认为 MD5。

❑ 保护质量（qop）：应用于服务器响应的保护质量选项。auth 值表示认证；同时，auth-int 值表示认证以及完整性保护。作为一个可选元素，它是为了保证与 RFC 2069 文档的向后兼容而引入的。

在获得来自服务器的响应之后，客户端必须做出回应。这里的 HTTP 请求消息中带有对挑战的应答：

```
Authorization: Digest username="prabath", realm="cute-cupcakes.com",
nonce="1390781967182:c2db4ebb26207f6ed38bb08eeffc7422", uri="/recipe",
cnonce="MTM5MDc4", nc=00000001, qop="auth",
response="f5bfb64ba8596d1b9ad1514702f5a062",
opaque="F5288F4526B8EAFFC4AC79F04CA8A6ED"
```

以下是客户应答消息中的重要元素：

❑ 用户名（username）：将要调用 API 用户的唯一标识符。

❑ 领域（realm）/ 保护质量（qop）/ 随机数（nonce）/ 模糊值（opaque）：与来自服务器的初始挑战中的值相同。qop 元素的值指明了客户针对消息所应用的保护质量。如果存在，那么它的值必须是服务器在 WWW-Authenticate 头部字段中指明它所支持的选项中的一个。

- ❑ 客户随机数（cnonce）：在发送了一个 qop 元素指示的情况下必须指定该值，而在服务器没有在 WWW-Authenticate 头部字段中发送一个 qop 元素指示的情况下，绝对不能指定该值。作为一个客户所提供的模糊引用字符串值，cnonce 元素的值被客户和服务器用来防御选择明文攻击[⊖]，提供相互认证以及提供一部分的消息完整性保护。这个元素并没有在上述响应消息中出现。

- ❑ 随机数计数器（nc）：在发送了一个 qop 元素指示的情况下必须指定该值，而在服务器没有在 WWW-Authenticate 头部字段中发送一个 qop 元素指示的情况下，绝对不能指定该值。nc 值是一个十六进制数值，表示客户使用相同的 nonce 值所发送的请求数量（包括当前请求）。例如，在第一个作为对指定 nonce 值响应的请求消息中，客户将发送 nc=00000001。这个指示的目的是，允许服务器通过维护这个计数属于自己的副本，来检测请求重放——如果同样的 nc 值针对同一个 nonce 值出现了两次，那么这条请求就是一条重放消息。

- ❑ 摘要 URI（digest-uri）：来自请求行的请求 URI。由于允许代理在传输途中对 Request-Line 进行修改，因此这里会复制一份副本。digest-uri 元素的值被用于计算应答（response）元素的值，本章稍后将对其进行讲解。

- ❑ 认证参数（auth-param）：作为一个可选元素，这个元素并没有在上述响应消息中出现。它允许后续扩展。服务器必须忽略任何无法识别的指示。

- ❑ 应答（response）：针对服务器所发送挑战的响应，它是由客户计算得出的。以下章节将讲解 response 元素的值是如何计算的。

response 元素的值是通过以下方式计算得到的。摘要认证支持多种算法。RFC 2617 文档建议使用 MD5 算法或 MD5-sess（MD5-session）算法。如果在服务器挑战消息中没有指定算法，那么将使用 MD5 算法。我们需要针对两类数据进行摘要计算：安全相关数据（A1）和消息相关数据（A2）。如果选择 MD5 算法作为散列算法或者它没有被特别指定，那么可以通过以下方式来定义安全相关数据（A1）：

```
A1 = username: realm: password
```

如果你选择 MD5-sess 算法作为散列算法使用，那么可以通过以下方式来定义安全相关数据（A1）。作为一个客户所提供的模糊引用字符串值，cnonce 元素的值被客户和服务器用来防御选择明文攻击。nonce 元素的值与服务器挑战消息中的相同。如果选择 MD5-sess 算法作为散列算法，那么 A1 只会由客户在收到来自服务器的 WWW-Authenticate 挑战之

⊖ 选择明文攻击是一种攻击者能够获取加密文本及其对应明文的攻击模型。攻击者可以自己选择明文，并通过服务器对其进行加密或签名。此外，攻击者还可以通过精心构造明文来分析加密/签名算法的相关特征。例如，攻击者可以从空文本、包含一个字母的文本、包含两个字母的文本等开始，然后获取对应的加密/签名文本。这种针对加密/签名文本的分析被称为密码分析学。

后，针对第一条请求计算一次：

A1=MD5（username：realm：password）：nonce：cnonce

根据服务器挑战消息中的 qop 元素值，RFC 2617 文档以两种方式定义了消息相关数据（A2）。如果其值为 auth 或者未定义，那么消息相关数据（A2）通过以下方式进行定义。request-method 元素的值可以是 GET、POST、PUT、DELETE 或者是任何 HTTP 行为，而 uri-directive-value 元素的值是来自请求行的请求 URI：

A2=request-method：uri-directive-value

如果 qop 元素的值为 auth-int，那么除了进行认证，还需要保护消息的完整性。A2 将通过以下方式得到。当你选择 MD5 或 MD5-sess 作为散列算法时，H 的值为 MD5：

A2=request-method：uri-directive-value：H（request-entity-body）

根据 qop 元素的值，最终的摘要值将通过以下方式计算得到。如果 qop 元素被设为 auth 或 auth-int，那么最终的摘要值如下所示。nc 值是一个十六进制数值，表示客户使用这条请求中的 nonce 值所发送的请求数量（包括当前请求）。这个指示可以帮助服务器检测重放攻击。服务器会维护 nonce 值和随机数计数属于自己的副本。如果其中任何一个出现两次，那么就表明可能存在重放攻击：

MD5（MD5（A1）：nonce：nc：cnonce：qop：MD5（A2））

如果 qop 元素未定义，那么最终的摘要值为：

MD5（MD5（A1）：<nonce>：MD5（A2））

这个最终的摘要值将被设为从客户端发往服务器的 HTTP 请求消息中的 response 元素值。在客户端对服务器的初始挑战做出应答之后，从这里开始的后续请求都不再需要上述的三条消息交互流程（来自客户的未经认证初始请求，来自服务器的挑战，以及来自客户对挑战的应答）。只有在请求中没有有效授权头部的情况下，服务器才会向客户端发送一条挑战消息。在客户端获得初始的挑战消息之后，来自挑战消息的相同参数将在后续请求中使用。换句话说，客户端对服务器针对一个保护空间所发出的 WWW-Authenticate 挑战的应答将开启一个与该保护空间相关的认证会话。认证会话会一直持续，直到客户端收到保护空间中的任何服务器所发出的另一条 WWW-Authenticate 挑战消息。客户端应该记住与认证会话相关的用户名、口令、随机数、随机数计数以及模糊值，这样一来，在这个保护空间中，它才能使用这些信息来创建后续请求中的授权头部。例如在每条来自客户的请求中，授权头部都应该包含 nonce 值。这个 nonce 值是从来自服务器的初始挑战消息中提取出来的，但是每条请求的 nc 元素值都会加一。表 F-1 对 HTTP 基本认证和摘要认证进行了比较。

表 F-1 对比 HTTP 基本认证和 HTTP 摘要认证

HTTP 基本认证	HTTP 摘要认证
在线以明文形式发送凭据	绝对不会以明文形式发送凭据。在线将一个由明文口令计算得到的摘要结果发送出去
应该与一个安全传输通道（比如 HTTPS）配合使用	不依赖于下层传输通道的安全性
只能进行认证	除了进行认证，还可以用来保护消息的完整性（在 qop=auth-int 的情况下）
用户存储可以将口令以加盐散列的形式进行	用户存储应该以明文形式存储口令，或者是存储 username：realm：password 的散列值

> **注** 在 HTTP 摘要认证中，用户存储存放口令的形式或者是明文，或者是 username：realm：password 的散列值。这是必需的，因为服务器必须对客户发送的摘要结果进行验证，而该结果是根据明文口令（或者是 username：realm：password 的散列值）计算得到的。

Cute-Cupcake 工厂：在 Apache Tomcat 服务器中部署食谱 API

在本例中，你将在 Apache Tomcat 服务器中部署一个预先构建好的、带有食谱 API 的网络应用。食谱 API 由 Cute-Cupcake 工厂进行管理和维护。它是一个公开 API，Cute-Cupcake 工厂的顾客可以与之进行交互。食谱 API 支持以下五种操作：

❑ GET /recipe：返回系统中的所有食谱。

❑ GET /recipe/{$recipeNo}：返回带有指定食谱编号的食谱。

❑ POST /recipe：在系统中创建一个新的食谱。

❑ PUT /recipe：利用给定的详细信息对系统中的食谱进行更新。

❑ DELETE /recipe/{$recipeNo}：根据所提供的食谱编号，从系统中删除食谱。

你可以从网址 http://tomcat.apache.org 下载 Apache Tomcat 服务器的最新版本。本书中所讨论的所有示例使用的都是 Tomcat 9.0.20。

要部署 API，请从网址 https://github.com/apisecurity/samples/blob/master/appendix-f/recipe.war 下载文件 recipe.war，并将其复制到 [TOMCAT_HOME]\webapps 中。要启动 Tomcat 服务器，请在 [TOMCAT_HOME]\bin 目录中执行以下命令：

```
[Linux] sh catalina.sh run
[Windows] catalina.bat run
```

在服务器启动之后，利用 cURL 工具来执行以下命令。这里我们假设 Tomcat 服务器在其默认的 HTTP 8080 端口上运行：

```
\> curl http://localhost: 8080/recipe
```

这条命令将以 JSON 格式负载的形式，返回系统中所有食谱：

```
{
  "recipes":[
    {
      "recipeId":"10001",
      "name":"Lemon Cupcake",
      "ingredients":"lemon zest, white sugar,unsalted butter, flour,salt,
      milk",
      "directions":"Preheat oven to 375 degrees F (190 degrees C). Line 30
      cupcake pan cups with paper liners...."
    },
    {
      "recipeId":"10002",
      "name":"Red Velvet Cupcake",
      "ingredients":"cocoa powder, eggs, white sugar,unsalted butter,
      flour,salt, milk",
      "directions":" Preheat oven to 350 degrees F. Mix flour, cocoa
      powder,
                              baking soda and salt in medium bowl. Set
                              aside...."
    }
  ]
}
```

要获得任何指定纸杯蛋糕的食谱，可以使用以下 cURL 命令，其中 10001 是你刚刚创建的纸杯蛋糕的 ID 号：

```
\> curl http://localhost: 8080/recipe/10001
```

这条命令将返回以下 JSON 格式的响应消息：

```
{
      "recipeId":"10001",
      "name":"Lemon Cupcake",
      "ingredients":"lemon zest, white sugar,unsalted butter, flour,salt,
      milk",
      "directions":"Preheat oven to 375 degrees F (190 degrees C). Line 30
      cupcake pan cups with paper liners...."
}
```

要创建一个新的食谱，可以使用以下 cURL 命令：

```
curl  -X POST -H 'Content-Type: application/json'
       -d '{"name":"Peanut Butter Cupcake",
            "ingredients":"peanut butter, eggs, sugar,unsalted butter,
            flour,salt, milk",
            "directions":"Preheat the oven to 350 degrees F (175 degrees C).
            Line a cupcake pan with paper liners, or grease and flour
            cups..."
            }' http://localhost:8080/recipe
```

这条命令将返回以下 JSON 格式的响应消息：

```
{
        "recipeId":"10003",
        "location":"http://localhost:8080/recipe/10003",
}
```

要更新一个已经存在的食谱，可以使用以下 cURL 命令：

```
curl  -X PUT -H 'Content-Type: application/json'
       -d '{"name":"Peanut Butter Cupcake",
            "ingredients":"peanut butter, eggs, sugar,unsalted butter,
            flour,salt, milk",
            "directions":"Preheat the oven to 350 degrees F (175 degrees C).
            Line a cupcake pan with
             paper liners, or grease and flour cups..."
            }' http://localhost:8080/recipe/10003
```

这条命令将返回以下 JSON 格式的响应消息：

```
{
        "recipeId":"10003",
        "location":"http://localhost:8080/recipe/10003",
}
```

要删除一个已经存在的食谱，可以使用以下 cURL 命令：

```
\> curl  -X DELETE http://localhost:8080/recipe/10001
```

注　要在 Apache Tomcat 服务器上进行远程调试，在 Linux 操作系统上可以利用命令 sh catalina.sh jpda run 来启动服务器，或者可以在 Windows 操作系统上运行命令 catalina.bat jpda run。这两条命令将开启等待远程调试连接的 8000 端口。

配置 Apache 目录服务器（LDAP）

Apache 目录服务器是一个按照 Apache 2.0 许可规定发布的开源 LDAP 服务器。

你可以从网址 http://directory.apache.org/studio 下载最新版本。建议直接下载 Apache Directory Studio[⊖]，因为它自带一组非常有用的 LDAP 配置工具。在以下示例中，我们将使用 Apache Directory Studio 2.0.0。

只有在你还没有设置运行一个 LDAP 服务器的情况下，才需要按照以下步骤进行操作。首先，需要启动 Apache Directory Studio。这将为你提供一个用于创建和管理 LDAP 服务器和连接的管理控制台。然后，继续执行以下步骤：

1）在 Apache Directory Studio 中，进入 LDAP Servers 视图。如果它不在界面上，则进入 Window → Show View → LDAP Server。

2）右击 LDAP Servers 视图，选择 New → New Server，然后选择 ApacheDS 2.0.0。在 Server Name 文本框中为服务器指定任意一个名字，然后点击 Finish。

3）你所创建的服务器将出现在 LDAP Servers 视图中。右击对应服务器，然后选择 Run。如果它正确启动了，那么其状态将被更新为"已启动"。

4）要查看或编辑服务器的配置，可以右击它并选择 Open Configuration。默认情况下，服务器将在 LDAP 的 10389 端口和 LDAPS 协议的 10696 端口上启动。

现在，你的 LDAP 服务器已经启动运行了。在你进行任何进一步的操作之前，让我们在 Apache Directory Studio 上创建一个到该服务器的测试连接：

1）在 Apache Directory Studio 中，转到 Connections 视图。如果它不在界面上，则选择 Window → Show View → Connections。

2）右击 Connection View，然后选择 New connection。

3）在 Connection Name 文本框中，为连接填写一个名字。

4）Host Name 字段应该指向你启动 LDAP 服务器的服务器。在本例中，它是 localhost。

5）Port 字段应该指向你的 LDAP 服务器端口，在本例中该字段的值为 10389。

6）暂时仍将"加密方法"设为"未加密"。点击 Next。

7）将 uid=admin, ou=system 作为绑定 DN 输入，并将 secret 作为绑定口令输入，然后点击 Finsh。这些都是 Apache 目录服务器的默认绑定 DN 和口令值。

8）你所创建的连接将出现在 Connection 视图中。对其双击，则从底层 LDAP 服务器中检索得到的数据将出现在 LDAP Browser 视图中。

在接下来的章节中，需要有一些用户和组在 LDAP 服务器中。让我们创建一个用户和一个组。首先需要在 Apache 目录服务器中，在 dc=example, dc=com 域下面创建一个组织单位（Organizational Unit, OU）结构：

1）在 Apache Directory Studio 中，通过在 Connections 视图中点击正确的 LDAP 连

⊖ Apache Directory Studio 设置与入门用户指南在以下网址提供：http://directory.apache.org/studio/users-guide/apache_directory_studio/。

接，转到 LDAP 浏览器中。

2）右击 dc=example, dc=com，然后选择 New → New Entry → Create Entry From Scratch。从可用的对象类别中选择 organizationalUnit，点击 Add，然后点击 Next。为 RDN 选择 ou，并为其赋值 groups。点击 Next，随后点击 Finish。

3）右击 dc=example, dc=com，然后选择 New → New Entry → Create Entry From Scratch。从可用的对象类别中选择 organizationalUnit，点击 Add，然后点击 Next。为 RDN 选择 ou，并为其赋值 users 点击 Next，随后点击 Finish。

4）右击 dc=example, dc=com，然后选择 New → New Entry → Create Entry From Scratch。从可用的对象类别中选择 inetOrgPerson，点击 Add，然后点击 Next。为 RDN 选择 uid，为其赋予一个值，然后点击 Next。用恰当的值填写空白字段。右击相同的窗格，然后选择 New Attribute。属性类型选择 userPassword，然后点击 Finish。输入一个口令，选择 SSHA-256 作为散列方法，然后点击 OK。

5）你所创建的用户，将出现在 LDAP 浏览器的 dc=example, dc=com/ou=users 中。

6）要创建一个组，右击 dc=example, dc=com/ou=groups。然后选择 New → New Entry → Create Entry From Scratch。从可用的对象类别中选择 groupOfUniqueName，点击 Add，然后点击 Next。为 RDN 选择 cn，为其赋予一个值，然后点击 Next。将之前步骤中所创建用户的 DN 作为 uniqueMember（例如，uid=prabath, ou=users, ou=system)，然后点击 Finish。

7）你所创建的组将出现在 LDAP 浏览器的 dc=example, dc=com/ou=groups 中。

将 Apache Tomcat 服务器连接到 Apache 目录服务器（LDAP）上

你已经将食谱 API 部署到了 Apache Tomcat 服务器上。让我们看看你应该如何按照以下步骤来配置 Apache Tomcat 服务器，使其能够与你所配置的 LDAP 服务器进行交互：

1）如果 Tomcat 服务器正在运行，请停止它。

2）默认情况下，Tomcat 服务器会通过 org.apache.catalina.realm.UserDatabaseRealm 类，从 conf/tomcat-users.xml 文件中查找用户。

3）打开 [TOMCAT_HOME]\conf\server.xml 文件，并将其中的以下行注释掉：

```
<Resource
name="UserDatabase" auth="Container"
type="org.apache.catalina.UserDatabase"
description="User database that can be updated and saved"
factory="org.apache.catalina.users.MemoryUserDatabaseFactory"
pathname="conf/tomcat-users.xml" />
```

4）在 [TOMCAT_HOME]\conf\server.xml 中，将指向 UserDatabaseRealm 类的以下

行注释掉：

```
<Realm className="org.apache.catalina.realm.UserDatabaseRealm"
resourceName="UserDatabase"/>
```

5）要连上 LDAP 服务器，你应该使用 JNDIRealm 类。复制以下配置内容，并将其粘贴到 [TOMCAT_HOME]\conf\server.xml 文件中紧跟在 <Realm className="org.apache.catalina.realm.LockOutRealm"> 后面的位置处：

```
<Realm className="org.apache.catalina.realm.JNDIRealm"
debug="99"
connectionURL="ldap: //localhost: 10389"
roleBase="ou=groups , dc=example, dc=com"
roleSearch=" (uniqueMember={0}) "
roleName="cn"
userBase="ou=users, dc=example, dc=com"
userSearch=" (uid={0}) "/>
```

通过 HTTP 基本认证保护一个 API

你部署在 Apache Tomcat 服务器上的食谱 API，仍是一个公开的 API。让我们看看如何通过 HTTP 基本认证来保护它。你可能想要通过企业的 LDAP 服务器来对用户进行认证，同时采用基于 HTTP 操作（GET，POST，DELETE，PUT）的访问控制。以下步骤将为你提供关于如何通过 HTTP 基本认证保护食谱 API 的指导：

1）如果 Tomcat 服务器正在运行，请停止它，并且确保与 LDAP 服务器的连接正常工作。

2）打开 [TOMCAT_HOME]\webapps\recipe\WEB-INF\web.xml 文件，并将以下内容添加到根元素 <web-app> 下。以下配置内容底部的 security-role 元素列出了所有允许使用这个网络应用的角色：

```
<security-constraint>
 <web-resource-collection>
        <web-resource-name>Secured Recipe API</web-resource-name>
        <url-pattern>/*</url-pattern>
 </web-resource-collection>
 <auth-constraint>
        <role-name>admin</role-name>
 </auth-constraint>
</security-constraint>
```

```
<login-config>
        <auth-method>BASIC</auth-method>
        <realm-name>cute-cupcakes.com</realm-name>
</login-config>
<security-role>
        <role-name>admin</role-name>
</security-role>
```

这个配置将保护整个食谱 API，阻止未认证的访问尝试。一个合法用户应该在企业的 LDAP 服务器中拥有一个账户，并且还应该在 admin 分组中。如果你没有一个名为 admin 的分组，那么可以对上述配置进行适当的修改。

3）你可以根据 HTTP 操作，进一步启用针对食谱 API 的细粒度访问控制。你需要针对每个场景定义一个 <security-constraint> 元素。以下两个配置区块将允许任何属于 admin 分组的用户对食谱 API 执行 GET/POST/PUT/DELETE 操作，同时一个属于 user 分组的用户只能进行 GET 操作。当你在一个 web-resource-collection 元素内部定义了一个 http-method 时，则只有这些方法受到保护。如果没有其他的安全约束对其余方法进行任何限制，那么任何人都可以调用这些方法。比方说，如果你只使用第二个区块，那么任何用户都可以进行 POST 操作。使用能够控制 POST 方法的第一个区块，就能够做到只允许合法用户对食谱 API 进行 POST 操作。以下配置内容底部的 security-role 元素列出了所有允许使用这个网络应用的角色：

```
<security-constraint>
    <web-resource-collection>
        <web-resource-name>Secured Recipe API</web-resource-name>
        <url-pattern>/*</url-pattern>
        <http-method>GET</http-method>
        <http-method>PUT</http-method>
        <http-method>POST</http-method>
        <http-method>DELETE</http-method>
    </web-resource-collection>
    <auth-constraint>
        <role-name>admin</role-name>
    </auth-constraint>
</security-constraint>
<security-constraint>
    <web-resource-collection>
        <web-resource-name>Secured Recipe API</web-resource-name>
        <url-pattern>/*</url-pattern>
        <http-method>GET</http-method>
    </web-resource-collection>
    <auth-constraint>
        <role-name>user</role-name>
    </auth-constraint>
</security-constraint>
```

```
<login-config>
        <auth-method>BASIC</auth-method>
        <realm-name>cute-cupcakes.com</realm-name>
</login-config>
<security-role>
        <role-name>admin</role-name>
        <role-name>user</role-name>
</security-role>
```

在 Apache Tomcat 服务器中启用 TLS 协议

你在上一个练习中对 HTTP 基本认证的配置方式还不够安全。它使用 HTTP 来传输凭据。任何能够对信道进行拦截的人都可以看到明文形式的凭据。让我们看看如何在 Apache Tomcat 服务器中启用 TLS 协议，并且限制只能通过 TLS 协议访问食谱 API：

1）要启用 TLS 协议，首先你需要拥有一个存放公钥 / 私钥对的密钥存储库。你可以利用 Java 语言的 keytool 工具来创建一个密钥存储库。JDK 发行版自带该工具，你可以在 [JAVA_HOME]\bin 目录中找到它。以下命令会创建一个名为 catalina-keystore.jks 的 Java 密钥存储库。这条命令将 catalina123 作为密钥存储库口令以及私钥口令使用。

 注   JAVA_HOME 指向你安装 JDK 的目录位置。要运行 keytool 工具，需要在你的系统中安装 Java。

```
\> keytool    -genkey -alias localhost -keyalg RSA -keysize 1024
              -dname "CN=localhost"
              -keypass catalina123
              -keystore catalina-keystore.jks
              -storepass catalina123
```

2）将 catalina-keystore.jks 复制到 [TOMCAT_HOME]\conf 目录中，并将以下元素添加到 [TOMCAT_HOME]\conf\server.xml 文件 <Service> 父元素下。请正确替换 keyStoreFile 和 keystorePass 元素的值：

```
<Connector
        port="8443"
        maxThreads="200"
        scheme="https"
        secure="true"
        SSLEnabled="true"
        keystoreFile="absolute/path/to/catalina-keystore.jks"
        keystorePass="catalina123"
        clientAuth="false"
        sslProtocol="TLS"/>
```

3）启动 Tomcat 服务器，并通过执行以下 cURL 命令来对 TLS 协议连接进行验证。请确保正确替换了 username 和 password 的值。它们必须来自底层的用户存储：

\> curl -k -u username：password https://localhost：8443/recipe

你已经将 Apache Tomcat 服务器配置成使用 TLS 协议了。接下来你需要确保食谱 API 只接受使用 TLS 协议的连接。

打开 [TOMCAT_HOME]\webapps\recipe\WEB-INF\web.xml 文件，然后将以下内容添加到每个 <security-constraint> 元素下。这将保证只接受 TLS 协议连接：

```
<user-data-constraint>
    <transport-guarantee>CONFIDENTIAL</transport-guarantee>
</user-data-constraint>
```

通过 HTTP 摘要认证保护食谱 API

之前用来连接 LDAP 服务器的 Tomcat 服务器 JNDIRealm 类并不支持 HTTP 摘要认证。如果需要支持 HTTP 摘要认证，那么必须通过扩展 Tomcat 服务器的 JNDIRealm 类来编写自己的 Realm 类，并且重写 getPassword() 方法。要学习如何通过摘要认证来保护一个 API，我们需要切换回去，重新使用 Tomcat 服务器的 UserDatabaseRealm 类：

1）打开 [TOMCAT_HOME]\conf\server.xml 文件，确保其中存在以下行。如果你在之前的练习中注释了这部分内容，请将其恢复：

```
<Resource
        name="UserDatabase"
        auth="Container"
        type="org.apache.catalina.UserDatabase"
        description="User database that can be updated and saved"
        factory="org.apache.catalina.users.MemoryUserDatabaseFactory"
        pathname="conf/tomcat-users.xml" />
```

2）在 [TOMCAT_HOME]\conf\server.xml 文件中确保存在以下行，它的作用是指向 UserDatabaseRealm 类。如果你在之前的练习中注释了这部分内容，请将其恢复：

```
<Realm  className="org.apache.catalina.realm.UserDatabaseRealm"
        resourceName="UserDatabase"/>
```

3）打开 [TOMCAT_HOME]\webapps\recipe\WEB-INF\web.xml 文件，然后将以下内容添加到根元素 <web-app> 下：

```
<security-constraint>
  <web-resource-collection>
            <web-resource-name>Secured Recipe API</web-resource-
            name>
            <url-pattern>/* </url-pattern>
  </web-resource-collection>
  <auth-constraint>
            <role-name>admin</role-name>
  </auth-constraint>
</security-constraint>
<login-config>
            <auth-method>DIGEST</auth-method>
            <realm-name>cute-cupcakes.com</realm-name>
</login-config>
<security-role>
            <role-name>admin</role-name>
</security-role>
```

4）打开 [TOMCAT_HOME]\conf\tomcat-users.xml 文件，并将以下内容添加到根元素下。这将向 Tomcat 服务器默认基于文件系统的用户存储中添加一个角色和一个用户：

```
<role rolename="admin"/>
<user username="prabath" password="prabath123" roles="admin"/>
```

5）利用如下所示的 cURL 命令来调用 API。这里所用的 --digest -u username：password 选项将以摘要模式生成口令，并将其添加到 HTTP 请求中。请用适当的值替换 username：password：

```
\> curl -k -v --digest -u username:password https://localhost:8443/
recipe
```

附录 G　OAuth 2.0 协议 MAC 令牌配置

OAuth 2.0 协议核心规范并没强制指定任何特定的令牌类型。它是 OAuth 2.0 协议所引入的一个扩展点。几乎所有的公开实现方案使用的都是 OAuth 2.0 协议无记名令牌配置。这种配置是由 OAuth 2.0 协议核心规范提出的，但是作为一种独立的配置，它是由 RFC 6750 文档进行描述的。Eran Hammer，当时负责编纂 OAuth 2.0 协议规范的主编，为 OAuth 2.0 协议引入了消息认证码（Message Authentication Code，MAC）令牌配置。（Hammer 同样主持了 OAuth 1.0 协议规范的编纂工作。）然而从它于 2011 年 11 月被引入 IETF 组织 OAuth

工作组起，MAC 令牌配置相关工作就进展缓慢。进展缓慢主要是因为在转向另一种令牌类型之前，工作组热衷于围绕无记名令牌创建一个完整的工作栈。此处我们将深入学习 OAuth 2.0 协议 MAC 令牌配置及其应用。

OAuth 2.0 协议和地狱之路

OAuth 2.0 协议发展历史上一个决定性的事件，就是 OAuth 2.0 协议规范主编 Eran Hammer 辞职。2012 年 7 月 26 日，在宣布从 IETF 组织 OAuth 2.0 协议工作组辞职之后，他发表了一篇著名的博客文章，题为"OAuth 2.0 协议和地狱之路"[一]。正如博客文章中所强调的那样，Hammer 认为 OAuth 2.0 就像所有的 WS-*（网络服务）标准一样，是一个糟糕的协议。相比之下，在复杂性、互操作性、可用性、完整性和安全性方面，OAuth 1.0 协议比 OAuth 2.0 协议要好得多。Hammer 为 OAuth 2.0 协议的发展方向感到担忧，因为最初形成 OAuth 2.0 协议工作组的网络社区所预期的并不是这样。

根据 Hammer 的描述，以下是 OAuth 2.0 协议工作组最初的目标：

❑ 创建一个与 OAuth 1.0 非常类似的协议。

❑ 简化签名过程。

❑ 添加一个轻量级的身份层。

❑ 实现本地应用寻址。

❑ 添加更多流程，以接纳更多的客户类型。

❑ 提高安全性。

在他的博客文章中，Hammer 强调 OAuth 协议从 1.0 到 2.0 发生了以下结构性的改变（提取自网址 http://hueniverse.com/2012/07/oauth-2-0-and-the-road-to-hell/）：

❑ 未绑定令牌：在 1.0 版本中，在每条受保护资源请求中，客户都必须初始化两组凭据，即令牌凭据和客户凭据。而在 2.0 版本中，不再使用客户凭据。这就意味着令牌不再与任何特定的客户类型或实例绑定。这就限制了访问令牌作为一种认证形式的用途，并且增加了发生安全问题的可能。

❑ 无记名令牌：2.0 版本在协议层面上抛弃了所有的签名和加密。相反，它仅仅依赖于 TLS 协议。这就意味着 2.0 版本的令牌本质上缺少安全性。对令牌安全性进行任何改进都需要额外的规范，而正如当前提案所表明的，工作组只关注企业的使用场景。

❑ 过期令牌：2.0 版本的令牌可能会过期，并且必须被更新。对于客户端应用开发人员来说，这是和 1.0 版本相比最重大的变化，因为他们现在需要实现令牌状态管理。引入令牌过期的原因主要是考虑到自编码令牌（即加密令牌）的存在，服务器无须查询数据库即可对其进行认证。因为这类令牌采用自编码，所以我们

一 网址为 http://hueniverse.com/2012/07/oauth-2-0-and-the-road-to-hell/。

无法将其废除，因此必须通过缩短其存在期限来减少泄露的可能性。在令牌状态管理需求的引入面前，无论从移除签名这一变化中获得多大的好处，都显得得不偿失。

❑ 授予方式：在 2.0 版本中，我们需要利用授权准予来交换获取访问令牌。准予，是一个表示终端用户许可的抽象概念。它可以是一个在用户针对一个访问请求点击 Approve 之后所收到的代码，或者是用户实际使用的用户名和口令。准予背后的最初意图是，支持多种流程。1.0 版本提供了一个旨在兼容多种客户类型的单一流程。而 2.0 版本针对不同的客户类型增加了大量的规范。

最重要的是，Hammer 对于 OAuth 2.0 协议所构建的授权框架，以及该协议所引入的扩展表示不赞同。他认为网络并不需要另一个安全框架：它需要的是一个经过完善定义的简单安全协议。不管这些观点正确与否，这些年来 OAuth 2.0 协议已经成为事实上的 API 安全标准，同时 OAuth 2.0 协议所引入的扩展也正在发挥作用。

G.1　无记名令牌与 MAC 令牌

无记名令牌就像现金。任何拥有它的人都可以使用它。在使用时，你不需要证明你是合法的所有者，唯一需要关注的就是现金的有效性，而不是所有者。

MAC 令牌类似于信用卡。无论何时使用一张信用卡，你必须通过签名来对支付行为进行授权。如果有人偷走了你的卡片，那么这个盗贼也无法使用它，除非他知道如何提供和你完全一样的签名。这是 MAC 令牌的主要优势。

在使用无记名令牌的过程中，你必须在线上传递令牌秘密信息。但是在使用 MAC 令牌的过程中，你绝对不会在线上传递令牌秘密信息。无记名令牌和 MAC 令牌之间关键的不同之处，和我们在附录 F 中所讨论的 HTTP 基本认证和 HTTP 摘要认证之间的差别类似。

 注　OAuth 2.0 协议 MAC 令牌配置的草案 5，可以从以下网址中下载：http://tools.ietf.org/html/draft-ietf-oauth-v2-http-mac-05。本章是基于草案 5 进行描述的，但这是一个不断发展的规范。本章的目标是，将 MAC 令牌配置作为一个 OAuth 令牌类型扩展进行介绍。本章中所讨论的请求 / 响应参数可能会随着规范修订而发生变化，但是基本原理将保持不变。建议你持续关注网址 https://datatracker.ietf.org/doc/draft-ietf-oauth-v2-http-mac/，从中可以获知最近所发生的变化。

G.2 获取一个 MAC 令牌

OAuth 2.0 协议核心规范并没有与任何令牌配置进行绑定。在第 4 章中所讨论的 OAuth 协议流程同样适用于 MAC 令牌。OAuth 协议授予方式并不依赖于令牌类型。一个客户可以利用任何授予方式来获取一个 MAC 令牌。在授权码授予方式中，访问应用的资源所有者负责发起流程。作为一个必须在授权服务器上完成注册的应用，客户会通过将资源所有者重定向到授权服务器上来获取许可。以下是一条将资源所有者重定向到 OAuth 授权服务器上的 HTTP 重定向请求消息示例：

```
https://authz.server.com/oauth2/authorize?response_type=code&
client_id=OrhQErXIX49svVYoXJGtoDWBuFca&
redirect_uri=https%3A%2F%2Fmycallback
```

response_type 参数的值必须是 code。这个值将负责告知授权服务器，请求是针对一个授权码的。client_id 是一个客户应用的标识符。在授权服务器上完成注册之后，客户将获得一个 client_id 和一个 client_secret。redirect_uri 参数的值应该与授权服务器上所注册的值相同。在客户注册阶段，客户应用必须提供一个处于其控制之下的 URL 地址来作为 redirect_uri。经过 URL 编码的回调 URL 值将作为 redirect_uri 的参数添加到请求中。除了这些参数，一个客户应用还可以包含一个 scope 参数。scope 参数的值会在许可界面上向资源所有者显示。它将负责告知授权服务器，客户要访问目标资源/API 所需的访问级别。上述的 HTTP 重定向请求消息将向注册的回调 URL 地址返回所请求的代码：

```
https://mycallback/?code=9142d4cad58c66d0a5edfad8952192
```

授权码的值将通过一条 HTTP 重定向请求消息传递给客户应用，并且该值对于资源所有者是可见的。在接下来的步骤中，客户必须通过与授权服务器所开放的 OAuth 令牌端点进行交互，来利用授权码获取一个 OAuth 访问令牌。如果令牌端点是通过 HTTP 基本认证进行保护的，那么这条请求消息可以利用 HTTP 授权头部中的客户应用 client_id 和 client_secret 进行认证。grant_type 参数的值必须是 authorization_code，并且 code 参数应该是之前步骤所返回的值。如果客户应用在之前的请求中为 redirect_uri 参数设置了一个值，那么它必须在令牌请求中包含相同的值。客户无法为授权服务器指定自己想要的令牌类型：它完全由授权服务器自行决定，或者是基于客户和授权服务器在客户注册的时候所进行的预协商结果；这一过程超出了 OAuth 协议的讨论范畴。

以下利用授权码交换获取一个 MAC 令牌的 cURL 命令，和你在无记名令牌配置交互流程（在第 4 章中）所见到的十分相似。唯一的区别就是这条消息引入了一个名为 audience 的新参数，该参数对于一条 MAC 令牌请求消息来说是一个必选项：

```
\> curl -v -X POST --basic
   -u OrhQErXIX49svVYoXJGtODWBuFca:eYOFkL756W8usQaVNgCNkz9C2DOa
   -H "Content-Type: application/x-www-form-urlencoded;charset=UTF-8"
   -k -d "grant_type=authorization_code&
   code=9142d4cad58c66d0a5edfad8952192&
   redirect_uri=https://mycallback&
   audience=https://resource-server-URI"
   https://authz.server.com/oauth2/token
```

上述 cURL 命令将返回以下响应消息：

```
HTTP/1.1 200 OK
Content-Type: application/json
Cache-Control: no-store
 {
        "access_token": "eyJhbGciOiJSUOExXzUiLCJlbmMiOiJBM",
        "token_type":"mac",
        "expires_in":3600,
        "refresh_token":"8xLOxBtZp8",
        "kid":"22BIjxU93h/IgwEb4zCRu5WF37s=",
        "mac_key":"adijq39jdlaska9asud",
        "mac_algorithm":"hmac-sha-256"
}
```

让我们仔细考察每个参数的定义：

❑ access_token：将客户、资源所有者和授权服务器绑定到一起的 OAuth 2.0 协议访问令牌。通过引入 audience 参数，这个令牌现在将所有这些参与方和资源服务器也绑定到了一起。在 MAC 令牌配置中，通过解码访问令牌，你应该能够找到访问令牌的受众。如果有人通过篡改访问令牌来改变受众，这将使得在授权服务器上的令牌验证流程自动失败。

❑ token_type：授权服务器所返回的令牌类型。客户应该首先尝试解析这个参数的值，并开始相应的处理流程。处理规则会根据令牌类型的不同而不同。在 MAC 令牌配置中，令牌类型的值必须是 mac。

❑ expires_in：访问令牌的生命周期，以秒为单位。

❑ refresh_token：与访问令牌相关联的更新令牌。我们可以利用更新令牌来获取一个新的访问令牌。

❑ kid：代表关键字标识符（key identifier）。这是一个由授权服务器所生成的标识符。建议通过以下方式来生成关键字标识符，即对经过散列处理的访问令牌进行 Base64 编码——kid=base64encode（sha-1（access_token））。这个标识符将对后续在调用资源 API 时用于生成 MAC 值的 mac_key 进行唯一标识。

❑ mac_key：一个由授权服务器所生成的会话关键字，其生命周期和访问令牌相同。

mac_key 是一个共享的秘密信息，后续我们将利用它在调用资源 API 时生成 MAC 值。授权服务器应该不会重复发放相同的 mac_key 或者相同的 kid。

❑ mac_algorithm：在 API 调用期间，用于生成 MAC 值的算法。客户、授权服务器以及资源服务器应该充分理解 mac_algorithm 的值。

对于授权服务器之外的任何人来说，OAuth 2.0 协议访问令牌都是不透明的。它可能携带，也可能不携带有意义的数据，但是授权服务器之外的任何人都不应该尝试对其进行解析。OAuth 2.0 协议的 MAC 令牌配置为访问令牌定义了一个更有意义的结构，它不再是一个任意字符串。资源服务器应该能够理解授权服务器所生成的访问令牌的结构。不过，客户还是不应该尝试对其进行解析。

授权服务器返回给客户的访问令牌，通过受众、关键字标识符以及经过加密的 mac_key 值进行了编码。mac_key 必须利用资源服务器的公钥，或者利用资源服务器和授权服务器之间通过一个超出 OAuth 协议讨论范畴的预协商流程所建立的共享密钥来进行加密。在访问一个受保护的 API 时，客户必须将访问令牌随请求消息一起发送。资源服务器可以对访问令牌进行解码并获得加密的 mac_key，随后它可以利用自己的私钥或共享密钥对其进行解密。

OAuth 2.0 协议受众信息

audience 参数在 OAuth 2.0 协议中进行了定义：受众信息互联网草案可以从以下网址中下载：http://tools.ietf.org/html/draft-tschofenig-oauth-audience-00。作为向 OAuth 令牌请求流程中引入的一个新参数，它与令牌类型无关。在它被批准成为一个 IETF 组织提案的标准之后，无记名令牌配置同样进行了更新，从而将该参数包含在访问令牌请求消息中。

OAuth 2.0 协议引入 audience 参数的目标：受众信息互联网草案负责标识所发放访问令牌的受众。通过该参数，我们可以将授权服务器所发放的访问令牌指定为针对一个特定的客户，并针对一个或一组特定的资源服务器来使用。在考虑其有效性之前，所有的资源服务器都应该先验证访问令牌的受众。

在完成权限授予阶段之后，客户必须确定要访问哪个资源服务器，并且应该找到对应的受众 URI。该值必须包含在发往令牌端点的访问令牌请求中。之后，授权服务器必须检查自己是否拥有任何相关的资源服务器，这些服务器要能够通过所提供的受众 URI 识别出来。如果没有，那么它必须发送返回错误代码 invalid_request。如果授权服务器上所有的验证流程都通过了，那么新的互联网草案建议将准许的受众包含在访问令牌中。在调用一个托管于资源服务器上的 API 时，它可以对访问令牌进行解码，并检查所允许的受众和自己所拥有的是否匹配。

G.3　调用一个由 OAuth 2.0 协议 MAC 令牌配置进行保护的 API

按照任何一种授予方式的流程，你可以从授权服务器上获取一个 MAC 令牌。与无记名令牌配置不同，在调用一个由 MAC 令牌配置进行保护的 API 之前，你需要在客户端进行更多的处理步骤。在调用受保护的 API 之前，客户端必须构造一个验证器。之后，验证器的值将被添加到发出请求的 HTTP 授权头部中。验证器根据以下参数构造而成：

- ❏ kid：来自权限授予响应消息的关键字标识符。
- ❏ ts：时间戳，以毫秒为单位，从 1970 年 1 月 1 日开始计算。
- ❏ seq-nr：表示在客户端和资源服务器之间进行消息交换的过程中，从客户端到服务器所使用的初始序列号。
- ❏ access_token：来自权限授予响应消息的访问令牌值。
- ❏ mac：针对请求消息计算得到的 MAC 值。稍后，本附录将讨论如何计算 MAC。
- ❏ h：冒号分隔的头部字段，用于计算 MAC。
- ❏ cb：指定信道绑定。信道绑定在"TLS 协议信道绑定"（即 RFC 5929）文档中进行了定义，可以从以下网址中获取：http://tools.ietf.org/html/rfc5929。TLS 协议信道绑定 RFC 文档定义了三种绑定类型：tls-unique、tls-server-end-point 以及 tls-unique-for-telnet。

以下是一条用于访问一个 API 的请求消息示例，该接口通过 OAuth 2.0 协议 MAC 令牌配置进行保护。

```
GET /patient?name=peter&id=10909HTTP/1.1
Host: medicare.com
Authorization: MAC  kid="22BIjxU93h/IgwEb4zCRu5WF37s=",
                    ts="1336363200",
                    seq-nr="12323",
                    access_token="eyJhbGciOiJSU0ExXzUiLCJlbmMiOiJBM",
                    mac="bhCQXTVyfj5cmA9uKkPFx1zeOXM=",
                    h="host",
                    cb="tls-unique:9382c93673d814579ed1610d3"
```

G.4　计算 MAC

OAuth 2.0 协议 MAC 令牌配置定义了两种 MAC 计算算法：HMAC-SHA1 和 HMAC-SHA256。同时，它也为其他算法提供了扩展。

消息认证码（Message Authentication Code，MAC）为关联消息提供了完整性和认证性保证。MAC 算法会接收一条消息和一个密钥作为输入，然后生成相关的 MAC。要对 MAC 进行验证，接收方应该拥有相同的密钥，然后计算所收到消息的 MAC。如果计算得到的 MAC 和消息中的 MAC 相等，那么这就保证了完整性和认证性。

基于散列的消息认证码（Hash-based Message Authentication Code，HMAC），是一种利用散列算法计算 MAC 的特殊方式。如果使用的散列算法是 SHA-1，它就被称为 HMAC-SHA1；如果是 SHA256，那么它就被称为 HMAC-SHA256。HMAC 的更多相关信息，可以在以下网址中查看：http://tools.ietf.org/html/rfc2104。HMAC-SHA1 和 HMAC-SHA256 功能需要以对应的编程语言来实现。

HMAC-SHA1 的计算过程如下：

mac = HMAC-SHA1 (mac_key, input-string)

下面是 HMAC-SHA256 的计算过程：

mac = HMAC-SHA256 (mac_key, input-string)

对于一条 API 调用请求来说，input-string 的值为来自 HTTP 请求的 Request-Line、时间戳、seq-nr 值以及参数 h 所指定的头部字段串联组成的值。

HTTP Request-Line

HTTP Request-Line 在 HTTP RFC 文档的第 5 小节中进行了定义，在以下网址中可以查看：www.w3.org/Protocols/rfc2616/rfc2616-sec5.html。请求行定义如下：

Request-Line = Method SP Request-URI SP HTTP-Version CRLF

Method 的值可以是 OPTIONS、GET、HEAD、POST、PUT、DELETE、TRACE、CONNECT，或者是任何扩展方法。SP 代表空格，从技术上讲，它是 ASCII 码 32。Request-URI 标识了请求所发往资源的表示。根据 HTTP 协议规范的描述，Request-URI 的构建方法有四种：

Request-URI = "*" | absoluteURI | abs_path | authority

星号（*）意味着请求目标不是某个指定的资源，而是服务器自身，例如，OPTIONS * HTTP/1.1。

当请求通过一个代理进行传递时，我们必须使用 absoluteURI，例如，GET https://resource-server/myresource HTTP/1.1。

abs_path 是 Request-URI 最常用的形式。在这种情况下，使用的是相对于服务器主机的绝对路径。服务器的 URI 或网络位置将在 HTTP 头部字段 Host 中进行传输。比方说：

GET/myresource HTTP/1.1

Host：resource-server

Request-URI 的授权形式只会在 HTTP CONNECT 方法中使用。这种方法被用于通过一个代理利用隧道（如 TLS 协议隧道）创建一个连接。

Request-URI 后面必须是一个空格，之后是 HTTP 版本，最后紧跟一个回车和一个换行。

让我们考虑以下示例：

```
POST /patient?name=peter&id=10909&blodgroup=bpositive HTTP/1.1
Host: medicare.com
```

input-string 的值为：

```
POST /patient?name=peter&id=10909&blodgroup=bpositive HTTP/1.1 \n
1336363200 \n
12323 \n
medicare.com \n
```

其中，1336363200 是时间戳，12323 是序列号，而 medicare.com 是头部字段 Host 的值。这里包含头部字段 Host 值的原因是，API 请求在 HTTP 授权头部的 h 参数中对其进行了设置。所有这些项都应该以换行符分隔，在示例中以 \n 表示。在得到输入字符串之后，我们将利用 mac_algorithm 所指定的 mac_key 和 MAC 算法来计算 MAC。

G.5　用资源服务器对 MAC 进行验证

要访问任何通过 OAuth 2.0 协议 MAC 令牌配置进行保护的 API，客户应该将相关参数和 API 调用请求一起发送过去。如果请求中缺少了任何参数，或者是所提供的值无效，那么资源服务器将回应一个 HTTP 401 状态码。头部字段 WWW-Authenticate 的值应该设置为 MAC，而 error 参数的值应该解释错误的性质：

```
HTTP/1.1 401 Unauthorized
WWW-Authenticate: MAC error="Invalid credentials"
```

让我们来考虑以下带有一个 MAC 头部的有效 API 请求：

```
GET /patient?name=peter&id=10909HTTP/1.1
Host: medicare.com
Authorization: MAC  kid="22BIjxU93h/IgwEb4zCRu5WF37s=",
                    ts="1336363200",
                    seq-nr="12323",
                    access_token="eyJhbGciOiJSUOExXzUiLCJlbmMiOiJBM",
                    mac="bhCQXTVyfj5cmA9uKkPFx1zeOXM=",
```

```
                    h="host",
                    cb="tls-unique:9382c93673d814579ed1610d3"
```

要对请求消息的 MAC 进行验证，资源服务器必须知道 mac_key。客户必须将 access_token 中编码的 mac_key 传给资源服务器。验证过程中的第一步，就是将 mac_key 从请求的 access_token 中提取出来。在解码 access_token 之后，资源服务器必须对其受众进行验证。授权服务器将 access_token 的受众编码写入了 access_token。

在完成对 access_token 的验证，并且确定与其相关的范围有效之后，资源服务器可以通过 kid 将 mac_key 缓存下来。缓存的 mac_key 可以在接下来的消息交换过程中使用。

根据 MAC 令牌配置，access_token 只需要包含在第一条从客户到资源服务器的请求消息中。资源服务器必须利用缓存的 mac_key（即 kid）来对消息交换过程中的后续消息进行验证。如果最初的 access_token 没有足够的权限来调用后续的 API，那么资源服务器可以通过回应一个 HTTP WWW-Authenticate 头部来请求一个新的 access_token 或者是一个完整的验证器。

资源服务器必须通过与客户之前所采用的相同的方式来计算消息的 MAC，并将计算得到的 MAC 与请求中所包含的值进行比较。如果两者匹配，那么请求将被视为一条合法有效的消息。但是，你仍然需要确保不存在重放攻击。要完成这项工作，资源服务器必须通过比较消息中的时间戳和其本地时间戳来对消息中的时间戳进行验证。

一个能够对客户和资源服务器之间的通信信道进行窃听的攻击者可以记录消息，并在不同的时间点将其重放，从而实现访问受保护资源。OAuth 2.0 协议 MAC 令牌配置将时间戳作为一种检测和缓解重放攻击的方式来使用。

G.6 OAuth 授予方式与 MAC 令牌配置

OAuth 授予方式和令牌类型，是 OAuth 2.0 协议核心规范所引入的两个独立扩展点。它们对彼此并没有任何直接的依赖。本章仅讨论了授权码授予类型，但是所有其他的授予类型都是以同样的方式实现的：简化授予方式、资源所有者口令凭据授予方式和客户凭据授予方式所返回的访问令牌结构都是相同的。

G.7 OAuth 1.0 协议与 OAuth 2.0 协议 MAC 令牌配置

Eran Hammer（即最初的 OAuth 2.0 协议规范主编）在 2011 年 5 月向 OAuth 工作组提交了最初的 OAuth 2.0 协议 MAC 令牌配置提案，而带有某些改进的第一份草案（同样由 Hammer 递交）在 2012 年 2 月发布。两份草案都深受 OAuth 1.0 协议架构的影响。历经长时间的停顿，在 Hammer 从 OAuth 工作组辞职之后，第 4 份 MAC 令牌配置互联网草案引入了一个经过调整改进的架构。这个架构（即在本章中所讨论的内容）和 OAuth 1.0 协议相比，有很多结构上的差异（详见表 G-1）。

表 G-1　OAuth 1.0 协议与 OAuth 2.0 协议 MAC 令牌配置

OAuth 1.0 协议	OAuth 2.0 协议 MAC 令牌配置
在起始握手阶段以及业务 API 调用阶段都需要签名	只在业务 API 调用阶段需要签名
资源服务器必须预先知道用于消息签名的密钥	用于消息签名的共享秘密信息在经过加密之后，通过嵌入 access_token 的形式传递给资源服务器
共享秘密信息并没有一个关联的生存周期。	一个生存周期和用作签名密钥的 mac_key 相关联
没有任何受众限制。可以针对任意资源服务器使用令牌	授权服务器对所发放 access_token 的受众进行了限制，因此无法针对任意的资源服务器来使用这些访问令牌

API安全实战

作者：（美）尼尔·马登(Neil Madden) 译者：只莹莹 缪纶 郝斯佳

书号：978-7-111-70774-5 定价：149.00元

　　API控制着服务、服务器、数据存储以及Web客户端之间的数据共享。当下，以数据为中心的程序设计，包括云服务和云原生应用程序，都会对其提供的无论是面向公众还是面向内部的API采用一套全面且多层次的安全方法。

　　本书提供了在不同情况下创建API的实践指南。你可以遵循该指南创建一个安全的社交网络API，同时也将掌握灵活的多用户安全、云密钥管理和轻量级加密等技术。最终，你将创建一个能够抵御复杂威胁模型和恶意环境的API。